畜禽水产品加工新技术丛书

猪产品加工新技术

第 二 版

岑宁　葛正广　编著

U0243835

中国农业出版社

本书编审人员

编　著　岑　宁（扬州大学）
　　　　葛正广（杭州小来大农业开发集团有限公司）
主　审　周永昌（江西农业大学）
　　　　葛长荣（云南农业大学）

序　言　>>>>>>>>>>

　　畜产品加工是以家畜、家禽和特种动物的产品为原料，经人工科学加工处理的过程，主要包括肉、乳、蛋、皮、毛、绒等的加工及血、骨、内脏的综合利用。

　　改革开放以来，我国畜产品加工事业取得了很大发展，已成为世界畜产品产销大国，肉类、蛋类、皮毛、羽绒生产总量已多年居世界首位。随着我国社会经济的发展，农业结构的调整和人民生活水平的提高，人们对畜产品的需求和期望越来越高。以市场为导向，以经济、社会和生态效益为目的，以加工企业为龙头的畜牧业产业化进程正在进一步发展壮大。畜产品加工业在国民经济发展中具有举足轻重的地位，对发展和繁荣农村经济、增加农民收入、活跃城乡市场、出口创汇和提高人民生活水平、改善食物构成、提高人民体质、增进人类健康均具重要作用。但是，我国畜产品加工业经济技术基础相对薄弱，必须依靠科技创新，大力推广新技术、新产品、新成果、新设备，传播科学技术知识，提高从业人员整体素质。

　　为适应新形势的需要，2002 年中国农业出版社委托我会组织有关专家、教授和科技人员，在参阅大量科技文献资料的基础上，根据自己的科研成果和多年的实践经验，撰写了《畜产品加工新技术丛书》，分《猪产品加工新技术》、《牛产品加工新技术》、《禽产品加工新技术》、《羊产品加工新技术》、《兔产品加工新技术》和《特种经济动物产品加工新技术》6 种。丛书自 2002 年出版、发行已十个年头了，期间多次重印，受到读者好评。随着我国经济社会和农业产业化飞速发展、科学技术的创新及产业结构调整，畜禽水产品加工领域已发生了深刻的变化，丛书已不能完全客观地反映和满足行业发展的需求，迫切需要修订、调整和增补。为此，经中国农业出版社同意，我会组织撰写了《畜禽水产品加工新技术丛书》，分《猪产品加工新技术》（第二版）、《禽肉加工新技术》、《蛋品加工新技术》、《牛肉加工新技术》、《羊产品加工新技术》（第二版）、《兔产品加工新技术》（第二版）、《乳品加工新技术》、《水产品加工新技术》、《特种经济动物产品加工新技术》（第二版）、《肉制品加工机械设备》和《畜禽屠宰分割加工机械设备》，共11本。

本丛书是在2002年版基础上的延伸、充实、提高和发展，旨在为从事畜禽水产品加工的教学、科研和生产企业技术人员提供简明、扼要、通俗易懂的畜禽水产品加工基本知识以及加工技术，期望该丛书成为畜禽水产品加工领域最实用、最经典的科普丛书，对提高科技人员水平、增加农民收入、发展城乡经济、推进畜禽水产品加工事业发展和促进畜牧水产业产业化进程起到有益的作用。

本丛书以组建产学研及国际合作编写平台为特色，邀请南京农业大学、华中农业大学、扬州大学、江西农业大学、北京工商大学、天津农学院、国家猪肉加工技术研发分中心、国家蛋品加工技术研发分中心、国家牛肉加工技术研发分中心、国家乳品加工技术研发分中心、卢森堡国家研究院等单位的知名专家、教授以及有丰富经验的生产企业总经理和工程技术人员参与编写，吸取企业多年经营管理经验和先进加工技术，大大充实并丰富了丛书内容。为此，对支持赞助和参与本丛书编写的杭州艾博科技工程有限公司、青岛建华食品机械制造有限公司、福建光阳蛋业股份有限公司、福州闽台机械有限公司、江西萧翔农业发展集团有限公司、青岛康大食品有限公司、上海大瀛食品有限公司、杭州小来大农业开发集团有限公司、内蒙古科尔沁牛业股份有限公司、陕西秦宝牧业股份有限公司和山东兴牛乳业有限公司表示诚挚的感谢。

　　本丛书适合于从事畜禽水产品加工事业的广大科技人员、教学人员、管理人员、从业人员、专业户等阅读、参考，也可作为中、小型畜禽水产品加工企业和职业学校的培训教材。

中国畜产品加工研究会

2012 年 11 月

前　言 >>>>>>>>>

　　我国是世界猪肉生产和消费大国，在国民经济发展中具有举足轻重的地位，对发展和繁荣农村经济、增加农民收入、保障市场供应、出口创汇和改善人民生活水平、增进人类健康均具有重要意义。

　　本书于2002年第一次出版有十年了，已不能满足我国经济社会和农业产业化发展的需要。为适应生产发展的需要，迫切需要在原版基础上修订，为广大科技人员提供标准规范、简明实用、通俗易懂、科学先进的猪产品加工基础知识和加工技术，为消费者提供优质、营养、健康、安全的猪肉制品。

　　本书与原版不同之处在于：由14章压缩为11章，深入浅出地阐述现代猪肉加工技术基本常识，着重介绍实用性强、可操作的猪肉制品加工新技术，删除了学术性、理论性太强太深和陈旧的内容；加强猪肉新产品开发和新技术应用，由原版88个猪肉产品增加到148个；新增调理猪肉制品的加工及猪肉加工质量安全与控制章节；修改了肉制品加工最新、常用食品添加剂的种类、最大使用量和残留量标准，对猪副产品综合利用亦作了介绍。

　　本书可供从事猪肉制品加工事业的领导、科技人员、教学人员、管理人员、操作人员和专业户阅读参考，也可作为中、小型猪肉加工产业化企业和职业院校的培训教材，以及广大城乡家庭烹饪爱好者的实用技术资料。

编者

2012年10月

目 录 >>>>>>>>>>

第一章

猪 肉 特 性　　>>>>>

　　从广义上讲，猪肉是指猪宰杀后所得的可食部分的统称，包括肉尸、头、血、蹄和内脏部分。而在肉品工业生产中，从商品学观点出发，研究其加工利用价值，把肉理解为胴体，即家畜屠宰后除去血液、头、蹄、尾、毛（或皮）、内脏后剩下的肉尸，俗称白条肉。它包括有肌肉组织、脂肪组织、结缔组织、骨组织及神经、血管、腺体、淋巴结等。屠宰过程中产生的副产品如胃、肠、心、肝等称作脏器，俗称下水。脂肪组织中的皮下脂肪称作肥肉，俗称肥膘。

　　在肉品生产中，把刚屠宰后不久、体温还没有完全散失的肉称为热鲜肉。经过一段时间的冷处理，使肉保持低温（0~4℃）而不冻结的状态称为冷却肉。把宰后的肉先放入−30℃以下的冷库中冻结，然后在−18℃环境下保藏，并以冻结状态销售的肉成为冷冻肉。肉按不同部位分割包装的肉称为分割肉。剔去骨头的称剔骨肉。将肉经过进一步的加工处理生产出来的产品称肉制品。肉品科学主要研究屠宰后的肉转变为可食肉的质量变化规律。它包括肉的形态结构、肉的物理化学性质及屠宰后肉的生物化学、微生物学变化。

第一节　猪肉的形态结构、化学组成及特性

　　肉（胴体）主要由肌肉组织、脂肪组织、结缔组织和骨骼组织四大部分组成，这些组织的构造及其含量直接影响肉的质量、加工用途和商品价值。

一、猪肉的组织结构

（一）肌肉组织

　　猪肉的肌肉组织在组织学上可分为三类，即骨骼肌、平滑肌和心肌。从数量上讲，骨骼肌占绝大多数。骨骼肌与心肌在显微镜下观察有明暗相间的条纹，又被称为横纹肌。骨骼肌的收缩受中枢神经系统的控制，又叫随意肌，而心肌与平滑肌称为非随意肌。

　　肌肉的基本构造单位是肌纤维，肌纤维与肌纤维之间有一层很薄的结缔组

织膜围绕隔开，此膜叫肌内膜，每50～150条肌纤维聚集成束，称为肌束。肌束外包有一层结缔组织薄膜，称为肌束膜，这样形成的小肌束也叫初级肌束（或称一级肌束）。由数十条初级肌束集结在一起并由较厚的结缔组织膜包围就形成了次级肌束（或称二级肌束）。由许多二级肌束集结在一起即构成了肌肉。肌肉最外表包围的膜叫肌外膜，这两种膜都属结缔组织，内外肌束膜交集以后形成肌肉两端的腱。在内、外肌束膜之间还分布有血管、淋巴管和神经等，当营养条件好的时候也有脂肪细胞沉积，使肌肉断面呈现大理石样纹理。

肌纤维本身具有的膜叫肌膜，它是由蛋白质和脂质组成的，具有很好的韧性，因而可承受肌纤维的伸长和收缩。肌膜的构造、组织和性质，相当于体内其他细胞膜。

肌原纤维是肌细胞独有的细胞器，约占肌纤维固有成分的60%～70%，是肌肉的伸缩装置。它呈细长的圆筒状结构，直径约1～2微米，其长轴与肌纤维的长轴相平行并浸润于肌浆中。一个肌纤维含有1 000～2 000根肌原纤维。肌原纤维又由肌丝组成，肌丝可分为粗丝和细丝，两者均平行整齐地排列于整个肌原纤维。由于粗丝和细丝在某一区域形成重叠，从而形成横纹，这也是"横纹肌"名称之来源。

肌纤维的细胞质称为肌浆，填充于肌原纤维间和核的周围，是细胞内的胶体物质，含水分75%～80%。肌浆内富含肌红蛋白、酶、肌糖原及其代谢产物和无机盐类等。

(二) 脂肪组织

脂肪组织是仅次于肌肉组织的第二个重要组成部分，具有较高的食用价值。一般占肌肉组织的15%～45%，脂肪对于改善肉质、提高风味均有影响。

脂肪的构造单位是脂肪细胞。脂肪细胞或单个或成群地借助于疏松结缔组织联在一起，细胞中心充满脂肪滴，细胞核被挤到周边。脂肪细胞外层有一层膜，膜由胶状的原生质构成，细胞核即位于原生质中。脂肪细胞是动物体内最大的细胞。

(三) 结缔组织

结缔组织是构成肌腱、筋膜、韧带及肌肉内、外膜的主要成分，分布于体内各部，起到支持、连接各器官组织和保护组织的作用，使肉保持一定硬度，具有弹性。一般占肌肉组织的9.7%～12.4%。结缔组织的主要纤维有胶原纤维、弹性纤维、网状纤维三种，结缔组织以前两者为主。

（四）骨组织

骨组织起着支撑机体和保护器官的作用，同时又是钙、镁、钠等元素的贮存组织，具有食用价值和商品价值。猪骨约占胴体的 5%～9%。骨由骨膜、骨质和骨髓构成，骨膜是由结缔组织包围在骨骼表面的一层硬膜，里面有神经、血管。

二、猪肉的化学组成

（一）水分

肉中水分的含量及状态直接关系其组织状态、品质与风味。肉中水分的存在形式有两种。

1. 结合水　约占水分总量的 5%，由肌肉蛋白质亲水电荷基所吸收的水分子形成一紧密结合的水层。该水层无溶剂特性，冰点很低。

2. 不易流动水　存在于肌丝、肌原纤维和膜之间，占肌肉总水分的 80%。肉的保水性能主要取决于肌肉对它的保持能力。不易流动水能溶解盐及溶质，在 $-1.5～0℃$ 结冰。

3. 自由水　存在于细胞外间隙中能自由流动的水，占总水分的 15%。

（二）蛋白质

肌肉中的蛋白质约占 20%，依其在肌纤维细胞中的位置和在盐溶液中的溶解程度及其作用等不同可分为四类。

1. 肌原纤维蛋白质　它是肌肉的主要结构蛋白质，在加热时即凝固，在腌制和机械滚揉作用下渗出，加热时有利于肉块间黏结成型。主要包括肌球蛋白，是肌肉中含量最高也是最重要的蛋白质，是关系到肉在加工中的嫩度变化和其他品质变化的重要成分。

2. 肌浆蛋白质　是肉中最易提取的蛋白质，由肌溶蛋白、肌红蛋白和肌粒蛋白组成，其中肌红蛋白是肉呈红色的主要成分。

3. 基质蛋白质　主要有胶原蛋白、弹性蛋白和网状蛋白，是构成肌肉间膜和腱的主要成分，与肉的硬度有关。

4. 色素蛋白质　肌肉中的色素蛋白质主要是导致肌肉呈现红色的血红蛋白和肌红蛋白。家畜在屠宰时放血是否良好对肌肉内血红蛋白和肌红蛋白的数量影响较大。

（三）脂肪

动物的脂肪可分为蓄积脂肪和组织脂肪两大类，蓄积脂肪包括皮下脂肪、肾周围脂肪、大网膜脂肪及肌间脂肪等，组织脂肪为肌肉组织内及脏器内的脂肪。

（四）浸出物

浸出物是指蛋白质、盐类、维生素外能溶于水的浸出性物质，包括含氮持水性物和无氮持水性物质。含氮持水性物质是非蛋白质的含氮物质，是肉的风味的主要来源。无氮浸出物是无氮的有机物，主要有糖原和乳酸。

（五）矿物质

肉内含无机盐总量为 1% 左右，主要有硫、钾、磷、钠、氯、镁、钙、铁、锌等，其中钾、磷、硫、钠含量较多。钙离子、镁离子参与肌肉收缩，钾离子、钠离子与细胞膜通透性有关，可提高肉的保水性，钙离子、锌离子又可降低肉的保水性，铁离子为肌红蛋白、血红蛋白的结合成分，参与氧化还原，影响肉色的变化。

（六）维生素

肉中维生素主要有维生素 A、维生素 B_1、维生素 B_2、维生素 PP、叶酸、维生素 C、维生素 D 等。其中脂溶性维生素较少，而水溶性维生素（除维生素 C 之外）非常丰富。肉是 B 族维生素的最佳供给源，特别是猪肉中维生素 B_1 含量最高，这已成为猪肉的特点之一。动物的肝脏，几乎各种维生素含量都很高。

第二节　猪肉的品质特性

猪肉的感官鉴定是最早的肉类评价标准，肉的色泽深浅与肉熟化时的变化直接相关。肉外表的干湿度或手摸时的黏度，可补充视觉鉴定的不足。

一、肉的保水性

（一）概念

肉的保水性能以肌肉的系水力来衡量，指当肌肉受到外力作用时，其保持原有水分与添加水分的能力。所谓的外力，指压力及切碎、冷冻、解冻、贮存加工等过程中所作用的力。

（二）保水性与肉品质的关系

肉的保水性是一项重要的肉质指标，它不仅影响肉的色泽、香味、营养成分、多汁性、嫩度等食用品质，而且有着重要的经济价值。利用肌肉具有保水潜能的这一特性，在其加工过程中可以添加水分，从而可以提高产品得率。

肉中的水不是像海绵吸水似地简单存在，它是以结合水、不易流动水和自由水三部分形式存在。其中不易流动水主要存在于肌丝、肌原纤维及膜之间，我们度量肉的保水性主要指的是这部分水，它取决于肌原纤维蛋白质的网络结构及蛋白质所带净电荷的多少。蛋白质处于膨胀胶体状态时，网络空间大，保水性就高。反之，处于紧缩状态时，网络空间小，保水性就低。

（三）肉的保水技术

目前常用的方法有：

1. 调节 pH 偏离肉蛋白等电点　从生化研究得知，等电点时肉的保水能力最低。经排酸成熟的肉或鲜冻猪肉的 pH，一般在 5.7 左右，但基本接近蛋白质的等电点，所以保水性处于低水平。如果直接用这种原料来加工肉制品，一经煮制，肌肉收缩，失水严重，成品率只有 70% 左右。由此可知，要提高肉的保水性，一个重要的手段是使其 pH 偏离蛋白质的等电点。偏离的方法有：一是加酸，使肉的 pH 继续下降，直至低于肉蛋白质的等电点；二是加入碱性添加剂，使肉的 pH 升高，向中性方面偏转，高于肉蛋白质的等电点。两种方法均能提高肉的保水性。如中式菜肴醋熘肉片比普通炒肉更为细嫩，即是提高了保水性的缘故。但在部分的肉制品中，因酸味不合多数人的口味，故宜采用后一种方法。在等电点以上的 pH 范围内，蛋白质的水化能力随其 pH 的升高而增大。

目前，国内、外广泛应用的方法是在腌料中添加具有多功能性的复合磷酸盐，可提高肉的保水性。其中三聚磷酸钠和焦磷酸钠的水溶液呈碱性，能提高 pH，使其偏离等电点。至于添加复合磷酸盐，它除了提高 pH 来增加保水性外，还具有二价正离子的螯合作用，促使肌动球蛋白的解离作用和增加离子强度等作用，所以能增强肉的保水性和改善肉的品质。

2. 充分提取蛋白质　提取蛋白质的方法有多种，如滚揉（也称按摩）、搅拌、绞碎、斩拌、针刺等机械动作，均能达到提取目的。这里简要介绍滚揉和搅拌两种。

（1）滚揉提取蛋白质　滚揉机有多种，不论采用何种滚揉机或何种方式滚揉，其作用主要是加速肉的自溶成熟，软化肉组织和提取可溶性蛋白质。盐水火腿的原料肉，经1~2天的腌制，在腌料提供的一定离子强度作用下，细胞中的盐溶性蛋白质已溶解，但一般不会自动脱离肉体。然后将腌制原料肉置于滚揉机中滚揉，肉块经过几千次碰撞、翻滚、揉搓和挤压后，盐溶性蛋白从肉体中被挤出。提取出的蛋白质的量与挤压程度，腌制液离子强度和滚揉时间成正比。包裹于肉块表面的蛋白质，煮制受热时，这部分蛋白质首先变性，形成凝胶，起到封闭作用，阻止了肉块内部的水分外渗，起到保水作用，提高了肉制品的嫩度和成品率。

（2）搅拌提取蛋白质　搅拌是肉糜类制品制作中不可缺少的一道工序。经过一定时间腌制的肉粒，细胞中的盐溶性蛋白已溶解，但在无外力挤压作用下，并不会自行破壁而出，因此不能发挥其保水作用。若将具备了提取条件的肉糜，给予机械搅拌，在拌制时螺旋桨的反复搅拌挤压作用，对细胞产生强大的挤压力，直至把细胞膜挤破，把盐溶蛋白提取出来。肉糜类制品的保水性、结着力和弹性等好坏，与盐溶性蛋白是否充分提取有很大关系。有人做过这样的试验，一种灌肠原料用了3毫米和7毫米两种孔径的筛板各绞一半，另一种灌肠采用3毫米孔径的筛板绞碎，其他工艺条件相同。两种产品经感官验证后，发现后者的保水性优于前者，这可能是后者粒度细，破壁细胞多，因此比前者蛋白质提取得充分之缘故。再如用多刀剁肉机剁细的大红肠与只搅拌不剁斩的普通灌肠相比，则发现剁细的产品的成品率比没有剁细的产品要高。其原因可能是剁细的肉中，蛋白质提取得更充分一些。

实践证明，若腌料中添加了磷酸盐，不用机械挤压，则不能提高肉的保水性。相反，若只用食盐水（同时加入少量的硝酸盐和亚硝酸盐）腌制的肉品，加上滚揉、搅拌等挤压，虽也能提取一定量的蛋白质，但一经煮制受热，失水严重，也不能达到保水的作用。因此，要提高肉制品的保水性，腌料中添加磷酸盐和采用机械挤压，两者相辅相成，缺一不可。

3. 添加大豆蛋白粉　把大豆蛋白粉加于肉制品和其他食品，在西方和日本早已相当普遍。我国自行研制的大豆蛋白粉，由于它解决了分离、提纯、去腥等一系列精炼技术的问题，近年来已有批量生产。有些地区和单位，在肉制品中已开始使用，效果甚好。

　　大豆蛋白是一种高蛋白物质，含有人体必需的全部氨基酸，其中赖氨酸的含量尤为丰富，把它加入肉制品中，能提高营养价值。大豆蛋白有多种，添加于肉制品中以分离大豆蛋白为佳。

　　肉制品中添加大豆蛋白，主要考虑的是乳化性、保水性、赋形性、结着力、弹性、风味等。

　　肉制品中添加大豆蛋白粉，之所以具有较好的效果，是因为大豆蛋白质的等电点为 4.5 左右，而盐水火腿和西式灌肠原料肉经腌制处理，pH 一般在 6.0 以上，比大豆蛋白质的等电点高得多，故可使大豆蛋白带有较多的电荷。干蛋白粉吸水后，颗粒分散，粒径极小，若给以适当的膨润时间并加以机械挤压、揉搓，则颗粒趋向分子化。带电荷的大豆蛋白分子，被极性水分子包裹起来，形成稳定的矩阵，并能和其他添加料组成凝胶。结构松弛了的蛋白质分子，网络中还可包裹脂肪、淀粉等。大豆蛋白粉的添加量不是越多越好，以控制在 2% 以内为宜。若添加过多，则会使风味变差。

　　4. 腌制与保水性　适当延长原料肉的腌制时间，能提高肉制品的保水性和风味，这也是不可忽视的一方面。肉制品生产中添加大豆蛋白粉和淀粉的时间，大多在滚揉的最后阶段（如盐水火腿）或在搅拌时（如灌肠）加入。距离煮制或烘烤只有几至几十分钟，这样短的时间，大豆蛋白粉和淀粉难以达到充分膨胀和向肉组织渗透，其应有的功能未能得到充分发挥。因此，在冷库设备周转允许的前提下，应把滚揉好的火腿原料或搅拌好的肠馅，再置于库内存放一夜，以给予充分的吸水膨润和向肉组织渗透，这样能更好地发挥大豆蛋白粉和淀粉的保水性和功能性。

二、肉的嫩度

（一）概念

　　嫩度是肉品质的重要指标，它是消费者评判肉质优劣的最常用指标。肉的嫩度是指在食用时口感的老嫩，反映了肉的质地，由肌肉中各种蛋白质结构特性所决定。

（二）影响肉嫩度的因素

　　影响肉嫩度的实质主要是结缔组织的含量与性质以及肌原纤维蛋白的结构状态。影响肉的嫩度的宰前因素很多，有动物种、品种、年龄和性别以及肌肉部位等因素（表 1-1）。

表 1-1　影响肉嫩度的因素

因　素	影　　响
年　龄	年龄愈大，肉亦愈老
运　动	一般运动多的肉较老
性　别	公畜肉一般较母畜和阉畜肉老
大理石纹	与肉的嫩度有一定程度的正相关
品　种	不同品种的畜禽肉在嫩度上有一定差异
电刺激	可改善嫩度
肌　肉	肌肉不同，嫩度差异很大，源于其中的结缔组织的量和质不同所致
僵　直	动物宰后将发生死后僵直，此时肉的嫩度下降，僵直过后，成熟肉的嫩度得到恢复
解冻僵直	导致嫩度下降，损失大量水分

（三）肉的嫩化技术

1. **拉伸嫩化法**　利用悬挂畜禽的方法来拉伸肌肉，可使嫩度增加 30％，特别是圆腿肉、腰肌和肋条肉。传统的吊挂方式是后腿吊挂。试验证明，骨盆吊挂对肉的嫩化效果更好。通过悬挂拉伸的肌肉，再冷却时，基本上不再收缩，这对保证肉的嫩度有重要作用。

2. **电刺激法**　对屠宰后的尸体进行低压电刺激（32 伏），使肌肉猛烈收缩，可加速糖酵解，乳酸积聚并增加，pH 下降快，加速尸僵，防止冷收缩。在胴体温度较高、肌肉 pH 较低的情况下，可使自溶酶释出，酶能裂解肌细胞的组蛋白质和一些结缔组织，这样就使嫩度增加；另一个原因是在电刺激时的广泛收缩作用，使肌肉细胞蛋白质起物理性的分裂，因而能极大地改善肉的嫩度，并且可使其加快有效熟化。目前电刺激已广泛用于牛、猪、禽等的加工，以提高其嫩度。

3. **酶法**　在屠宰前或宰后注射特殊的增味剂或调味品，可增加肉的嫩度。试验证明，宰前静脉注射木瓜酶或菠萝蛋白酶溶液或宰后注射黄油、植物油、磷酸盐、食盐等对增加嫩度有促进作用。这种方法过去在牛肉上用得较多，目前国外在猪和禽肉上应用日益增多。当前用番木瓜酶作增味剂注射用得较多，经番木瓜酶处理过的牛肉、猪肉、禽肉可变得鲜嫩可口。

番木瓜酶是从番木瓜中提取的一种天然蛋白酶。在畜禽屠宰前 20～30 分钟，将番木瓜酶液注入颈静脉内，通过血液循环作用，使其均匀分布到机体各部位，以破坏肉中胶原纤维，使肉嫩度增加。对畜禽肉，用木瓜蛋白酶肌内注射也可达到同样的效果。畜禽肉在存放时，番木瓜酶在其中处于静止状态，烧煮时因加热使酶活化，增加了肉中天然酶的作用，使存放冻化的肉软化而增加嫩度。

4. 机械激动 机械的滚揉、搅拌、敲打、穿刺等方法，可使肉结构进一步松弛而增加嫩度。

5. 调节自然蛋白酶活性 在传统的自然酶嫩化法中是将肉存放在 $0 \sim 4℃$ 环境下，肉中酶从溶酶体中释放出来，可使嫩度增加。

为了提高自然酶的蛋白分解活性，缩短嫩化时间，需要增加肉中钙离子的含量，同时用锌螯合剂使游离锌螯合。注射含相对非离子化的钙盐溶液如醋酸钙和乙二胺四乙酸钙二钠的混合注射液，防止产生强直的效果最佳。此外，乙二胺四乙酸钙二钠又是螯合剂，能选择性地与自然存在的游离锌离子结合，从而进一步提高自然酶的分解蛋白质活性，缩短嫩化时间。

三、肉的颜色

肉的颜色对肉的营养价值有一定影响，在某种程度上影响食欲和商品价值。

（一）形成肉色的物质

肉的颜色本质上是由肌红蛋白和血红蛋白产生的。肌红蛋白为肉自身的色素蛋白，肉色的深浅与其含量多少有关。血红蛋白存在于血液中，对肉颜色的影响视放血的好坏而定。放血良好的肉，肌肉中肌红蛋白色素占 $80\% \sim 90\%$，比血红蛋白丰富得多，放血不充分或不放血的肉色深且暗。

（二）肌红蛋白的性质

肌肉颜色的变化取决于肌肉在空气中贮存时，肌红蛋白和氧气的结合程度以及铁的氧化程度。当铁的状态没有改变，仍为二价铁时，其颜色的变化首先取决于分子氧的存在。当还原性的肌红蛋白和氧气结合而形成氧合肌红蛋白时，使肉呈鲜红色。由于色素蛋白具有对氧显著的亲和力，当肉贮存较久时，肌红蛋白与氧发生强烈的氧化作用而形成氧化型肌红蛋白，此时分子中的二价铁变成三价铁，肉色就变成褐色。其变化如下：

肌红蛋白→氧合肌红蛋白→氧化型肌红蛋白

（紫红色）　（鲜红色）　　（褐红色）

(三) 影响肌肉颜色变化的因素

1. 环境中的氧含量 氧气分压的高低决定了肌红蛋白是形成氧合肌红蛋白还是氧化型肌红蛋白，从而直接影响到肉的颜色。

2. 湿度 环境中湿度大，则氧化变慢，因在肉表面有水气层，影响氧的扩散。如果湿度低并且空气流速快，则加速高铁肌红蛋白的形成，使肉色变褐色。

3. 温度 环境温度高促进氧化，温度低则氧化变慢。

4. pH 动物在宰前糖原消耗过多，尸僵后肉的极限 pH 较正常高，易出现生理异常肉及 DFD 牛肉，这种肉颜色较正常肉深暗；当极限 pH 较正常低时，猪则易引起 PSE 肉，使肉色变得苍白。

5. 微生物 肉贮藏时微生物污染会使肉表面颜色改变，污染细菌分解蛋白质导致肉色变得污浊，污染霉菌则在肉表面形成白色、红色、绿色、黑色等色斑或发出荧光。

四、肉的风味

肉的风味是生鲜肉的气味和加热后肉食制品的香气和滋味。它由肉中固有成分经过复杂的生物化学变化，产生各种有机化合物所致。

(一) 气味

气味是肉中具有的挥发性物质，随气流进入鼻腔，刺激嗅觉细胞通过神经传导反应到大脑嗅区而产生的一种刺激感。愉快感为香味，厌恶感为异味、臭味。

肉香味化合物产生主要是三个途径：氨基酸与还原糖间的美拉德反应，蛋白质、游离氨基酸、糖类、核苷酸等生物物质的热降解，脂肪的热分解作用。

(二) 滋味

滋味是由溶于水的可溶性呈味物质，刺激人的舌面味觉细胞（味蕾），通过神经传导到大脑而反映出味感。舌面分布的味蕾，可感觉出不同的味道，而肉滋味是靠舌的全面感觉。

肉的滋味成分来源于核苷酸、氨基酸、酰胺、肽、有机酸、糖类、脂肪等前体物质。

五、肉的结合力

肉自身所具有黏结物质而使肉块之间相互结着的能力，其大小则以对扭转、拉伸、破碎的抵抗程度来表示。

肉含有几种不同的蛋白质，其中之一来源于胶原纤维。当在水中加热时，胶原纤维首先收缩，大约收缩到其原形的 1/3，然后水解变成凝胶体。这种凝胶体在冷却之后可与肉类制品结合在一起，一旦加热即可变成液体。当温度略高于室内温度时，其结合作用几乎一点也没有。

伴随机械搅拌，如斩拌和混合使蛋白与盐水有良好接触，可使肌肉细胞中的肌原纤维蛋白和盐一起溶解萃取，使盐溶性蛋白溶到盐水中去。萃取出的肌肉蛋白是一种黏性物质，有助于肉块互相粘连，加热时这些蛋白凝结，很像鸡蛋加热时蛋白凝结，而且还能将肉末完全结合在一起。将盐溶性蛋白萃取出来，生产出结合力较强的香肠和其他碎肉制品，有助于提高其切片性能。

六、肉的乳化性

产品的加工依赖于瘦肉中的蛋白质在盐、水及磷酸盐和一些调味料等存在的条件下，与脂肪形成混合物或乳化物，以增加热稳定性，使脂肪不易从混合物中分离出来，这种作用就叫肉的乳化性。肉制品加工的主要经济价值之一，就是采用这种方式来利用脂肪。

（一）肉中的蛋白质是天然的乳化剂

肉中的蛋白质是一种天然的乳化剂，由于氨基酸侧键在蛋白质分子链中所处位置的不同，使得一些氨基酸亲水，另一些疏水。乳化剂在乳浊液内使脂肪球的表面上形成一层薄膜，降低表面张力。

（二）影响肉乳化作用的蛋白质

同乳化作用有关系的肌肉蛋白质有：一是肌浆蛋白，溶于水，属于水溶性蛋白质；二是肌动蛋白和肌球蛋白，属于盐溶性蛋白质。分割肉的乳化特性见表 1-2。

表 1 - 2 分割肉的乳化特性

分割肉	结合指数	蛋白质含量（%）
面颊肉	70	17.9
心 肌	30	15.3
舌	20	16.3
猪头肉	80	16.1
皮	20	28.3
背 膘	30	4.2
95%瘦肉	90	18.2

一般来说，盐溶性蛋白比水溶性蛋白乳化作用效果更好，从表 1 - 2 中可看出各种肉的乳化特性，以公牛骨骼肌结合指数 100 为标准，一般情况下牛肉和猪肉在骨骼肌含量降低时，其乳化力也下降。来自胴体不同部位的瘦肉有与脂肪不同的乳化特性，来自内脏的蛋白质如舌、肺的结合特性是无法与骨骼肌相比的。

在肉糜加工中应用不同的添加剂，其目的是提高肉糜的稳定性和最大限度地保持脂肪的能力。植物蛋白质也有类似于瘦肉的乳化特性，因为它们具有氨基酸的结构特性。

第三节 猪肉的成熟与腐败

一、猪肉的僵直

（一）僵直

动物刚屠宰后，肉温还没有散失，肉体柔软，具有较小的弹性，这种处于生鲜状态的肉称作热鲜肉。经过一定时间，肉的伸展性消失，肉体变为僵硬状态，这种现象称为死后僵直，此时肉加热食用是很硬的，而且持水性也差，加热后重量损失很大，不适于加工。如果继续贮藏，其僵直情况会缓解，经过自身解僵，肉又变得柔软起来，同时持水性增加，风味提高。因此，在利用肉时，一般应解僵后再使用，此过程称作肉的成熟。成熟肉在不良条件下贮存，经酶和微生物作用分解变质，称作肉的腐败。屠宰后肉的变化，即包括上述肉的尸僵、肉的成熟、肉的腐败三个连续变化过程。在肉品工业生产中，要控制尸僵，促进成熟，防止腐败。

（二）僵直收缩的类型

1. 正常僵直收缩　家畜在宰前保持健康安静，屠宰时属于正常屠宰并且屠宰处理较好，肌动球蛋白缓慢形成，尸僵发生得慢，极限 pH 为 5.6，尸僵达最大以后向解僵软化方向转移。

2. 不正常僵直收缩

（1）PSE 肉的形成　在成熟过程中，为避免微生物繁殖，屠宰后屠体在 0～4℃下冷却。当 pH 5.4～5.6 时，温度也达不到 37～40℃，因此在成熟过程中蛋白质不会变性。但有些猪死后的糖酵解速度却比正常的猪要快得多，在屠体温度还远未充分降低时就达到了极限 pH，所以就会产生明显的肌肉蛋白质变性。这样的肌肉在僵直后肉色淡，组织松软，持水性低，汁液易渗出，即所谓 PSE 肉。这种肌肉肉质差，不适于作精肉。PSE 肉多来自猪肉。一般将屠宰后 45 分钟内背最长肌 pH 低于 5.8 的猪肉定为 PSE 肉。

PSE 肉肉色发白，收缩蛋白质的提取性下降。前者是由于变性的肌浆蛋白质覆盖了肌红蛋白，或是由于肌红蛋白自身变化造成的。后者是由于收缩蛋白被变性肌浆蛋白质覆盖，或是被提取的收缩蛋白质机能自身也有所下降而导致自体变性引起的。

（2）DFD 肉的产生　DFD 肉是肉猪宰后肌肉 pH 高达 6.5 以上，形成暗红色、质地坚硬、表面干燥的干硬肉。肌肉中糖原含量较正常低，则肌肉最终 pH 会由于乳酸积累少而比正常情况高些（pH 约为 6.0）。由于结合水增加和光被吸收，使肌肉外观颜色变深，产生 DFD 肉。这种情况主要出现在牛肉中。产生 DFD 肉的主要原因是宰前长期处于紧张状态，使肌肉中糖原含量减少所致。

（3）冷收缩　宰后肌肉的收缩速度未必温度越高，收缩越快。肌肉发生冷收缩的温度范围是 0～10℃之间。由于迅速的冷却和肉的最终温度降到 0℃，糖酵解的速度显著减慢，但腺嘌呤核苷三磷酸的分解速度在开始时下降，而在低于 15℃时开始加速，故肌肉收缩增加。

为了防止冷收缩带来的不良效果，采用电刺激的方法，使肌肉中腺嘌呤核苷三磷酸迅速消失，pH 迅速下降，使尸僵迅速完成，即可改善肉的质量和外观色泽。

去骨的肌肉易发生冷收缩，硬度较大，带骨肉则可在一定程度上抑制冷收缩。因此，目前普遍使用的胴体直接成熟是不太会出现冷收缩的。对于猪胴体，一般不会发生冷收缩。

（4）解冻僵直收缩　肌肉在僵直未完成前进行冻结，仍含有较高的腺嘌呤核苷三磷酸，在解冻时由于腺嘌呤核苷三磷酸发生强烈而迅速的分解而产生的僵直现象，称为解冻僵直。解冻时肌肉产生强烈的收缩，收缩的强度较正常的僵直剧烈得多，并有大量的肉汁流出。

解冻僵直发生的收缩严重有力，可缩短50%，这种收缩可破坏肌肉纤维的微结构，而且沿肌纤维方向收缩不够均匀。在尸僵发生的任何一点进行冷冻，解冻时都会发生解冻僵直，但随肌肉中腺嘌呤核苷三磷酸浓度的下降，肌肉收缩力也下降。在刚屠宰后立刻冷冻，解冻时这种现象最明显，因此要在形成最大僵直之后再进行冷冻，以避免这种现象的发生。

二、猪肉的解僵和成熟

（一）肉的解僵

解僵指肌肉在宰后僵直达到最大程度并维持一段时间后，其僵直缓慢解除，肉的质地变软的过程。解僵所需要的时间因动物、肌肉、温度以及其他条件不同而异。在0～4℃的环境温度下，猪需要2～3天。

（二）肉的成熟

肉的成熟是指尸僵完全的肉，在冰点以上温度条件下放置一定时间，使其僵直解除、肌肉变软、持水性和风味得到最大改善的过程。肉的成熟过程实际上包括肉的解僵过程，二者所发生的变化是一致的。成熟的时间愈长，肉愈柔嫩，但风味并不相应地增强。猪肉由于不饱和脂肪酸较多，时间长易氧化，使风味变劣。因此，通常采用0～2℃、3～4天成熟。原料肉成熟温度和时间与肉品质的关系见表1-3。

表1-3　成熟方法与肉品质量

温度（℃）	成熟方法	时　间	肉　质	耐贮藏性
0～4	低温成熟	时间长	肉质好	耐贮藏
7～20	中温成熟	时间较短	肉质一般	不耐贮藏
>20	高温成熟	时间短	肉质劣化	易腐败

肌肉紧张性的下降被称为尸僵的溶解或解僵。实际上在宰后贮藏期内肌动

球蛋白横桥并没有像溶解一词所指的那样被打开，因此肌肉紧张性的下降不是横桥溶解而是由其他因素引起的，这些因素包括酶作用下的 Z 线降解、结缔组织的松散、肌细胞骨架及有关蛋白的水解，使肌肉的结构完整性遭到破坏，僵直得以解除。

三、猪肉的腐败变质

（一）腐败变质的概念

肉的腐败变质是指肉在组织酶和微生物作用下发生质的变化，最终失去食用价值。如果说肉成熟的变化主要是糖酵解过程（也有核蛋白的分解，脂肪不分解），那么肉变质时的变化，主要是蛋白质和脂肪分解过程。肉在自溶酶作用下的蛋白质分解过程，叫做肉的自家溶解。由微生物作用引起的蛋白质分解过程，叫做肉的腐败。肉脂肪的分解过程叫做酸败。

（二）腐败变质的原因

动物宰后，由于血液循环停止，吞噬细胞的作用立即停止，使得细菌繁殖并传播到整个组织。但是，动物刚宰杀后，由于肉中含有相当数量的糖原，加之动物死后糖酵解作用的加速进行，使肉的 pH 迅速从最初的 7.0～7.4 下降到 5.4～5.5。酸性是腐败菌生长极为不利的条件，起到抑制腐败的作用。

健康动物的血液和肌肉通常是无菌的，肉类的腐败实际上是由外界污染的微生物在其表面繁殖所致。表面微生物沿血管进入肉的内层，并进而深入到肌肉组织。然而，即使在腐败程度较深时，微生物的繁殖仍局限于细胞与细胞之间的间隙内，只有到深度腐败时才到达肌纤维部分。微生物繁殖和扩散的速度，在 1～2 个昼夜内可深入肉层 2～14 厘米。在适宜条件下，侵入肉中的微生物大量繁殖，产生许多对人体有害物质，甚至使人发生食物中毒。

许多微生物均优先利用糖类作为其生长能源。好气性微生物在肉表面的生长，通常把糖完全氧化成二氧化碳和水。如果氧的供应受阻或因其他原因氧化不完全时，则可有一定程度的有机酸积累，肉的酸味即由此而来。

微生物对脂肪可进行两类酶促反应：一是由其所分泌的脂肪酶分解脂肪，产生游离的脂肪酸和甘油。霉菌以及细菌中的假单胞菌属、五色菌属、沙门氏菌属等都是能产生脂肪分解酶的微生物。另一种则是由氧化酶通过β－氧化作用氧化脂肪酸，这些反应的某些产物常被认为是酸败气味和滋味的来源。但是，肉和肉制品中严重的酸败问题不是由微生物引起的，而是因空气中的氧，在光线、温度以及金属离子催化下进行氧化的结果。由于脂肪水解生成的游离脂肪酸对多种微生物具有抑制作用，腐臭的肉和肉制品其微生物总数可由于酸败的加剧而减少。不饱和脂肪酸氧化时所产生的过氧化物，对微生物均有毒害作用。

微生物对蛋白质的腐败作用是各种食品变质中最复杂的一种，这与天然蛋白的结构非常复杂，以及腐败微生物的多样性密切相关。有些微生物如梭状芽孢杆菌属、变形杆菌属和假单胞菌属的某些种类，以及其他种类的微生物，可分泌蛋白水解酶，迅速把蛋白质水解成可溶性的多肽和氨基酸。而另一些微生物尚可分泌水解明胶和胶原的明胶酶和胶原酶，以及水解弹性蛋白和角蛋白的弹性蛋白酶和角蛋白酶。

有许多微生物不能作用于蛋白质，但能对游离氨基酸及低肽起作用，将氨基酸氧化脱氨生成氨和相应的酮酸。另一种途径则是使氨基酸脱去羧基，生成相应的氨。此外，有些微生物尚可使某些氨基酸分解，产生吲哚、甲基吲哚、甲胺和硫化氢等。在蛋白质、氨基酸的分解代谢中，酪胺、尸胺、腐胺、组氨和吲哚等对人体有毒，而吲哚、甲基吲哚、甲胺、硫化氢等则具恶臭，是肉类变质臭味之所在。

四、猪肉的新鲜度检查

(一) 感官检查

感官检查是新鲜度检查的重要方法之一。感官检查内容主要有：视觉——肉的组织状态、粗嫩、黏滑、干湿、色泽等，嗅觉——气味的有无、强弱、香臭、腥膻等，味觉——滋味的鲜美、香甜、苦涩、酸臭等，触觉——坚实、松弛、弹性、拉力等，听觉——检查冻肉、罐头的声音的清脆、混浊及虚实等。

进行感官检查时，要注意光线明亮，温度适宜，空气清新，周围不得有挥发性物质。在长时间检查大批样品时，会引起感官上的疲劳，应作恢复性休息，例如闭目片刻，户外呼吸新鲜空气，温水漱口等。感官检查方法简便易行，比较可靠。但只有深度腐败时才能被察觉，并且不能反映出腐败分解产物的客观指标。鲜猪肉的感官指标如表1-4所示。

表1-4 鲜猪肉的感官指标

项目	一 级 鲜 度	二 级 鲜 度
色泽	肌肉有光泽，红色均匀，脂肪洁白	肌肉色暗，脂肪缺乏光泽
黏度	外表微干或微湿润，不黏手	外表干燥或黏手，新切面湿润
弹性	指压后的凹陷立即恢复	凹陷恢复慢或不完全
气味	正常	稍有氨味或酸味
肉汤	透明澄清，脂肪团集于表面，具有香味	稍有混浊，脂肪呈小滴浮于表面，无鲜味

（二）细菌污染度检查

鲜肉的细菌污染度检查，在我国目前还没有列入国家标准。细菌污染检查不但比感官的或化学的方法更能客观地判定肉的鲜度质量，而且能反映出生产、贮运中的卫生状况。鲜肉的细菌污染度检查，通常包括三个方面：

1. **菌数测定** 菌数测定能表明肉的腐败程度。如果每平方厘米细菌数超5 000万个，感觉上即出现腐败征候。

2. **涂片镜检** 根据表层和深层肌肉的球菌和杆菌的分布情况及数量，来粗略地判断肉的鲜度，方法简便易行。新鲜肉涂片或触片看不清痕迹，染色不明显，表面肌肉可见少数几个球菌和杆菌，深层见不到细菌。次鲜肉触片稍有痕迹，易着色，表面肌肉平均每个视野有20～30个球菌，少量杆菌，深层少于20个球菌和杆菌。不新鲜肉触片污痕重，着色浓，表面有大量球菌、杆菌，深层有30个以上，杆菌占优势。

3. **色素还原试验** 利用细菌生命活动产生还原酶类能使指示剂变色的原理，来间接测定细菌的污染度，在检查鲜奶、水和冷冻食品等时经常应用。近年来，世界卫生组织推荐用于肉、鱼等的检查试验。还原试验应用的色素有美蓝、刃天青和氯化三苯基四氮唑（简称TTC）。刃天青还原试验反应灵敏，准确性高，但受肉色蛋白的影响，反应终点判断较难。美蓝还原试验褪色变化中间状态不易掌握，但反应比较明显。TTC试验，是从无色到呈现红色，反应不可逆，容易判断，缺点是比美蓝还原反应时间长。

（三）生物化学检查

生物化学检查以寻找蛋白质、脂肪的分解产物为基础进行定量测定分析。常用的有pH测定、二氧化硫试验、胺测定、球蛋白沉淀试验、过氧化物酶反应、酸度—氧化力测定、挥发性盐基氮测定、挥发性脂肪酸测定、TBA测定及有机酸的测定等。

由于蛋白质、脂类分解过程极其复杂，分解程度不同，上述每个方法都有很大局限性。因此，进行肉的鲜度判定时，必须判断指标要求，包括感官鉴定、理化指标检查、农药残留和兽药残留，才能较正确地判定肉的鲜度。

第二章

猪的屠宰与分割　>>>>>

第一节　屠宰设施和卫生要求

一、屠宰厂建厂原则

肉用畜禽的屠宰不仅与肉的品质和卫生状况有密切关系，而且对环境卫生也有很大影响。在厂址的选择上应遵循国家现行规定，内部布局设施必须符合卫生原则的要求。屠宰厂的建造应服从经济、有效的布局和分区、高度的卫生水平三个原则。其中卫生状况是最为重要的。

屠宰厂内应设有下列车间：宰前饲养管理车间、屠宰加工车间、冷却间、肉制品加工车间、冷库、病畜隔离及急宰间、副产品加工车间等。厂内除生产车间外，还应有制冷、供电、供水及污水处理等设施和行政区及生活区。

二、屠宰加工车间的建筑卫生要求

（一）屠宰加工车间的布局要求

屠宰加工车间的布局要合理，既要互相联系又要互相隔离，要按照原料→半成品→成品的顺序流水作业，不能互相接触或逆行操作，以免交叉污染。

此外，还应遵循下列要求：

1. 有效地利用建筑面积。
2. 在屠宰作业的顺序上必须是连续的流水作业。
3. 屠宰与胴体修整区分开。
4. 胃、肠冲洗室等较脏的作业区应远离主要胴体作业区。
5. 建筑内的水、电、照明、排水设施要设置得科学、方便、简单。
6. 各作业区之间的距离不宜过大。
7. 易于进行彻底清洁。

（二）建筑的卫生要求

1. 地面　车间地面要用不透水、防腐蚀的材料建成，表面要平整，并有一定斜度，易于清洁和消毒。

2. 墙壁　墙壁要用光滑、耐用、不透水的浅色材料建成，可洗表层距地面至少为2米，墙与地面相接处须呈内圆角。窗户与地面面积的比例为1∶4或1∶6。

3. 光照　车间内光线要充足、均匀、柔和，人工照明以日光灯为好，有利于病理变化的正确判断。

4. 传送设备　屠宰加工的各个车间之间应设置架空轨道或其他传送装置，以便运送胴体与内脏，节省劳动力并能避免交叉污染。一般的工厂也应配备一定数量的小车及手推车来运送屠宰产品。

5. 通风设备的要求　胴体的修整和处理车间内应有良好的通风与排除水蒸气设备，对工作人员的健康和产品质量均有好处。北方可利用自然通风，南方则要配备通风设备。门窗的开设要适合空气的对流，要有防蝇、防蚊装置。

6. 供、排水的卫生要求　车间供水要充足，水质符合饮用水的卫生标准，要建造完善的下水道系统。

7. 其他配套设施的卫生要求　屠宰场内还应具备洗手、消毒和清洗工具的设备，进行卫生检查的房间和设施，工作人员更衣室等。

屠宰加工车间的各种卫生要求，也适用于副产品的加工车间。

(三) 屠宰加工企业的污水处理

有效地处理屠宰污水是非常重要的，因为它可污染水道，并在公共卫生和家畜流行病学方面具有一定的危害性。作为控制污染的准则，日益受到重视。

屠宰厂和肉联厂排出的废水是典型的有机混合物，具有较高的生化需氧量（又称生化耗氧量，是指水体有机污物通过微生物的生物化学作用，而被氧化分解时所耗去的水体氧气的总量，通常以缩写 BOD 表示。其数值愈高，说明水体有机污染物含量愈多，污染愈严重）。所有污物控制方案的首要内容就是限制高 BOD 物质进入工厂废水系统。BOD 的计量单位以百分率或每升中的毫克数（毫克/升）表示。我国规定：工业污水排出口 BOD 最高允许值为 60 毫克/升；排入地面水后，不得使地面水 BOD 超过 4 毫克/升。

我国肉类加工企业排出的污水处理，通常包括机械处理和生物处理两道程序。生物处理方法主要是活性污泥系统和生物转盘系统两种。

第二节　宰前检疫与管理

一、宰前检疫

（一）宰前检疫的目的和意义

猪的宰前检疫是保证肉品卫生质量的重要环节之一。它在贯彻执行病健隔离、病健分宰，防止肉品污染，提高肉品卫生质量，保障人民身体健康方面起着重要的作用。通过宰前检疫，可以初步确定其健康状况，尤其是能够发现许多宰后无特殊病理变化的人兽共患传染病，从而做到及早发现及时处理，减少损失。

（二）宰前检疫的步骤和程序

主要有查验检疫证明书，了解产地有无疫情和途中病死情况。经检验无疫情发生的猪，准予卸载，接受进一步的兽医检查。

（三）宰前检疫的方法

畜禽的宰前检查，通常采用群体检查和个体检查相结合的方法进行。

1. **群体检查**　将猪按种类、产地、批次以圈为单位进行检查。其具体做法可归纳为动、静、食，观察三大环节。

2. **个体检查**　个体检查是对群体检查中被剔出的病猪和可疑病猪，集中进行较详细的个体临床检查。个体检查的方法，实践中总结为看、听、摸、检四大要领。

（四）宰前检疫后的处理

经过宰前检查后，发现病猪时，根据所患疾病的种类和性质，病势轻重，按现行肉品卫生检验规程分别加以处理：

1. **准宰**　经检查认为健康合格的猪送往屠宰。

2. **禁宰**　凡确诊为炭疽、猪瘟、猪丹毒、口蹄疫等恶性传染病的病猪，一律不准屠宰，并按规定严格处理。

3. **急宰**　确定无碍食肉卫生的一般病猪及患一般传染病而有死亡危险的，应立即屠宰。

4. **缓宰**　经检查确认为一般性传染病和其他疾病，且有治愈希望的，或者有疑似传染病而未经确诊的猪应缓宰。

二、宰前管理

(一) 宰前休息

宰前休息 1～2 天，可使猪体代谢恢复正常，排除积蓄在体内的代谢产物，提高肉品质量。

(二) 宰前断食

宰前应断食 24～30 小时。

宰前断食的目的主要有：

1. 有利于放血完全和内脏清洗　若临宰前饲喂大量饲料，则猪体消化和代谢机能旺盛，肌肉组织中的毛细血管内充满血液，宰时放血就不完全，易导致肉的腐败。还因为内脏中充满内容物，不便于内脏的清洗和处理。

2. 防止肉质污染　宰前喂得太多，消化道内充满内容物，易污染肉质、污染环境，难于处理。

3. 节省费用　宰前断食可节省饲料、降低成本、减少劳力消耗、省时省工。

4. 减弱猪的挣扎程度　便于宰杀与放血，保证人员安全。

(三) 供给充足饮水

宰前猪应断食，但不能断水，应让猪自由饮水，以保证待宰猪正常的生理机能，调节体温，促进粪便的排出，并使宰时放血完全，获得高品质猪肉。

第三节　屠宰工艺

一、屠宰加工流程

猪的屠宰加工流程见图 2-1。

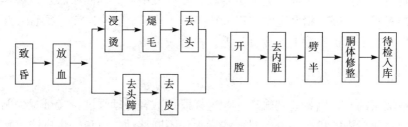

图 2-1　猪的屠宰加工工艺流程

二、猪的屠宰加工工艺要点

猪屠宰加工方法和程序虽因屠宰加工企业的规模、建筑、设备和畜禽种类的不同而有差异，但其工艺过程可大致分为淋浴、致昏、放血、剥皮或煺毛、开膛、劈半、胴体修整、内脏整理等工序。

（一）淋浴

放血前给猪进行淋浴。淋浴水温以 20℃ 为宜。一是减少污染，二是保证放血效果。

（二）致昏

致昏的方法有许多种，选用时以操作简便、安全，既符合卫生要求，又保证肉的质量为原则。常用的方法有：麻电法和二氧化碳麻醉法。二氧化碳麻醉法的优点是被宰猪无紧张感，可减少屠体内糖原的消耗，致昏程度深，二氧化碳可加剧屠畜的呼吸频率，促进血液循环，放血良好，能克服电击法的缺点且效率高。但是二氧化碳法成本高。

（三）放血

放血是保持猪在正常生理状态下，通过各种方法将血液排出体外，使被宰猪于较短时间内死亡的一种措施。放血完全与否对肉品质及卫生学意义很大。

（四）烫毛及煺毛

烫毛是为了更好地煺毛。水温和烫毛时间依实际需要灵活掌握。如水温过高或时间过长，则表皮蛋白胶化，毛孔收缩，煺毛困难；如水温过低或时间过短，则由于毛孔尚未扩大，煺毛也困难。在浸烫中如头和四肢已开始顺利地掉毛，即表示已烫好。猪烫毛水温以 60～63℃、5～8 分钟为宜。煺毛的方法有手工热烫煺毛、机器煺毛、冷烫刮毛、松香拔毛等。

（五）吊挂、燎毛

清洗头蹄后，倒悬挂到轨道上，这样既可减轻劳动强度，又可减少胴体被胃肠内容物污染的机会。燎毛时要注意火焰不断移动，以免烧焦皮肤。

（六）开膛、劈半、冷却

开膛、劈半工作在煺毛后立即进行，以免影响内脏的使用价值。胴体清洗后至冷却间冷却。

第四节　宰后检验及处理

一、宰后检验的方法

宰后检验的方法主要有视检、剖检、触检和嗅检。兽医的感官检查和剖检都是在紧张的流水线上进行，要求对疾病或病变作出迅速、正确的判定与处理。受检器官的选择，要以病原微生物侵入的门户和途径为依据。宰后检验的要点如下。

（一）头部检验

猪头的检查分两步进行：第一步在放血浸烫之后进行。通过放血孔顺切下颌区的皮肤和肌肉，剖检两侧颌下淋巴结。第二步与胴体检验一道进行。先剖检两侧外咬肌（检查囊尾蚴），然后检查咽喉黏膜、会厌软骨和扁桃体，必要时剖检颌下副淋巴结（检查炭疽），同时观察鼻盘、唇和齿龈的状态（注意口蹄疫、水疱病）。

（二）皮肤检验

对于控制猪瘟、猪丹毒、猪肺疫和弓形虫等以及防止车间污染有重要意义。患这些病的猪胴体皮肤上会出现不同程度的充血、出血和坏死等变化。如有异常变化，将可疑病猪做好标记，转到病猪检查点，进行详细检查，综合判断。

（三）内脏检验

非离体检验目前主要用于猪。按照脏器在畜体内的自然位置，由后向前分别进行。离体检验可根据脏器摘出的顺序，一般由胃、肠开始，依次检查脾、肺、心、脏、肾、乳房、子宫或睾丸。

（四）胴体

首先判定其放血程度，这是评价肉品卫生质量的重要指标之一。胴体放血程度好坏除与牲畜疾病有关外，还部分地取决于健康猪屠宰击昏和放血方法正确与否，以及宰前是否过度疲劳。

（五）旋毛虫检验

割取左右横膈肌脚，在低倍显微镜下检查。

二、检验后肉品的处理

胴体和内脏经过卫生检验后，可按四种情况，分别做出如下处理。一是正常肉品的处理：胴体和内脏经检验确认来自健康牲畜，在肉联厂或屠宰厂加盖"兽医验讫"印后即可出厂销售；二是患有一般传染病、轻症寄生虫病和病理损伤的胴体和内脏的处理：根据病理性质和程度，经过各种无害处理后，使传染病、毒性消失或使寄生虫全部死亡者，可以有条件地食用；三是患有严重传染病、寄生虫病、中毒和严重病理损伤的胴体和内脏的处理：不能食用，可以炼制工业油或骨肉粉；四是患有炭疽病、鼻疽、牛瘟等《肉品卫生检验规程》所列的烈性传染病的胴体和内脏的处理：必须用焚烧、深埋、湿化（通过湿化肌）等方法予以销毁。

第五节 猪胴体的切割方法

按照市场销售的规格要求，将牲畜经过屠宰、加工、整理后的肉胴体按部位进行分割加工成的块状肉称为分割肉。

根据国内、外市场的需要，猪胴体肉可分割加工成带骨分割肉或剔骨去皮、去脂肪等不同规格的冷却分割肉或冻结分割肉。在发达国家，肉类大都以分割去骨包装或加工成肉糜等形式进入市场。

我国对猪分割肉基本是采用热分割工艺，即经过屠宰加工后的猪肉胴体经晾肉后被直接送入分割肉车间进行分割加工，其工艺流程见图 2-2。

图 2-2 猪分割肉加工工艺流程

在国际上较多采用冷分割工艺，即将原料肉冷却到 4℃后再进行分割。采用这种工艺除了有保证肉品质量的因素外，主要是因为分割肉加工车间与屠宰加工车间不是设在同一地，原料肉需要经过长途运输后才能进行分割加工。根据试验对比，采用冷分割工艺工人的劳动生产率明显低于我国采用的热分割工艺。

我国供市场零售的猪胴体分成下列几个部分：臀腿部、背腰部、肩颈部、肋腹部、前后肘子、前颈部及修整下来的腹肋部。猪胴体结构见图 2-3。

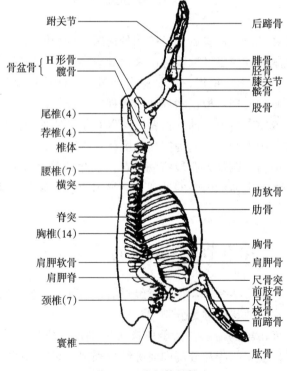

图 2-3 猪胴体结构

　　供内、外销的猪胴体分成下列几个部分：颈背肌肉、前腿肌肉、脊背大排、臀腿肌肉四个部分，见图 2-4。

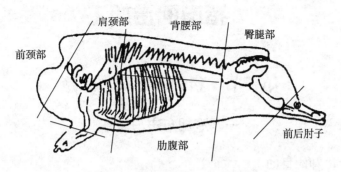

图 2-4　我国猪胴体部位分割图

第三章

猪肉的冷加工 >>>>>

第一节 猪肉的冷却与冷藏

一、冷却方法与设备

(一) 冷却的目的

猪刚屠宰完毕时，体内热量还没有散去，肉体温度一般为 $36\sim39℃$。另外，在屠宰后其体内新陈代谢作用大部分仍在进行，所以体内温度略有升高，如宰后1小时的肉体温度较刚宰杀时体温高 $1.5\sim2℃$，肉体较高的温度和湿润的表面最适宜微生物生长和繁殖。因此，必须迅速进行冷却。通过冷却使肉体表面形成一层完整而致密的干燥膜，既可以阻止微生物生长繁殖，延缓肉体内物理化学和生物化学的变化，又可以减缓肉体内的水分蒸发，延长了肉的贮存时间，一般可以保存 $1\sim2$ 周时间。此外，肉的冷却过程也是肉的成熟过程（排酸过程），使肉由僵直变得柔软，持水性增强，肉的风味得到了改善，具有香味和鲜味。

(二) 冷却方法与设备

目前我国肉类的冷却方法主要是冷风冷却法，即在冷却间内装设落地式冷风机或吊顶式冷风机。将经过屠宰、加工、修整分级后的胴体由轨道分别送入冷却间。为了便于冷空气循环，保证均匀而快速的冷却，胴体不能紧靠在一起，一般胴体之间应留有 $3\sim5$ 厘米的间隙，气流要吹遍胴体的全部表面，吊轨与吊轨中心线及轨面标高见表3-1。快速而均匀冷却的关键是冷却间内的气流的合理组织，而风速则是决定冷却速度的主要因素之一，对吊挂式白条肉冷却间来说，气流应均匀下吹，胴体间的平均风速应为 $0.5\sim1.0$ 米/秒（采用两阶段冷却工艺的，第一阶段风速应为 $1.5\sim2.0$ 米/秒）。

为了减少冷却过程的干耗，保证肉品质量，有条件的企业可采用特制的湿白布将胴体套装起来，每次使用之后均应清洗消毒后再使用。此外，在冷却间进货之前，应先进行降温，以缩短冷却时间。一般要求降至 $-2℃$ 左右开始进货，进货完毕经过 10 小时的冷却后，库温应保持在 0～1℃，尽量减少开启冷却间冷藏库门的次数和人员的进出，这样既可保持库温的稳定，又可减少微生物的污染。

表 3-1 吊轨轨距和轨面高度

单位：毫米

类 别	轨 距	轨面高度
猪 1/2 胴体	人工推动 750～850	2 300～2 500
（叉档吊挂）	机械传动 400～1 000	

冷却间内还应装设紫外光灯，其功率按平均 1 瓦/米^3 来算，每昼夜连续或间隔照射 5 小时，这样可达到空气 99% 的灭菌效果。

我国的肉类加工企业普遍采用一次冷却工艺，表 3-2 是肉类一次冷却工艺技术参数。在冷却时间上，猪胴体肉一般 20 小时左右，肉体最厚部位（一般指后腿）中心温度降至 0～4℃，即可结束冷却过程。国际上有些国家要求经屠宰加工后的肉胴体应在 1 小时之内立即进行冷却，猪肉应当在 15～20 小时内将肉体中心温度冷却到 10～15℃。当胴体最厚部位中心温度冷却到低于 7℃时，即认为冷却完成。

表 3-2 与肉的一次冷却工艺有关的技术参数

冷却过程	半片猪胴体肉	
	库温（℃）	相对湿度（%）
冷却间进货之前	−3～−4	90～92
冷却间进货结束后	0～+3	95～98
冷却 10 小时后	1～+2	90～92
冷却 20 小时后	0～−3	90～92

我国有些企业采用两阶段快速冷却工艺方法，即在冷却过程开始时，冷却间的空气温度降到较低（一般为 −5～−10℃），使胴体表面在较短的时间内降到接近冰点，迅速形成干膜，然后再用一般的冷却方法进行第二次冷却。在冷却的第二阶段，冷却间温度逐步升高至 0～2℃，以防止肉体表面冻结，直到肉体表面温度与中心温度达到平衡，一般为 2～4℃。同时冷却间内空气循环随着温度的升高而慢下来。与传统的冷却方法相比，两阶段快速冷却工艺方法的主要特点是：

1. 冷却间内所需的单位制冷量较大。

2. 微生物数量较低，且由于胴体表面温度下降得较快，干耗较小，一般比传统的冷却方法干耗可减少 40%～50%。

3. 提高了冷却间的生产能力，一般比传统的冷却方法提高 1.5～2 倍。

二、肉类在冷却过程中的变化

(一) 水分蒸发引发的干耗

肉在冷却过程中，最初由于肉体内热量较高、水分较多，所以水分蒸发得较多、干耗较大。随着温度的降低，肉体表面产生一层干膜后，水分蒸发相应地减少。肉体的水分蒸发量与肉体表面积、肥度、冷却间的空气温度、风速、相对湿度、冷却时间等有关。当冷却间内空气流动速度为 0.6 米/秒、温度为 0℃、相对湿度为 95% 时，肉的干耗是随着冷却时间的延长而逐渐增大的。表 3-3 为肉冷却时的干耗损失。

表 3-3　肉冷却时的干耗

(%，质量分数)

名　称		在冷却间中从 36℃冷却至 3℃时的干缩指标		在一般房间内从 36℃冷却到周围空气温度时的干缩指标		
		有冷却设备	无冷却设备	最初 6 小时	最后 18 小时	昼夜总干缩量
猪肉	肥　体	0.6	0.7	0.4	0.4	0.8
	半肥体	0.7	0.9	0.5	0.5	1.0
	半　体	0.8	1.1	0.6	0.6	1.2
	非标准的	1.0	1.3	0.7	0.7	1.4
	瘦肉（切下的）	1.1	1.5	0.8	0.8	1.6

(二) 肉的色泽变化

肉的色泽变化对商品价值评定具有非常重要的意义。肉在冷却过程中，其表面切开的颜色由原来的紫红色变为亮红色，而后呈褐色，这主要是由于肉体表面水分蒸发，使肉汁浓度加大，由肌红蛋白所形成的紫红色经轻微地冻结后生成亮红色的氧合肌红蛋白所致。但是，当肌红蛋白或氧合肌红蛋白发生强烈的氧化时，生成氧化肌红蛋白。当这种氧化肌红蛋白的数量超过 50% 时，肉就变成了不良的褐色。

这种不同的色泽的变化关系可用图 3-1 表示。总之，当肌红蛋白的保存数量多的时候，肉的色泽呈紫红色；当氧合肌红蛋白数量多的时候，则呈现艳丽的亮红色；当肌红蛋白或氧合肌红蛋白氧化成的氧化肌红蛋白数量多的时候，则呈现不良的褐色，其商品价值也就降低了。为此，要减缓氧化的进行，但要完全阻止是不可能的。这些色泽的变化是经常发生的。除此之外，

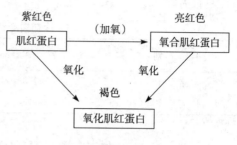

图 3-1 肉色素的变化

还有极个别的发生变绿、变黄、变青及荧光变化，这是由于细菌、霉菌繁殖，蛋白质进行分解而产生的特殊现象。

（三）冷藏

经过冷却的肉胴体可以在安装有轨道的冷藏间中进行短期的贮藏。表3-4为冷却肉冷藏时有关的技术参数。

表 3-4 冷却肉冷藏间有关技术参数

库内温度（℃）	4	3	2	1	0
相对湿度（%）	72	76	82	87	92

三、冷　藏

冷却肉在冷藏时，库内温度以选择 −1.5～0℃ 为宜，相对湿度应保持在 85%～90%，相对湿度过高，对微生物特别是霉菌繁殖有利，而不利于保证冷却肉贮存时的质量。如果采用较低冷藏库温时，其湿度可大些。

为了保证冷却肉在冷藏期间的质量，冷藏间的温度应保持稳定，尽量减少开门次数，不允许在贮存已经冷却好的肉胴体的冷藏间内再进热货。冷藏间的空气循环应当均匀，速度应采用微风速。一般冷藏间内空气流速为 0.5～0.1 米/秒，接近自然循环状态，以维持冷藏间内温度均匀，减少冷藏期间的干耗损失。

冷却肉的冷藏时间按肉体温度和冷藏条件来定。试验表明，在 0℃ 左右库温、相对湿度 90% 左右的条件下，猪胴体冷藏时间为 10 天左右。表3-5 为国际制冷学会推荐的冷却肉冷藏期限，但在实际应用时应将表中所列时间缩短

25%左右为好。

表3-5 冷却肉冷藏温度和贮藏期

肉　　别	温　度（℃）	贮　藏　期
猪　肉	−1.5～0	1～2周
副产品（肉脏）	−1～0	3天

第二节 肉的冻结与冻藏

一、冻结方法与设备

（一）冻结的目的

经过冷却的肉类，因为其温度在冰点以上，肉体中细胞中的水分尚未冻结，在冷却肉冷藏间温度和湿度条件下，微生物和酶的活动能力虽受到一定程度的抑制，但没有终止。因此，要使肉能长期贮存并适应长途运输的需要，必须将其冻结，使肉体温度降低到汁液冻结的温度，以不利于微生物生长、繁殖，延缓肉体内各种生化反应，防止肉的品质下降。

经过冻结的肉类的质量应与新鲜肉相接近，但冻肉在解冻后总有一部分汁液流失，使营养成分减少。解冻后再进行冻结的肉质量更差。

（二）冻结速度和方法

肉的冻结速度一般按单位时间内肉体冻结的厚度（厘米/小时）来表示，通常分为三种：

1. 冻结速度为0.1～1厘米/小时的，称为缓慢冻结。
2. 冻结速度为1～5厘米/小时的，称为中速冻结。
3. 冻结速度为5～20厘米/小时的，称为快速冻结。

对大多数食品来讲，冻结速度为2～5厘米/小时即可避免质量下降。半片猪胴体的冻结不能称作快速冻结。但实践证明，对于中等厚度的半片猪胴体在20小时以内由0～4℃冻结至−18℃，冻结质量是好的。从肉的质量上要求，冻结速度越快，肉体内冰结晶越小，这样不仅使质量提高，而且干耗损失也少。

我国胴体肉的冻结大都在装有强烈吹风装置的冻结间中进行。冻结间内一般装设干式冷风机，室内装有吊运轨道以挂运肉体，肉胴体在冻结间内轨道上的装载要求与冷却间相同。

影响肉类冻结速度的因素主要是冻结间内的空气温度、气流速度、肉体在冻结过程中的初温和终温、肉片的厚薄等。在已建成的冷库中，很多因素已基本固定。为了缩短冻结时间，挖掘制冷机器与设备潜力，对制冷装置进行操作管理时要充分发挥制冷设备的制冷能力，及时对冷风机进行冲霜，正确调整制冷系统的运转参数，以达到最佳制冷工作效率。其次，要合理吊挂肉胴体，较厚的和较肥的应挂在靠近冷风机出风口处，使其能够均匀冻结，以便在同一时间内完成冻结。冻结间进肉前需预先进行降温，以加快冻结过程。冻结间进肉时间越短越好，并应及时关闭冻结间库门，以免外界热量传入。冻结间进肉时应一次进完。在冻结间未出货前，不得再装热货，以免室内温度波动，影响冻肉质量。

（三）肉类冻结工艺

肉类冻结工艺通常分两阶段冻结工艺（亦称二次冻结）和直接冻结工艺（亦称一次冻结）。

1. 两阶段冻结工艺　即将经加工整理后的肉胴体先送入冷却间进行冷却，待肉体温度冷却至 0～4℃时再送入冻结间进行冻结。经过冷却的肉在室温 −23℃，空气流速在 24 小时内为每秒 0.5～2.0 米（包括进出货时间），肌肉深度温度降到 −15℃。目前，美国、英国、德国、日本等国对肉类的冻结大都采用两阶段冻结工艺方法。

2. 直接冻结工艺　即在牲畜屠宰加工整理后，经凉肉间滴干体表水后，直接送入冻结间冻结。在肉类加工中，直接冻结是一项较新的工艺。

直接冻结工艺对猪胴体的要求是：经屠宰加工整理后的猪胴体必须先放入凉肉间进行分级暂存，待累积到相当于一间冻结间容量时，集中迅速推进冻结间。凉肉间的容量至少应有两间冻结间的容量。凉肉间内应装有排风装置，对地处气温较高的南方地区的凉肉间应装设冷风机，以便滴干肉体表面水分，同时可适当降低肉体温度。

冻结间进货前应对冷风机进行冲霜并降温，待库温降至 −15℃以下时才开始进货。在高温季节里，且进货时间又要超过半小时的，应采取边进货边降温的方法，以避免库内墙面滴水产生冻融循环而损坏冷库。

为保证肉品冻结质量，必须配备与冻结间生产能力相适应的冷风机等机器设备。此外，在制冷系统操作调节时，要求在肉温降至 0℃时再对冷风机冲一次霜，使其工作效率得到充分发挥，以保证在 20 小时内完成冻结过程。

(1) 直接冻结工艺的优点

①缩短了加工时间 直接冻结时，由于冻结间在进货前即开始降温，库内空气温度较低，散热速度快，肉体表面温度迅速下降，由于肉体表面很快冻结，使肉体内层与表面的温差增大，同时，由于肉体表面水冻结成冰，热导率增大，因而加速了肉体深部的散热过程，缩短了肉体冻结时间。一般直接冻结的时间在 20 小时以内，肉体温度即可达到 $-15^\circ\!C$，冷加工工艺周期为 24 小时。而采用经冷却后再进行冻结的两阶段冻结工艺方法的时间为 36 小时左右，冷加工工艺周期为 48 小时。显然，采用直接冻结工艺可节约冷加工时间 50%。

②降低了干耗 试验证明，采用直接冻结的工艺生产的冻肉其干耗损失约比采用两阶段冻结工艺生产的冻肉降低 0.88%，虽然经过 5 个月到 1 年半时间的贮藏，其冷藏过程中干耗量偏大，但两种冻结工艺的冻结和冷藏的干耗量基本相等（表 3-6）。实际上冻肉贮藏时间大都在半年以内，因此采用直接冻结工艺的冻肉干耗损失要小于两阶段冻结工艺。

表 3-6　直接冻结与两阶段冻结的干耗比较　　（%，质量分数）

项　目	冻结干耗	8 个月冷藏干耗	18 个月冷藏干耗	总　计
直接冻结	1.66	1.93	2.97	6.56
两阶段冻结	2.56	1.42	2.61	6.57
（其中冷却）	1.74			

③节省了电量 采用直接冻结工艺每冻结 1 吨肉耗电 63 千瓦时，而采用两阶段冻结工艺每冻结 1 吨肉耗电为 23.6（冷却）＋57（冷结）＝80.6 千瓦时，可见直接冻结比两阶段冻结每吨肉省电 17.6 千瓦时。

④减少了建筑面积，节约了基本建设投资 以每日冻结间生产能力为 100 吨冻肉的冷库为例，仅需两间凉肉间（凉 40 吨肉），不需再建冷却间，约可减少建筑面积 30%，从而节省了基本建设投资。

⑤节省了劳动力 由于直接冻结不经过冷却过程，因此可减少搬运量，节省约 50% 的劳动力。

(2) 直接冻结工艺的缺点 应当指出，在国际上对采用直接冻结工艺的得失存在着不同的看法。据资料介绍：肉虽然在直接冻结过程中干耗比采用两阶段冻结工艺小，但在冷藏期间的干耗却大于采用两阶段冻结工艺的冻肉。这是因为直接冻结的冻肉虽然细胞冰晶较小，但却增大了冰晶体的升华面积。另外，未经预冷而直接冻结的肉是在死后僵直后而被冻结的，所以在解冻时就发生解冻僵直，使肌肉发生收缩变形，流出大量的汁液，对肉质产生不良影响。因此，直接冻结工艺只适用于肌肉被腱所固定着不会产生收缩的肉如猪肉。

（四）肉类在冻结过程中的变化

肉类在冻结过程中，肉体中的水分冻结成冰，因而发生了各种物理、化学和生物化学的变化。

1. **物理变化** 主要表现在肉体变硬、色泽变为深红色、干耗损失大等。肉体在冻结过程中，随着水转变成冰，肉体的硬度随着冻结水量的增加而变化。如当肉体温度降到$-2.5℃$时，肉体中的水分有 63.5% 冻结成了冰，这时肉体处于半软状态。当肉体温度降至$-10℃$时，肉体的水分中有 83.7% 冻结成冰，故肉体随之变硬。肥度较大的肉体因其体表有脂肪覆盖，可以减少水分蒸发。气温和冻结速度等有关，冻结间温度低、冻结速度快，其冻结过程中干耗损失也小。

肉在冻结过程中其冻结点直接受肉体内汁液的浓度影响。采用直接冻结工艺的肉的冻结点一般在$-1℃$左右，采用两阶段冻结工艺的肉的冻结点一般在$-2\sim-4℃$之间。冻结点的变化是由于冻结过程中肉体水分蒸发而引起的。水分蒸发越多，肉体内汁液浓度越大，冻结点则随之下降。

冰晶大小是影响肉的质量的重要因素之一。冰晶似针状存在于肌肉纤维组织之间，当肌肉组织内的水冻结成冰时，其体积膨胀 9%～10%。如果采用直接冻结工艺，生成的冰晶较小、数量多，对肌肉组织破坏小；而采用两阶段冻结工艺，则生成的冰晶较大、数量少，且分布不均匀。故由冰晶所产生的单位面积上的压力很大，易引起肌肉细胞的机械损失和破裂，且是不可逆的，造成解冻时大量肉汁损失，使肉品质量下降。

2. **热导率的变化** 肉品在冻结过程中引起热导率变化的主要原因是其肌肉组织结构中水的相态变化。水结成冰后，冰的热导率比水大 4 倍，但是由于肌肉组织结构（指猪大腿部）的特点，存在于肌肉纤维之间的水分以毛细管现象出现，而彼此之间由于肌膜所分隔形成互不相通的毛细管水，毛细管水在达到冻结点温度后并不结冰，在较长的一段时间内呈现稳定的过冷现象，此时并不引起热导率的变化。随着冰晶体逐步延伸，毛细管水结成冰后，冻结速度在冰的热导率影响下才有显著提高。另一方面，冰晶形成过程中，可能产生一些气隙现象，这也会引起热导率的变化。

3. 生物化学变化　主要表现在冻结过程中肉体中的蛋白质变性和胶体性质的破坏。由于肉的汁液中的水分部分冻结成冰晶，使细胞脱水和水溶液浓缩，剩下的汁液中盐的浓度增大，胶质状态不稳定，因而使蛋白质发生盐析作用而自溶液中析出。

这种蛋白质的冻结变性在初期是可逆的，但如果时间过长，则变为不可逆。此外，由于盐析作用而引起蛋白质冻结变性，使溶液中可溶性蛋白质逐渐减少，同时水分冻结也引起蛋白质的机械性破坏，再加上组成分子的正常空间结构歪斜而受到破坏，溶液中蛋白质的缓冲作用减弱。溶液中氢离子浓度的增加，进一步促进了蛋白质的冻结变性。为抑制这些变化，应尽可能加快冻结速度，尽量降低冻结的终止温度和冷藏温度。近年来，国际上不少国家提出低温冻结及采用−30℃以下冷藏温度的方案，其理由也就在于此。

胶体结合水的冻结：肉体肌肉组织液是蛋白质的胶体溶液，即蛋白质分子和结合水组成胶体质点分散在游离水中。肉体冻结时，游离水和胶体结合水相继发生冻结，并与蛋白质质点相离析。胶体结合水的冻结破坏了组织蛋白质的胶体性质，削弱了蛋白质对水的亲和力。解冻时，这部分水不能再与蛋白质结合，丧失了可逆性。

4. 微生物的抑制作用和寄生虫的致命作用　在−23℃冻结温度条件下，冻结肉虽不能达到完全无菌，但除个别微生物仍能生存外，大多数微生物的活动都受到抑制。−23℃的冻结温度对猪肉中的寄生虫、无钩绦虫和钩绦虫等有致命作用。如寄生在猪肉中的旋毛虫在温度低于−17℃时 2 天就会死亡，钩绦虫类在温度−18℃时 3 天内死亡，囊尾虫在温度−12℃时即可完全死亡。因此，肉经过冻结不仅微生物被抑制而延长了保藏期限，而且还能将寄生虫等杀灭。

（五）冻结设备

用于肉类冻结的设备主要有以下几种。

1. 吹风式冻结设备　这种冻结设备在肉类加工工业中应用较为广泛，主要是在冻结间内装设落地式干式冷风机，也有采用吊顶式冷风机的。

2. 半接触式冻结设备　这种冻结设备主要用于冻结经分割加工后的块状肉类和肉的副产品。一般在冻结间安装格架式蒸发器并配备相应的鼓风设备，也有采用平板冻结器的。

二、冻 藏

将冻结后的肉送入低温条件下的冷藏库中进行长期贮存（亦称冻藏）是肉类冷加工的最终目的。但在冻藏过程中，由于冷藏条件和方法不同，冻肉的质量仍会发生变化。因此，研究和制订冻结肉的冷藏条件对保证肉的质量具有重要意义。

冷藏间的温度是以冻结后的肉体最终温度决定的，需要长期贮藏的肉类进入冷藏间前体温必须在−15℃以下。冷藏库内空气温度不得高于−8℃，因为在这样的温度条件下，微生物的发育几乎完全停止，肉体内部的生物化学变化受到了抑制，表面水分蒸发量也较小，能够保持较好的质量。此外，从制冷设备的运转费用上分析，也是较经济的。我国肉类低温冷藏库大都采用−18℃库温。也有一些大型贮备性冷库采用−20℃库温，以保证长时期贮存的肉类产品的质量。

对生产性冷库来说，冻肉进入冷藏间时，其中心温度在−15℃以下。对于分配性冷库来说，由于冻肉经长途运输，肉温有所上升，但它们也应在−8℃以下进库。如果高于−8℃，即说明冻肉已经开始软化，必须进行复冻后才能进入冷藏库贮存。冻肉的软化程度可按肉体温度测出，见表3-7。

表3-7 冻结肉的融化程度

冻肉的温度（℃）	0	−2	−4	−6	−8
肉的融化度（％）	100	58	29	179	9

冷藏间的温度应保持稳定，其波动范围要求不超过±1℃。如果温差过大，会造成肉体组织内冻晶体融化和再结晶，增加干耗损失和加速脂肪酸败。

冷藏间的空气相对湿度愈高愈好，并且要求稳定，以尽量减少水分蒸发。一般要求空气相对湿度保持在95％～98％，其变动范围不能超过±5％。冷藏间的空气只允许有微弱的自然循环。如采用微风速冷风机，其风速亦应控制在0.25米/秒。

三、解 冻

经过低温保存的冻结状态的肉类，用来加工肉制品或进入市场销售时必须进行升温，升温到可利用状态。升温过程称作解冻。

（一）解冻方法

冻食品的解冻方法较多，但用于冻结肉类的解冻方法主要由以下几种：

1. **自然解冻（亦称缓慢解冻）**　这种方法比较经济，且整个解冻过程中肉品的汁液流失较少。这种方法应用较为广泛。通常将出库的冻肉放入专用的房间中，利用室温让其缓慢升温到可解冻为止。

2. **水解冻**　这种解冻方法在肉制品加工企业采用较多，因为其生产量大，采用自然解冻方法时间长，故将出库的冻肉直接浸入专用水箱（池）的水中进行解冻，然后分割剔骨利用。这种解冻方法容易造成汁液流失。

3. **加热解冻（亦称空调解冻或快速解冻）**　这种解冻方法的特点是速度快、时间短，适合生产量较大的肉制品加工企业和地处寒冷地区的肉品销售部门。通常是将出库的冻肉运至专用的房间内，房间内装有蒸汽加热排管，利用蒸汽加热提高室内空气温度，以缩短解冻时间。这种解冻方法的缺点是易造成解冻过程中肉品汁液流失较多，增加了解冻成本，影响了肉品质量。因此，要求室内空气温度控制在20℃左右、相对湿度95％～98％和进行适度的空气循环，以保证解冻后的肉品质量。

（二）冻肉解冻时的质量控制

为了保证解冻后的肉品质量，解冻时应满足以下条件：

1. **解冻时环境温度、时间要控制适当**　无论是用作肉制品生产加工的原料，还是用作市场销售的冻肉，解冻时环境温度不能太高，时间不能太长。有关解冻方法和解冻时间的选择可参考表3-8。

2. **解冻场所、设备器具等均应符合食品卫生要求，避免肉品污染。**

3. **解冻时要尽量避免肉品发生过多的汁液流失，以保证肉品质量，降低生产成本。**表3-9为不同解冻条件下对冻肉质量的影响。

表3-8　各种解冻方法的解冻时间

解冻方法	解冻介质温度（℃）	解冻时间	解冻方法	解冻介质温度（℃）	解冻时间
加压空气＋蒸汽	+20	2小时	空气（静止）	+20	15小时
蒸汽	+13	3小时50分钟	空气（静止）	+4	38小时
水	+15	3小时26分钟	超短波		7分钟45秒
加压空气	+12	3小时45分钟			

表3-9　不同解冻条件对冻结肉质量的影响

序号	冻结前肉重（克）	汁液损耗量（克）	汁液损耗与肉重之比（%）	解冻条件
1	97 700	1 730	1.77	于1℃解冻室中，用48小时使肉中心达1℃，再在1℃放24小时
2	93 500	3 750	4.01	于10℃解冻室中，用25小时使肉中心达1℃，再在1℃放24小时
3	83 600	2 850	3.41	于25℃解冻室中，用20小时使肉中心达1℃，再在1℃放24小时

第三节　肉类副产品的冷加工

牲畜经过屠宰加工处理后，除肉胴体外，副产品占有很大的比重，表3-10是生猪经屠宰加工后副产品的比重情况。

表3-10　生猪屠宰后副产品的比例

品　名	质量（千克/头）	占生猪比例（%）	品　名	质量（千克/头）	占生猪比例（%）
1. 活猪	73.81	100	门肉	0.05	
2. 白条肉	48.02	65.06	血肉	0.035	
3. 冻鲜类	8.11	10.99	检验肉	0.075	
猪头	4.19		其他	0.005	
猪心	0.20		5. 肠衣类	2.33	3.16
猪肝	1.00		猪大肠	1.38	
猪腰	0.17		猪小肠	0.95	
猪肚	0.90		6. 油脂类	3.50	4.74
猪肺	0.54		板油	1.72	
（不带肺管）			花油	1.65	
猪爪	1.00		大肠油	0.095	
猪尾	0.07		尿泡油	0.015	
乳头	0.04		其他	0.02	
4. 碎肉类	1.00	1.35	7. 鬃毛血	3.09	4.19
槽头肉	0.775		猪鬃	0.01	
里肉	0.06		猪毛	0.83	

（续）

品 名	质量 （千克/头）	占生猪 比例（%）	品 名	质量 （千克/头）	占生猪 比例（%）
猪血	2.25		猪蹄筋	0.18	
8. 药物类	0.31	0.42	其他	0.02	
大脑	0.06		3～9 项		
猪胆	0.08		副产品合计	18.54	25.12
胃膜	0.08		10. 皮	7.25	9.82
猪胰	0.09		猪皮	5.75	
9. 其他类	0.20	0.27	铲皮油	1.50	

猪的副产品和肉类同样易于腐败，需要及时进行冷加工，否则就会变质腐败，失去原有的营养价值，特别是各种内分泌腺体，如果在短时间内不进行加工处理，其中所含的有效成分即被破坏而失去使用价值。

一、副产品的初步加工工艺

为了便于讨论，这里仅对猪副产品加工工艺以图 3-2 至图 3-5 来表示。

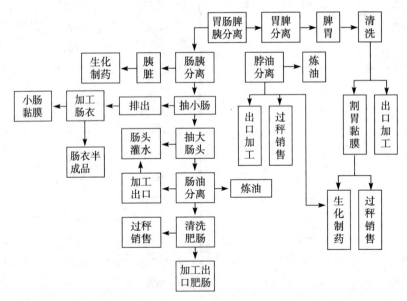

图 3-2 胃、肠、脾、胰加工工艺流程

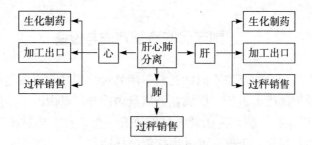

图 3-3 肝、心、肺加工工艺流程

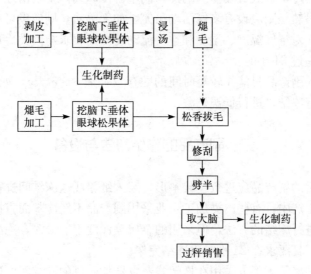

图 3-4 猪头煺毛加工工艺流程

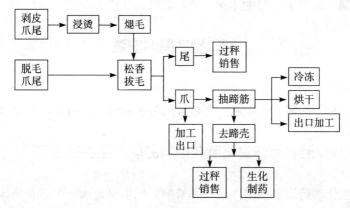

图 3-5 爪、尾煺毛加工工艺流程

二、副产品的冷却方法与设备

食用副产品的冷却是按不同牲畜、不用品种分别装在金属盘内，或平摊在格架上的不锈钢薄板上进行。如放在金属盘内冷却，盘内副产品的厚度不宜超过 10 厘米。肾、心、脑、舌在盘内只能放置一层，且不能过于紧密。体积比较大的副产品，如胃、头等，可采用挂钩吊挂冷却。

副产品的冷却应放置在专门的冷却间中。冷却间内安装落地或吊顶式冷风机，如装有吊轨，则应设有多层活动吊笼。如无吊轨，则应设可移动格架。副产品冷却时，对空气温度、湿度和空气流动速度的要求与肉类冷却间相同，冷却时间不应超过 24 小时。

经冷却的副产品只能作较短时间的贮存（一般 3～5 天），如需长期贮存，必须立即进行冻结，进行低温贮藏。

三、副产品的冻结方法与设备

经冷却后的副产品应进行包装整形，装入纸箱或送冻结间进行冻结。

在实际生产中，有些肉类加工企业采用副产品不经冷却而直接装入金属盘内送冻结间进行冻结的方法，但采用的金属盘深度不能太深，冻品厚度不宜超过 150 毫米，且要求在 24 小时内冻结完毕。

副产品的冻结大部分采用在格架式蒸发器加鼓风的冻结间内进行，或者在有强烈吹风移动式货架上或吊笼冻结间内进行。也有采用平板式冻结器进行冻结的，当副产品的中心温度达到－15℃时即可出库。

四、副产品的冻藏

经过冻结后的副产品（采用金属冻盘冻结的副产品需脱盘装入专用纸箱）直接送入－18℃冷藏库中贮藏，在这样的温度条件下，可保存 8 个月时间。

五、用作生化制药原料的副产品的冷加工

用作生化制药原料的副产品种类繁多，以生猪为例，主要有猪体内各种分泌腺及能产生某些分泌物的器官，前者有松果体、脑下垂体、甲状腺、肾上

腺、胰腺、胸腺等，后者多指卵巢、胃黏膜、颌下腺。此外，如大脑、心、肝、气管、血液、胆汁等器官组织，都能作制药原料，即使制作肠衣的废液——肠衣浆，也是制造肝素钠的原料。由于某些原料在生猪屠宰加工过程中极易受到破坏，要求宰后在最卫生的条件下，迅速地加以采集。在分离内分泌腺体时，要去除附着的脂肪，且不应使器官受到损伤。按不同的品种分别放入经过消毒的不锈钢盘内，立即送入冻结间进行冻结，如不能及时送入冻结间进行冻结，则应暂时放入特别的低温冷藏柜中保存。

用作生化制药原料的副产品宜采用快速冻结方法，以更好地保全其有效成分。经冻结后应小心地从盘内取出，经包装后送入－18℃低温冷藏库中贮藏。

第四章

猪肉的贮藏与保鲜 >>>>>

第一节 猪肉的低温贮藏

一、低温贮藏的特点

低温贮藏是现代原料肉贮藏的最好方法之一。这种方法不会引起动物组织的根本变化，却能抑制微生物的生命活动，延缓由组织酶、氧以及热和光的作用而产生的化学的和生物化学的过程，可以较长时间保持肉的品质。

低温可以抑制微生物的生命活动和酶的活性及各种反应，从而达到贮藏保鲜的目的。由于能保持肉的颜色和状态，方法易行，冷藏量大，安全卫生，因而低温贮藏原料肉的方法被广泛应用。

二、低温贮藏的种类和贮藏期间的变化

因采用的温度不同，肉的低温贮藏法可以分为冷却法和冻结法。

（一）肉的冷却贮藏

肉的冷却贮藏是指使产品深处的温度降低到 0～1℃左右，然后在 0℃左右贮藏的方法。冷却肉因仍有低温菌活动，所以贮存期不长。一般猪肉可以贮存 1 周左右。但由于原料种类的不同，冷却处理的条件也有差异。

1. 冷却方法　在每次进肉前，使冷却间温度预先降到 −2～−3℃，进肉后约经 14～24 小时的冷却，待肉的温度达到 0℃左右时，使冷却间温度保持在 0～1℃。

2. 冷却肉的贮藏及贮藏期的变化　冷却肉的贮藏是指经过冷却后的肉在 0℃左右的条件下进行的贮藏。冷却肉贮藏的目的，一方面可以完成肉的成熟过程，另一方面达到短期保藏的目的。短期加工处理的肉类，不应冻结贮藏。因为冻结后再解冻的肉类，即使条件非常好，其干耗、解冻后肉汁流失等都较冷却肉大。

（1）冷藏条件　肉在冷却状态下冷藏的时间取决于冷藏环境的温度和湿度。肉在冷藏期间的温度和湿度应当保持均衡，空气流速以 0.1～0.2 米/秒为宜。

（2）冷藏过程中肉的变化　低温冷藏的肉类、禽等，由于微生物的作用，使肉品的表面发黏、发霉、变软，并有颜色的变化和产生不良的气味。

（二）肉的冻结贮藏

温度在冰点以上，对酶和微生物的活动及肉类的各种变化，只能在一定程度上有抑制作用，不能终止其活动。因此，肉经冷却后只能作短期贮藏。如要长期贮藏，需要进行冻结，即将肉的温度降低到 $-18℃$ 以下，肉中的绝大部分水分（80％以上）形成冰结晶。该过程称其为肉的冻结。

1. 肉冻结前处理　冻结前的加工大致可分为三种方式：①胴体劈半后直接包装、冻结。②将胴体分割、去骨、包装，装箱后冻结。③胴体分割、去骨后装入冷冻盘冻结。

2. 冻结过程　一般肉类冰点为 $-1.7～-2.2℃$。达到该温度时肉中的水即开始结冰。在冻结过程中，首先是完成过冷状态。肉的温度下降到冻点以下也不结冰的现象称作过冷状态。在过冷状态，只是形成近似结晶而未结晶的凝聚体。这种状态很不稳定，一旦破坏（温度降低到开始出现冰核或振动的促进），立即放出潜热向冰晶体转化，温度会升到冻结点并析出冰结晶。降温过程中形成稳定性晶核的温度，或开始回升的最低温度称作临界温度或过冷温度。畜、禽肉的过冷温度为 $-4～-5℃$。肉处在过冷温度时水分析出形成稳定的凝聚体，随之上升到冻结点而开始结冰。

冻结时肉汁形成的结晶，主要是由肉汁中纯水部分所组成。其中可溶性物质则集中到剩余的液相中。随着水分冻结，冰点下降，温度降至 $-5～-10℃$ 时，组织中的水分大约有 80％～90％ 已冻结成冰。通常将这以前的温度称作冰结晶的最大生成区。温度继续降低，冰点也继续下降，当达到肉汁的冰晶点，则全部水分冻结成冰。肉汁的冰晶点为 $-62～-65℃$。

第二节　猪肉的真空包装

一、真空包装的作用

真空包装抑制微生物生长，并避免外界微生物的污染。食品的腐败变质主要是由于微生物的生长，特别是需氧微生物。抽真空后可以造成缺氧环境，抑制许多腐败性微生物的生长，减缓肉中脂肪的氧化速度，对酶活性也有一定的抑制作用。

真空包装减少产品的失水，保持产品的重量。真空包装可以和其他方法结合使用，如抽真空后充入二氧化碳等气体。还可与一些常用的防腐方法结合使用，如脱水、腌制、热加工、冷冻和化学保藏等。

真空包装产品整洁，增加市场效果，较好地实现市场目的。以上这些优点在国外已被总销售商、零售商品和顾客所公认，并转化为经济效益。

二、真空包装对材料的要求

（一）阻气性

主要目的是防止大气中的氧重新进入经抽真空的包装袋内，乙烯、乙烯—乙烯醇共聚物都有较好的阻气性，若要求非常严格时，可采用一层铝箔。

（二）水蒸气阻隔性

即应能防止产品水分蒸发，最常用材料是聚氯乙烯薄膜。

（三）香味阻隔性能

即应能保持产品本身的香味，并能防止外部的一些不良味道渗透到包装产品中，聚酰胺和聚乙烯混合材料一般可满足这方面的要求。

（四）遮光性

光线会增加肉品氧化，影响肉的色泽。只要产品不直接暴露于阳光下，通常用没有遮光性的透明膜即可。按照遮光效能递增的顺序，采用的方式有印刷、着色、涂聚偏二氯乙烯、上金、加一层铝箔等。

（五）机械性能

包装材料最重要的机械性能是具有防撕裂和防封口破损的能力。

三、真空包装存在的问题

真空包装目前已广泛应用于肉制品中，但鲜肉中使用较少，这是由于真空包装虽然能延长产品的贮存期,但也有质量缺陷,主要存在以下几个问题。

(一)颜色

鲜肉经过真空包装,氧分压低,这时鲜肉表面肌红蛋白无法与氧气发生反应生成氧合肌红蛋白,而被氧化为高铁肌红蛋白,易被消费者误认为非新鲜肉。真空包装,在销售时,将外层打开,由于内层包装通气性好,和空气充分接触形成氧合肌红蛋白,但这会缩短产品保存期。

(二)抑菌方面

真空包装虽能抑制大部分需氧菌的生长,但即使氧气含量降到0.8%,仍无法抑制好气性假单胞菌的生长,但在低温下,假单胞菌会逐渐被乳酸菌所取代。

(三)血水及失重问题

真空包装易造成产品变形以及血水增加,有明显的失重现象。分割的鲜肉,只要经过一段时间,就会自然渗出血水。因此,尽管真空包装鲜肉在冷却条件下(0~4℃)能贮存28~35天,也不易被一般消费者所接受。国外采用吸水垫吸掉血水的方法,使肉的感官、品质得到改善。

第三节 猪肉的气调包装

气调包装是指在密封性能好的材料中装进肉品,然后注入特殊的气体或气体混合物,再把包装密封,使其与外界隔绝,从而抑制微生物生长,抑制酶促腐败,从而达到延长货架期的目的。气调包装和真空包装相比,并不会比真空包装货架期长,但会减少产品受压和血水渗出,并能使产品保持良好色泽。

气调包装所用气体主要为氧气、氮气、二氧化碳。正常大气中的空气是好几种气体的混合物,其中氮气占空气体积约78%,氧气约21%,二氧化碳约0.03%,氩气等稀有气体约0.94%,其余则为蒸气。氧气的性质活泼,容易与其他物质发生氧化作用,氮气则惰性很高,性质稳定,二氧化碳对于嗜低温菌有抑制作用。包装内部气体成分的控制是指调整鲜肉周围气体成分,使与正常的空气组成成分不同,以达到延长产品保存期的目的。

一、充气包装中使用的气体

(一) 氧气

肌肉中肌红蛋白与氧分子结合后,成为氧合肌红蛋白,呈鲜红色。混合气体中,氧气一般在50％以上才能保持这种颜色。鲜红色的氧合肌红蛋白的形成还与肉表面潮湿与否有关。表面潮湿,则溶氧量多,易于形成鲜红色。但氧气的存在有利于好气性假单胞菌生长,使不饱和脂肪酸氧化酸败,致使肌肉褐变。

(二) 二氧化碳

二氧化碳是一种稳定的化合物,无色、无味,在空气中约占0.03％。在充气包装中,它的主要作用是抑菌。提高二氧化碳浓度,可使好气性细菌、某些酵母菌和厌气性菌的生长受到抑制。早在20世纪30年代,澳大利亚和新西兰就用高浓度二氧化碳保存鲜肉。

此外,一氧化碳对肉呈鲜红色比二氧化碳效果更好,也有很好的抑菌作用。但因危险性较大,尚未应用。

(三) 氮气

氮气惰性强,性质稳定,对肉的色泽和微生物没有影响,主要作为填充和缓冲用。

二、充气包装中各种气体的最适比例

在充气包装中,氧气、二氧化碳、氮气必须保持合适的比例,才能使肉品保藏期长,且各方面均能达到良好状态。欧美大多以80％氧气＋20％二氧化碳方式零售包装,其货架期为4~6天。英国在1970年即有两种专利,其气体混合比例为70％~90％氧气与10％~30％二氧化碳或50％~70％氧气与50％~30％二氧化碳,而一般多用20％二氧化碳＋80％氧气,具有8~14天的鲜红色效果。表4-1为各种肉制品所用气调包装的气体混合比例。

表 4-1 气调包装肉及肉制品所用气体比例

肉的品种	混合比例	国家
新鲜肉（5～12 天）	70％氧气＋20％二氧化碳＋10％氮气或 75％氧气＋25％二氧化碳	欧洲
鲜碎肉制品和香肠	33.3％氧气＋33.3％二氧化碳＋33.3％氮气	瑞士
新鲜斩拌肉馅	70％氧气＋30％二氧化碳	英国
熏制香肠	75％二氧化碳＋25％氮气	德国及北欧四国
香肠及熟肉（4～8 周）	75％二氧化碳＋25％氮气	德国及北欧四国
家禽（6～14 天）	50％氧气＋25％二氧化碳＋25％氮气	德国及北欧四国

第五章

常用的辅料及食品添加剂　>>>>>

肉制品加工生产中所形成的特有性能、风味与口感等，除与原料的种类、质量以及加工工艺有关外，还与食品辅料及食品添加剂的使用有极为重要的关系。肉制品加工生产过程中，为了改善和提高肉制品的感官特性及品质，延长肉制品的保存期和便于加工生产，除使用畜禽等动物肉作主要的原料外，常需另外添加一些其他可食性物料，这些可食性物料称为辅料。尽管肉制品加工中常用的辅料种类很多，但大体上可分为三类，即调味料、香辛料和添加剂。

第一节　调　味　料

调味料是指为了改善食品的风味，能赋予食品特殊味感（咸、甜、酸、苦、鲜、麻、辣等），使食品鲜美可口、引入食欲而添加入食品中的天然或人工合成的物质。

一、咸味料

（一）食用盐

精制食用盐中氯化钠含量在 98% 以上，味咸，呈白色细晶体，无可见外来杂质，无苦味、涩味及其他异味。肉品加工中一般不用粗盐，因其含有较多的钙、镁、铁的氯化物和硫酸盐等杂质，会影响制品的质量和风味。

在肉品加工中食用盐具有调味、防腐保鲜、提高保水性和黏着性等重要作用。但食用盐能加强脂肪酶的作用和脂肪的氧化。因此，腌肉的脂肪较易氧化变质。

为防止高钠盐食品导致的高血压病，可以考虑用钾盐（氯化钾）代替钠盐。但简单地降低钠盐用量及部分用氯化钾代替，食品味道不佳。新型食用盐代用品在国外已配制成功并大量使用，该产品属酵母型咸味剂，可使食用盐的用量减少一半以上，甚至 90%，并同食用盐一样具有防腐作用，现已广泛用于面包、饼干、香肠、沙司、人造黄油等食品，统称为低钠食品。

（二）酱油

酱油是我国传统的调味料，优质酱油咸味醇厚，味香浓郁。根据焦糖色素的有无，酱油分为有色酱油和无色酱油。肉品加工中宜选用酿造酱油，浓度不应低于 22 波美度，食用盐含量不超过 18％。酱油的作用主要是增鲜、增色，改良风味。在中式肉制品中广泛使用，使制品呈美观的酱红色并改善其口味。在腊肠等制品中，还有促进其发酵成熟的作用。

二、甜味料

（一）蔗糖

蔗糖是常用的天然甜味剂，其甜度仅次于果糖。果糖、蔗糖、葡萄糖的甜度比为 4：3：2。肉制品中添加少量蔗糖可以改善产品的滋味，并能使肉质松软，色调良好。糖比盐更能迅速、均匀地分布于肉的组织中，增加渗透压，形成乳酸，降低 pH，有保鲜作用，并促进胶原蛋白的膨胀和疏松，使肉制品柔软。当蛋白质与碳水合物同时存在时，微生物首先利用碳水化合物，这就减轻了蛋白质的腐败。蔗糖添加量可根据地区饮食习惯适量添加。

（二）葡萄糖

葡萄糖为白色晶体或粉末，甜度略低于蔗糖。葡萄糖除可以在味道上取得平衡外，还可形成乳酸，有助于胶原蛋白的膨胀和疏松，从而使制品柔软。葡萄糖的保色作用较好，而蔗糖的保色作用不太稳定。肉品加工中葡萄糖的使用量为 0.3％～0.5％。

三、酸味料

（一）食醋

食醋是采用以谷类及麸皮等为原料，经发酵酿造而成，含醋酸 3.5％以上。食醋为中式糖醋类风味产品的主要调味料，如与糖按一定比例配合，可形成宜人的甜酸味。因醋酸具有挥发性，受热易挥发，故适宜在产品出锅时添加，否则，将部分挥发而影响酸味。醋酸还可与乙醇生成具有香味的乙酸乙酯，故在糖醋制品中添加适量的酒，可使制品具有浓醇甜酸、气味扑鼻的特点。食醋可以促进食欲，帮助消化，亦有一定的防腐去膻腥作用。

（二）柠檬酸及其钠盐

柠檬酸及其钠盐不仅是调味料，国外还作为肉制品的改良剂。如用氢氧化钠和柠檬酸盐等混合液来代替磷酸盐，提高 pH 到中性，也能达到提高肉类持水性、嫩度和成品率的目的。

四、鲜 味 料

鲜味料亦称风味增强剂，指能增强食品风味的物质，主要是增强食品的鲜味，故又称为鲜味料。

（一）谷氨酸钠

谷氨酸钠亦称谷氨酸一钠或麸氨酸钠，俗称味精或味素，无色至白色棱柱状结晶或结晶性粉末，无臭。有特有的鲜味，略有甜味或咸味。加热至 120℃时失去结晶水，大约在 270℃发生分解。在 pH5.0 以下的酸性和强碱性条件下会使鲜味降低。在肉品加工中，一般用量为 0.2~1.5 克/千克。对酸性强的食品，可比普通食品多加 20％左右。除单独使用外，易与肌苷酸钠和核糖核苷酸之类核酸类调味料配成复合调味料，以提高效果。

（二）5'-鸟苷酸二钠

5'-鸟苷酸二钠亦称鸟苷酸钠，为具有很强鲜味的 5'-核苷酸类鲜味剂。无色至白色结晶或结晶性粉末。水溶液在 pH2~14 范围内稳定。加热 30~60分钟几乎无变化，250℃时分解。

5'-鸟苷酸二钠有特殊香菇滋味，鲜味程度约为肌苷酸钠的 3 倍以上，5'-鸟苷酸二钠常与谷氨酸钠配合使用（加入量 1％~5％），有十分明显的增鲜作用。亦与肌苷酸二钠混合配制成呈味核苷酸二钠，作混合味精用。

（三）5'-肌苷酸二钠

5'-肌苷酸二钠亦称肌苷酸钠或肌苷酸二钠，也为鲜味极强的 5'-核苷酸类鲜味剂。

5'-肌苷酸二钠有特殊强烈的鲜味，其鲜味比谷氨酸钠大约强 10~20 倍。一般均与味精、鸟苷酸钠等合用，配制呈味核苷酸二钠或混合味精，以提高增鲜效果。如强力味精就是 88％~95％的谷氨酸钠与 12％~5％的 5'-肌苷酸钠的混合物。

使用5'-肌苷酸二钠时，应先对物料加热，破坏磷酸酯酶活性后再加5'-肌苷酸二钠，以防止肌苷酸钠因被磷酸酯酶分解而失去鲜味。

(四) 5'-呈味核苷酸二钠

5'-呈味核苷酸二钠由核糖核苷酸二钠（占90％以上）和5'-肌苷酸二钠、5'-鸟苷酸二钠、5'-胞苷酸二钠及5'-尿苷酸二钠混合而成，为白色至几乎白色结晶或粉末，与L-谷氨酸钠有相乘鲜味效果。它一般与L-谷氨酸钠混合后广泛用于各种食品，加入量约占L-谷氨酸钠的2％～10％。

五、料　酒

黄酒和白酒是多数中式肉制品必不可少的调味料，主要成分是乙醇和少量的脂类。它可以去除膻味、腥味和异味，并有一定的杀菌作用，赋予制品特有的醇香味，使制品回味甘美，增加风味特色。黄酒应色黄、澄清、味醇，含酒精12度以上。白酒应无色透明，味醇。在生产腊肠、酱卤等肉制品时，都要加入一定量的酒。

第二节　香　辛　料

一、天然香辛料

1. 葱　葱的香辛味主要成分为硫醚类化合物，如烯丙基二硫化物，具有强烈的葱辣味和刺激性。葱可以解除腥膻味，促进食欲，并有开胃消食以及杀菌发汗的功能。

2. 蒜　蒜含有强烈的辛辣味，其主要成分是蒜素，即挥发性的二烯丙基硫化物，如丙基二硫化丙烯、二硫化二丙烯等（紫皮蒜和独蒜含量高）。因其有强烈的刺激气味和特殊的蒜辣味，以及较强的杀菌能力，故有压腥去膻、增加肉制品蒜香味以及刺激胃液分泌、促进食欲和杀菌的功效。

3. 姜　姜具有独特强烈的姜辣味和爽味。其辣味及芳香成分主要是姜油酮、姜烯酚和姜辣素以及柠檬醛、姜醇等。具有去腥调味、促进食欲、开胃驱寒和减腻解毒的功效。在肉品加工中常用于酱卤、红烧罐头等的调香料。

4. 胡椒　胡椒分黑胡椒和白胡椒两种。黑胡椒是球形果实在成熟前采集，经热水短时间浸泡后，不去皮阴干而成。白胡椒是成熟的果实经热水短时间浸泡后去果皮阴干而成。因果皮挥发成分含量较多，故黑胡椒的风味大于白胡椒，但白胡椒的色泽好。

胡椒含精油 1%～3%，主要成分为蒎烯及胡椒醛等，所含辛辣味成分主要系胡椒碱和胡椒脂碱等。具有特殊的胡椒辛辣刺激味和强烈的香气，兼有除腥臭、防腐和抗氧化作用。

胡椒一般用量为 0.2%～0.3%。因芳香气易于在粉状时挥发出来，故胡椒以整粒干燥密闭贮藏为宜，并于食用前碾成粉。

5. 花椒　花椒亦称山椒，红褐色，我国特产，主产于四川、陕西、云南等地。以四川雅安、阿坝、西昌和秦岭产品质量最好，特称为川椒、蜀椒或秦椒，尤以汉源县所产的正路椒为上品。

花椒果皮含辛辣挥发油及花椒油香烃等，主要成分为柠檬烯、香茅醇、萜烯、丁香酚等，辣味主要是山椒素。在肉品加工中，使用量一般为 0.2%～0.3%。

6. 辣椒　辣椒含有 0.02%～0.03% 的辣椒素，具有强烈的辛辣味和香味，除作调味品外，还具有抗氧化和着色作用。

7. 芥末　芥末有白芥和黑芥两种。白芥子中不含挥发性油，其主要成分为白芥子硫苷，遇水后，由于酶的作用而产生具有强烈刺鼻辣味的二硫化白芥子苷、白芥子硫苷油等物质。黑芥子含挥发性精油 0.25%～1.25%，其中主要成分为黑芥子糖苷或黑芥子酸钾，遇水后，产生异硫氰酸丙烯酯及硫酸氢钾等刺鼻辣味的物质。芥末具有特殊的香辣味。

8. 八角茴香　八角茴香又名八角或大料，果实含精油 2.5%～5.0%，其中以茴香脑为主（80%～85%），即对丙烯基茴香醛，另有蒎烯、茴香酸等。有独特浓烈的香气，性温，味辛微甜。有去腥防腐的作用。

9. 小茴香　小茴香亦称小茴香子或甜小茴香子、小茴，俗称茴香，含精油 3%～4%，主要成分为茴香脑和茴香醇，占 50%～60%，另有小茴香酮及茨烯、蒎烯等。气味芳香，其功效和使用同八角茴香。

10. 丁香（丁子香）　丁香含精油 17%～23%，主要成分为丁香酚，另含乙酸丁香酚、石竹烯（丁香油烃）等。乙酸丁香酚为丁香花蕾的特有香味，有特殊浓郁的丁香香气，味辛麻微辣，兼有桂皮香味。对肉类、焙烤制品、色拉调味料等兼有抗氧化、防霉作用。但丁香对亚硝酸盐有消色作用，使用时应注意。

11. 肉桂（中国肉桂）　肉桂系樟科植物肉桂的树皮及茎部表皮经干燥而

成。桂皮含精油 1.0%～2.5%，主要成分为桂醛，约占 80%～95%，另有甲基丁香酚、桂醇等。按正常生产需要使用。

12. 山柰　山柰又叫三柰、沙姜，为姜科多年生草本植物地下块状根茎，盛产于广东、广西、云南、台湾等地。山柰呈圆形或尖圆形，直径 1～2 厘米，表面褐色，皱缩不干。断面白色，有粉性，质脆易折断。含有龙脑、樟脑油、肉桂乙酯等成分，具有较醇浓的芳香气味。有去腥提香、调味的作用。

13. 豆蔻　豆蔻又叫白豆蔻、圆豆蔻、小豆蔻，种子含精油 2%～8%，主要成分为桉叶素、醋酸萜品酯等。有浓郁的温和香气，味带辛味而味苦，略似樟脑，有清凉佳适感。

肉豆蔻含精油 5%～15%，其主要成分为蒎烯、小茴烯（约 80%）等。皮和仁有特殊浓烈芳香气，味辛，略带甜、苦味。有暖胃止泻、止吐镇咳等功效，亦有一定抗氧化作用。按正常生产需要使用。

14. 砂仁　砂仁又叫缩砂仁、春砂仁，含香精油 3%～4%，具有樟脑油的芳香味。有温脾止呕、化湿顺气和健胃的功效。

15. 草果　草果含有精油、苯酮等，味辛辣。起抑腥调味的作用。

16. 白芷　白芷根因含白芷素、白芷醚等香豆精化合物，有特殊的香气，味辛。

17. 陈皮　陈皮即橘皮，含有挥发油，主要成分为柠檬烯、橙皮苷、川陈皮素等。有强烈的芳香气，味辛苦。

18. 荜拨　有调味、提香、抑腥的作用，有温中散寒、下气止痛之功效。

19. 姜黄　姜黄粉末为黄棕色至深黄棕色。其色素溶于乙醇，不溶于冷水、乙醚。碱性溶液呈深红褐色，酸性时呈浅黄色。耐光性差、耐热性、耐氧化性较佳。染色性佳。遇正铁盐、钼、钛等金属离子，从黄色转变为红褐色。

姜黄含精油 1%～5%，主要成分为姜黄酮、姜烯等。商品中一般含姜黄素 1%～5%，非挥发性油约 2.4%，淀粉 50%。有特殊香味，香气似胡椒。有发色、调香的作用。

20. 月桂叶　月桂叶含精油 1%～3%，主要成分为桉叶素，约占 40%～50%。此外，尚有丁香酚、蒎烯等。有近似玉树油的清香香气，略有樟脑味，与食物共煮后香味浓郁。肉制品加工中常用作矫味、增香料。

21. 麝香草　麝香草又叫百里香，含精油 1%～2%，主要成分为百里香酚、香芹酚等。有特殊浓郁香气，略苦，稍有刺激味。具有去腥增香的良好效果，兼有抗氧化、防腐作用。

22. 鼠尾草　鼠尾草约含精油 2.5%，其特殊香味主要成分为侧柏酮，还有龙脑、鼠尾草素等。主要用于肉类制品，亦可作色拉调味料。

传统肉制品加工过程中常用由多种香辛料（未粉碎）组成的料包经沸水熬煮出味或同原料肉一起加热使之入味。现代化西式肉制品则多用已配制好的混合性香料粉（如五香粉、麻辣粉、咖喱粉等）直接添加到制品原料中。若混合性香料粉经过辐照，则细菌及其孢子数大大降低，制品货架寿命会大大延长。对于经注射腌制的肉块制品，需使用萃取性单一或混合液体香辛料。这种预制香辛料使用方便、卫生，是今后的发展趋势。

二、配制香辛料

1. 咖喱粉　咖喱粉是一种混合性香辛料。它是以姜黄、白胡椒、芫荽子、小茴香、桂皮、姜片、辣根、八角、花椒等配制研磨成粉状而成。色呈鲜艳黄色，味香辣。咖喱牛肉干和咖喱肉片等都以它作调味料。宜在菜肴、制品临出锅前加入。咖喱粉应放置干燥通风处，切忌受潮，发霉变质，失去食用价值。

配方一：胡荽子粉 5%，小豆蔻粉 40%，姜黄粉 5%，辣椒粉 10%，葫芦巴子粉 40%。

配方二：胡荽子 10%，芫荽子 10%，小茴香子 10%，葫芦巴子 10%，胡椒 10%，桂花树叶 10%，红辣椒子 10%，大蒜 10%，姜黄粉 10%，芝麻子 10%。

2. 五香粉

配方：大料 59%，桂皮 7%，山奈 10%，白胡椒 3%，砂仁 4%，干姜 17%。

三、天然香料提取制品

天然香料提取制品是由芳香植物不同部位的组织（如花蕾、果实种子、根、茎、叶、枝、皮或全株）或分泌物，采用蒸汽蒸馏、压榨、冷磨、萃取、浸提、吸附等物理方法而提取制得的一类天然香料。因制取方法不同，可制成不同的制品，如精油、酊剂、浸膏、油树脂等。

第三节　食品添加剂

世界上使用的食品添加剂约有 4 000 多种，常用的也有 600 多种。由于各国和联合国所规定的食品添加剂的定义各不相同。因此，所规定的食品添加剂的分类方法及种类亦各不相同。

食品添加剂按照来源可以分为天然食品添加剂与化学合成食品添加剂两大类，目前使用的大多属于化学合成食品添加剂。天然食品添加剂是利用动、植物或微生物的代谢产物等为原料，经提取所得的天然物质。化学合成添加剂是通过化学手段，使元素或化合物发生包括氧化、还原、缩合、聚合、成盐等反应所得到的物质。

肉品加工中使用的添加剂，根据其目的不同大致可分以下几种：发色剂、发色助剂、防腐剂、抗氧化剂和其他品质改良剂等。

一、发 色 剂

（一）硝酸盐

硝酸盐分为硝酸钾（硝石）和硝酸钠两种，为无色的结晶或白色的结晶性粉末，无臭，稍有咸味，易溶于水。硝酸盐本身未分解成亚硝酸盐之前，对腌制反应不产生影响，而该分解过程很慢。添加到肉中后，硝酸盐被肉中细菌或还原物质所还原生成亚硝酸后，与添加亚硝酸盐呈同样的效果。

发色机理：首先硝酸盐在肉中脱氮菌（或还原物质）的作用下，还原成亚硝酸盐，然后与肉中的乳酸产生复分解反应而形成亚硝酸，亚硝酸再分解产生氧化氮，氧化氮与肌肉纤维细胞中的肌红蛋白（或血红蛋白）结合而产生鲜红色的亚硝基（NO）肌红蛋白（或亚硝基血红蛋白），使肉具有鲜艳的玫瑰红色。

NO＋肌红蛋白（血红蛋白）→NO 肌红蛋白（血红蛋白）

亚硝酸是提供一氧化氮的最主要来源。实际上获得色素的程度，与亚硝酸盐参与反应的量有关。

pH 与亚硝酸的生成有很大关系。pH 越低，亚硝酸生成量越多，发色效果越好。pH 高时，亚硝酸盐不能生成亚硝酸，而残留在肉制品中，不仅发色不好，肉中检出的亚硝酸根也多。据研究，原料肉的 pH 为 5.62 时发色良好，原料肉的 pH 为 6.35 时发色程度约为前者的 70%。

亚硝酸盐使肉发色迅速，但呈色作用不稳定，适用于生产过程短又不需长期保藏的制品。对那些生产过程长或需要长期保藏的制品，最好使用硝酸盐腌制，因为硝酸盐毒性小于亚硝酸盐。

（二）亚硝酸盐

亚硝酸盐分亚硝酸钠（$NaNO_2$）和亚硝酸钾，为白色或淡黄色的结晶性粉末，吸湿性强，长期保存必须密封在不透气容器中。因为这些肉中含有较多的肌红蛋白和血红蛋白，需要结合较多的亚硝酸盐。但是仅用亚硝酸盐的肉制品，在贮藏期间褪色快，对生产过程长或需要长期存放的制品，最好使用硝酸盐腌制。现在许多国家广泛采用混合盐料。用于生产各种灌肠时混合盐料的组成是：食用盐 99%，硝酸盐 0.83%，亚硝酸盐 0.17%。

亚硝酸盐毒性强，用量要严格控制。

二、发色助剂

肉制品中常用的发色助剂有抗坏血酸和异抗坏血酸及其钠盐、烟酰胺、葡萄糖、葡萄糖醛内酯等。其助色机理与硝酸盐或亚硝酸盐的发色过程紧密相连。

如前所述，硝酸盐或亚硝酸盐的发色机理是其生成的亚硝基（NO）与肌红蛋白或血红蛋白形成显色物质。

发色助剂具有较强还原性，其助色作用通过促进 NO 生成，防止 NO 及亚铁离子的氧化。在维生素 C 的还原作用下，亚硝酸与维生素 C 反应生成较多的 NO，且在生成物中无氧化性很强的硝酸，使最终产品中亚硝酸钠的残留量减少。同时，维生素 C 不仅能防止 NO 及亚铁离子被空气中的氧所氧化，还能使已氧化的高价铁离子还原成二价铁离子。因此，维生素 C 还具有护色作用。又如，葡萄糖醛内酯能缓慢水解生成葡萄糖酸，造成火腿腌制时的酸性还原环境，促进亚硝酸盐向亚硝酸转化，利于 NO - Mb 和 NO - Hb 的生成。腌制液中复合磷酸盐会改变盐水的 pH，这会影响维生素 C 的助色效果。因此，往往加维生素 C 的同时加入助色剂烟酰胺。烟酰胺也能形成稳定的烟酰胺肌红蛋白，使肉呈红色，且烟酰胺对 pH 的变化不敏感。据研究，同时使用维生素 C 和烟酰胺助色效果好，且成品的颜色对光的稳定性要好得多。葡萄糖的保色效果也很好。

目前世界各国在生产肉制品时，都非常重视抗坏血酸的使用，一般为0.02%~0.05%。另外，腌制剂中加谷氨酸会增加抗坏血酸的稳定性。而抗坏血酸对热或重金属极不稳定，所以一般用稳定性好的钠盐。因为抗坏血酸有还原作用，即使硝酸盐的添加量少也能使肉呈粉红色。

三、着 色 剂

着色剂亦称食用色素，系指为使食品具有鲜艳而美丽的色泽，改善感官性状以增进食欲而加入的物质。食用色素按其来源和性质分为食用天然色素和食用合成色素两大类。

食用天然色素主要是由动、植物组织中提取的色素，包括微生物色素。食用天然色素中除藤黄对人体有剧毒不能使用外，其余的一般对人体无害，较为安全。

食用合成色素亦称合成染料，属于人工合成色素。食用人工合成色素多系以煤焦油为原料制成，成本低廉，色泽鲜艳，着色力强，色调多样，但大多数对人体健康有一定危害且无营养价值。因此，在肉品加工中一般不宜使用。

四、品质改良剂

(一) 磷酸盐

磷酸盐已普遍应用于肉制品中，目的是提高保水性、增加出品率，提高结着力、弹性和赋形性等作用。国家规定可用于肉制品的磷酸盐有：焦磷酸钠、磷酸三钠、六偏磷酸钠、三聚磷酸钠等。在肉制品加工中，使用量一般为肉重的 $0.1\%\sim0.4\%$，用量过大会导致产品风味恶化，组织粗糙，呈色不良。由于多聚磷酸盐对金属容器有一定的腐蚀作用，所以所用设备应选用不锈钢材料。

(二) 小麦面筋

不像其他植物或谷物如燕麦、玉米、黄豆等蛋白，小麦面筋具有胶样的结合性质，可以与肉结合，蒸煮后其颜色比往肉中添加的面粉深，还会产生膜状或组织样的连结物质，类似结缔组织。在结合碎肉时，裂缝几乎看不出来，就像蒸煮猪肉本身的颜色。

一般是将面筋与水或与油混合成浆状物后涂于肉制品表面，另一种方法是首先把含 2% 琼脂的水溶液加热，再加 2% 的明胶，然后冷却，再加入约 10% 的面筋。这种胶体可通过滚摩或机械直接涂擦在肉组织上。此法尤其适于肉间隙或肉裂缝的填补。肉中一般添加量为 $0.2\%\sim5.0\%$。

（三）大豆蛋白

肉品加工常用的大豆蛋白种类包括粉末状大豆蛋白、纤维大豆蛋白和粒状大豆蛋白。

粉末状分离式大豆蛋白有良好的保水力。大豆蛋白进入肉的组织时，对改善肉的质量有着很大的帮助。大豆蛋白兼有容易同水结合的亲水基和容易同油脂结合的疏水基两种特性。因此，具有很好的乳化力。

（四）其他品质改良剂

1. 卡拉胶　卡拉胶是天然胶质中唯一具有蛋白质反应性的胶质。它能与蛋白质形成均一的凝胶，其分子上的硫酸基可以直接与蛋白质分子中的氨基结合，或通过钙离子等二价阳离子与蛋白质分子上的羧基结合，形成络合物。由于卡拉胶能与蛋白质结合，添加到肉制品中，在加热时表现出充分的凝胶化，形成巨大的网络结构，可保持制品中的大量水分，减少肉汁的流失，并且具有良好的弹性、韧性。卡拉胶还具有很好的乳化效果，稳定脂肪，表现出很低的离油值，从而提高制品的出品率。因此，可保持自身重量 $10 \sim 20$ 倍的水分。在肉馅中添加 0.6％时，即可使肉馅保水率从 80％提高到 88％以上。

另外，卡拉胶能防止盐溶性肌球蛋白及肌动蛋白的损失，抑制鲜味成分的溶出。

2. 淀粉　作为肉品添加剂，最好使用改性淀粉，如可溶性淀粉、交联淀粉、酸（碱）处理淀粉、氧化淀粉、磷酸淀粉和羟丙基淀粉等。这些是由天然淀粉经过化学处理和酶处理等而使其物理性质发生改变，以适应特定需要而制成的淀粉。

改性淀粉不仅能耐热、耐酸碱，还有良好的机械性能，常用于西式肠、午餐肉等罐头、火腿等肉制品，其用量按正常生产需要而定，一般为原料的 3％～20％。优质肉制品用量较少，且多用玉米淀粉。淀粉用量不宜过多，否则会影响肉制品的黏结性、弹性和风味。

五、抗氧化剂

抗氧化剂分油溶性抗氧化剂和水溶性抗氧化剂两大类。油溶性抗氧化剂能均匀地分布于油脂中，对油脂或含脂肪的食品可以很好地发挥其抗氧化作用。人工合成的油溶性抗氧化剂有丁基羟基茴香醚、二丁基羟基甲苯、没食子酸丙酯等，天然的有生育酚混合浓缩物等。水溶性抗氧化剂主要有 L-抗坏血酸及其钠盐、异抗坏血酸及其钠盐等，天然的有植物（包括香辛料）提取物如茶多酚、异黄酮类、迷迭香抽提物等。多用于对食品的护色（助色剂），防止氧化变色，以及防止因氧化而降低食品的风味和质量等。肉制品在贮藏期间因氧化变色、变味而导致其货架寿命缩短是肉类工业一个突出的问题，故高效、廉价、方便、安全的抗氧化剂亟待开发。

六、防腐保鲜剂

防腐剂是一类具有杀死微生物或抑制微生物生长繁殖，以防止食品腐败变质、延长食品保存期的物质。防腐保鲜剂经常与其他保鲜技术结合使用。

（一）山梨酸与山梨酸钾

山梨酸及山梨酸钾在空气中易吸潮并氧化分解而着色，属酸性防腐剂，对霉菌、酵母和好气性细菌有较强的抑菌作用，但对厌气菌与嗜酸乳杆菌几乎无效。其防腐效果随 pH 的升高而降低，适宜在 pH 5~6 以下的范围使用。

（二）乳酸链球菌素

乳酸链球菌素是乳酸链球菌产生的一种多肽物质，由 34 个氨基酸残基组成，是一种高效、无毒、安全、无副作用的天然食品防腐剂。使用时需溶于水或液体中，且于不同 pH 下溶解度不同。在碱性条件下，几乎不溶解。它的稳定性也与溶液的 pH 有关。它能有效抑制引起食品腐败的许多革兰氏阳性细菌如乳杆菌、明串珠菌、小球菌、葡萄球菌、李斯特菌等，特别是对产芽孢的细菌如芽孢杆菌、梭状芽孢杆菌有很强的抑制作用。

（三）双乙酸钠

双乙酸钠是一种多功能的食用化学品，主要用作食品和饲料工业的防腐剂、防霉剂、肉制品保存剂。双乙酸钠主要是通过有效地渗透入霉菌的细胞壁而干扰酶的相互作用，抑制了霉菌的产生，从而达到高效防霉、防腐等功能，双乙酸钠对黑曲霉、黑根霉、黄曲霉、绿色木霉的抑制效果优于山梨酸钾。

（四）脱氢乙酸及其钠盐

脱氢乙酸是一种常用的防腐剂，是吡喃的衍生物。脱氢乙酸对水的溶解度小，其盐类脱氢乙酸钠对水的溶解度较大，常用来作为防腐剂。脱氢乙酸是一种无色至白色针状或板状结晶或白色结晶粉末。无臭，略带酸味。脱氢乙酸钠是食品防腐剂、保鲜剂，该产品对食品中的酵母菌、腐败菌、霉菌有着较强的抑菌作用，广泛应用于肉类、鱼类、蔬菜类、水果类、饮料类、糕点类等的防腐、保鲜，是新型广谱抑菌剂。脱氢乙酸钠纯度可高达 99.5% 以上，质量稳定。

七、猪肉制品中常用食品添加剂的最大使用量与残留量标准

我国规定了猪肉制品中常用食品添加剂的最大使用量与残留量标准，详见表 5-1。

表 5-1　猪肉制品中食品添加剂常用最大使用量与残留量标准

(引自 GB2760—2011《食品安全国家标准　食品添加剂使用标准》)

添加剂名称	肉制品名称	主要功能	最大使用量 (克/千克)	残留量 (毫克/千克)	备注
焦糖色（普通法）	调理肉制品（生肉添加调理料）	着色剂	按生产需要适量使用		
辣椒红	调理肉制品（生肉添加调理料）	着色剂	0.1		
	腌腊肉制品类（如咸肉、腊肉、板鸭、中式火腿、腊肠）、熟肉制品	着色剂	按生产需要适量使用		
胭脂虫红	熟肉制品	着色剂	0.5		以胭脂红酸计
辣椒橙	熟肉制品	着色剂	按生产需要适量使用		
红花黄	腌腊肉制品（如咸肉、腊肉、中式火腿、腊肠）	着色剂	0.5		
红曲米、红曲红	腌腊肉制品类（如咸肉、腊肉、板鸭、中式火腿、腊肠）、熟肉制品	着色剂	按生产需要适量使用		
高粱红	肉制品	着色剂	按生产需要适量使用		
甜菜红	肉制品	着色剂			

（续）

添加剂名称	肉制品名称	主要功能	最大使用量（克/千克）	残留量（毫克/千克）	备注
赤藓红及其铝色淀	肉灌肠类、肉罐头类	着色剂	0.015		以赤藓红计
栀子黄	禽肉熟制品	着色剂	1.5		
胭脂树橙（红木素、降红木素）	西式火腿（熏烤、烟熏、蒸煮火腿）类、肉灌肠类	着色剂	0.025		
诱惑红及其铝色淀	西式火腿（熏烤、烟熏、蒸煮火腿）类	着色剂	0.025		以诱惑红计
	肉灌肠类	着色剂	0.015		
	可食用动物肠衣类	着色剂	0.05		
迷迭香提取物	预制肉制品、酱卤肉制品类、熏烧烤肉类、油炸肉类、西式火腿（熏烤、烟熏、蒸煮火腿）类、肉灌肠类、发酵肉制品类	抗氧化剂	0.3		
茶多酚（又名维多酚）	腌腊肉制品类（如咸肉、腊肉、板鸭、中式火腿、腊肠）	抗氧化剂	0.4		以油脂中儿茶素计
	酱卤肉制品类、熏、烧、烤肉类、油炸肉类、西式火腿（熏烤、烟熏、蒸煮火腿）类、肉灌肠类、发酵肉制品类	抗氧化剂	0.3		
竹叶抗氧化物	腌腊肉制品类（如咸肉、腊肉、板鸭、中式火腿、腊肠）、酱卤肉制品类、熏烧烤肉类、油炸肉类、西式火腿（熏烤、烟熏、蒸煮火腿）类、肉灌肠类、发酵肉制品类	抗氧化剂	0.5		
二丁基羟基甲苯（BHT）	腌腊肉制品类（如咸肉、腊肉、板鸭、中式火腿、腊肠）	抗氧化剂	0.2		以油脂中的含量计

（续）

添加剂名称	肉制品名称	主要功能	最大使用量（克/千克）	残留量（毫克/千克）	备注
丁基羟基茴香醚（BHA）	腌腊肉制品类（如咸肉、腊肉、板鸭、中式火腿、腊肠）	抗氧化剂	0.2		以油脂中的含量计
没食子酸丙酯（PG）	腌腊肉制品类（如咸肉、腊肉、板鸭、中式火腿、腊肠）	抗氧化剂	0.1		以油脂中的含量计
特丁基对苯二酚	腌腊肉制品（如咸肉、腊肉、板鸭、中式火腿、腊肠）	抗氧化剂	0.2		以油脂中的含量计
D-异抗坏血酸及其钠盐	肉制品	抗氧化剂	按生产需要适量使用		
纳他霉素	酱卤肉制品类、熏烧烤肉类、油炸肉类、西式火腿（熏烤、烟熏、蒸煮火腿）类、肉灌肠类、发酵肉制品类	防腐剂	0.3	≤10	表面使用，混悬液喷雾或浸泡
双乙酸钠	预制肉制品、熟肉制品	防腐剂	3.0		
乳酸链球菌素	预制肉制品、熟肉制品	防腐剂	0.5		
脱氢乙酸及其钠盐	预制肉制品、熟肉制品	防腐剂	0.5		以脱氢乙酸计
单辛酸甘油酯	肉灌肠类	防腐剂	0.5		
硝酸钠、硝酸钾	腌腊肉制品类（如咸肉、腊肉、板鸭、中式火腿、腊肠）、酱卤肉制品类、熏烧烤肉类、油炸肉类、西式火腿（熏烤、烟熏、蒸煮火腿）类、肉灌肠类、发酵肉制品类	护色剂、防腐剂	0.5	≤30	以亚硝酸钠计

（续）

添加剂名称	肉制品名称	主要功能	最大使用量（克/千克）	残留量（毫克/千克）	备注
亚硝酸钠、亚硝酸钾	腌腊肉制品类（如咸肉、腊肉、板鸭、中式火腿、腊肠）、酱卤肉制品类、熏烧烤肉类、油炸肉类、发酵肉制品类、肉灌肠类	护色剂、防腐剂	0.15	≤30	以亚硝酸钠计
	肉罐头类	护色剂、防腐剂		≤50	
	西式火腿（熏烤、烟熏、蒸煮火腿）类	护色剂、防腐剂		≤70	
山梨酸及其钾盐	肉灌肠类	抗氧化剂、防腐剂、稳定剂	1.5		以山梨酸计
	熟肉制品		0.075		
亚麻子胶（又名富兰克胶）	熟肉制品	增稠剂	5.0		
刺云实胶	预制肉制品、熟肉制品	增稠剂	10.0		
沙蒿胶	预制肉制品、西式火腿（熏烤、烟熏、蒸煮火腿）类、肉灌肠类	增稠剂	0.5		
脱乙酰甲壳素（又名壳聚糖）	西式火腿（熏烤、烟熏、蒸煮火腿）类、肉灌肠类	增稠剂、被膜剂	6.0		
瓜尔胶、卡拉胶、琼脂、海藻酸钠、明胶、羧甲基纤维素钠、β-环状糊精、黄原胶（汉生胶）、聚丙烯酸钠	肉制品	增稠剂	按生产需要适量使用		
决明胶	肉灌肠类	增稠剂	1.5		
氨基乙酸（甘氨酸）	预制肉制品、熟肉制品	增味剂	3.0		

（续）

添加剂名称	肉制品名称	主要功能	最大使用量（克/千克）	残留量（毫克/千克）	备注
5'-肌苷酸二钠	肉制品	增味剂	按生产需要适量使用		
5'-鸟苷酸二钠	肉制品	增味剂	按生产需要适量使用		
5'-呈味核苷酸二钠	肉制品	增味剂	按生产需要适量使用		
谷氨酸钠	肉制品	增味剂	按生产需要适量使用		
酪蛋白酸钠（酪朊酸钠）	肉制品	乳化剂	按生产需要适量使用		
蔗糖脂肪酸酯	肉及肉制品	乳化剂	1.5		
硬酯酰乳酸钠、硬脂酰乳酸钙	肉灌肠类	乳化剂、稳定剂	2.0		
木糖醇	肉制品	甜味剂	按生产需要适量使用		
葡萄糖酸-δ-内酯	肉制品	稳定剂、凝固剂	按生产需要适量使用		
可得然胶	熟肉制品	稳定剂、凝固剂、增稠剂	按生产需要适量使用		
聚葡萄糖	肉灌肠类	水分保持剂、增稠剂、膨松剂、稳定剂	按生产需要适量使用		
硫酸钙（又名石膏）	腌腊肉制品类（如咸肉、腊肉、板鸭、中式火腿、腊肠等）	酸度调节剂、增稠剂、稳定剂、凝固剂	5.0		
	肉灌肠类		3.0		
焦磷酸钠、磷酸三钠、六偏磷酸钠、三聚磷酸钠等	预制肉制品、熟肉制品	酸度调节剂、水分保持剂、膨松剂、稳定剂、凝固剂、抗结剂	5.0		可单独或混合使用，最大使用量以磷酸根 PO_4^{3-} 计
富马酸一钠	肉及肉制品（生鲜肉类除外）	酸度调节剂	按生产需要适量使用		

（续）

添加剂名称	肉制品名称	主要功能	最大使用量 （克/千克）	残留量 （毫克/千克）	备注
柠檬酸钠	肉制品	酸度调节剂	按生产需要 适量使用		
辣椒油树脂（灯 笼辣椒油树脂）	肉制品	食用天然 香料	按生产需要 适量使用		
乙基麦芽酚	肉制品	食用合成 香料	按生产需要 适量使用		
香兰素	肉制品	食用合成 香料	按生产需要 适量使用		

注：可在各类食品中按生产需要适量使用的食品添加剂名单，允许使用的食品用天然香料名单，允许使用的食品合成香料名单，可在各类食品加工过程中使用、残留量不需限定的加工助剂名单，需要规定功能和使用范围的加工助剂名单与食品用酶制剂及其来源名单，可查 GB2760—2011 表 A.2、表 B.2、表 B.3、表 C.1、表 C.2 及表 C.3。

第六章

猪肉制品的加工 >>>>>

第一节 肠制品的加工

香肠是由拉丁文"salsus"得名，意指保藏或盐腌的肉类，将肉切成颗粒、丁、条，加入其他辅料，搅拌后灌入肠衣烘干而成。

香肠的种类很多，以生熟来分，有生干香肠和熟制香肠两类。生干香肠由于经过一定时间的晾挂和成熟，有浓郁的风味。而熟制香肠由于水分含量多，不适合长期贮存，但因为营养丰富，美味可口，出品率高，逐渐为我国人民所喜爱。

香肠的原料基本上是猪肉，在加工方法和技术要求上，加工香肠时瘦肉和肥膘（皮下脂肪）大多切成小块。香肠添加酱油，不加淀粉，而灌肠不添加酱油，加淀粉。在香肠的生产过程中，有较长时间的日晒和挂晾过程，在适当的温度条件下，因微生物和酶的作用，使香肠具有独特的鲜美风味。而灌肠类，除少数干肠之外，很少发生这种变化。因此，在口味方面也有明显的区别。

一、中式香肠

（一）无硝香肠

在香肠加工中，硝石是传统的发色剂，硝石在发色的同时，亚硝酸根很容易和肉类中的二甲胺反应，生成较强的致癌物质——甲基硝酸铵。为了取代硝石的发色作用，制作时加入一定量的红曲红粉和适量的D-异抗坏血酸钠，促使制品呈玫瑰红色，并且有一定抗氧化性。

1. 配方 猪前、后腿精肉80千克，背部硬脂肪20千克，白砂糖6.5千克，无色酱油2～4千克，食用盐3千克，色拉油1.5千克，曲酒0.5千克，红曲米粉0.5千克，味精0.5千克，白胡椒粉0.3千克，β-环状糊精0.15千克，D-异抗坏血酸钠0.1千克。

2. 工艺流程
原料选择→分割、切丁→绞肉→拌馅→灌肠→干燥→冷却→成品

3. 操作要点

（1）原料选择　原料必须是经兽医卫生检验合格的肉，经过去除皮、骨、血伤、淋巴结等杂质，猪腿和腰部肉常用作原料，使用猪背部的硬脂肪。

（2）分割、切丁　将肥膘用切丁机或手工切成 1 厘米^3 的肉丁。

（3）绞肉　瘦肉用孔眼直径 10 毫米的绞肉机绞碎。

（4）拌馅　在搅拌机中，将瘦肉、肥肉丁和调味料加水混合均匀，加入适量的水有利于均匀的混合和灌肠，也能推迟干燥时间，降低蛋白质在空气中干燥时的破坏程度。有条件的情况下，最好使用真空搅拌机效果更佳。

（5）灌肠　采用天然猪肠衣，直径一般为 28～32 毫米，也可使用胶原蛋白肠衣或天然羊肠衣。用真空机充填压力要适当，不要灌得太紧或太松，太紧肠体会破裂，太松烘干后肠体不饱满，影响外形，如无真空必须用针在香肠上刺孔，刺孔有利于肠内气体排出和水分蒸发。

（6）干燥　香肠灌制后，按规格要求用小麻绳每 12～15 厘米扎断肉馅，每根提起在 35～40℃ 的温水中，清洗表面污物然后挂在竹竿上。放在日光下吹晒 1～2 天。将吹晒后的香肠移入烘房内，用 55～60℃ 的温度进行烘干处理，中途竹竿经常调转，便于干燥一致。时间一般为 24～36 小时。

（7）冷却　烘至肠体干爽，鲜红光亮，质地发硬为佳，即可出烘房冷却。

（8）成品　剪去肠体竹草（绳），晾挂，即为成品。

（二）腊肠

一般只能在气候寒冷时进行。多在每年 11 月至翌年 2 月为宜。该产品特点是：原料以猪后腿精肉为主，白膘肉以硬膘为主，成品每根长 12～14 厘米，其味鲜美，色泽鲜明，外形粗细均匀，油润无白斑。

1. 配方　猪前、后腿精肉 80 千克，背部硬脂肪 20 千克，白砂糖 6.3 千克，白酱油 5 千克，食用盐 2.5 千克，60 度大曲酒 1.8 千克，D-异抗坏血酸钠 0.1 千克，亚硝酸钠 0.015 千克。

2. 工艺流程

原料选择→分割整理→切丁绞碎→腌制拌料→灌肠→排气扎绳→清洗挂架→吹晒烘干→整理包装→成品入库

3. 操作流程

（1）原料选择　选择经兽医宰前检疫、宰后检验合格的猪肉。

（2）分割整理　去除皮、骨、肌腱、淋巴结、血伤等杂质。

（3）切丁绞碎　将选好的猪肉，分别按瘦、肥切成 1 厘米的小方丁，切好后，再分别用温水洗涤，把肉丁上的浮油洗去。

（4）腌制拌料 按比例将瘦肉、肥肉与配料放在盆内，搅拌均匀，腌制30分钟左右。即可灌肠。

（5）灌肠 采用直径18～22毫米的猪干套或胶原蛋白肠衣，用温水浸泡一下，套在灌肠机的出料口上，徐徐充填肉馅，松紧一致，灌至肠衣底端时，即将底端扎住，待肠衣全部灌满，再把上端扎住。

（6）排气扎绳 把灌好的肠平铺在木案上，用气针在肠上戳洞，使烘肠时便于排出水分。将肠体按每节12～14厘米为一段，用竹草或细麻绳扎紧。

（7）清洗挂架 用40℃左右的温水清洗肠体并用竹竿挂架。

（8）吹晒烘干 吹晒1～2天，将挂肠竹竿置于烘间木架上，烘烤3小时后，交换腊肠上下位置，使肠受热均匀，在未经火烘时，如天气晴朗，可置于日光下吹晒，至晚间收入室内挂好，以后还可继续日晒，直到肠内水分泄尽，有出油现象为止，如晒肠期间，遇到天阴或雨天，必须及时移到烘房，烘到成熟为止。

（9）整理包装 烘干后的腊肠经冷却后，进入整理车间，进行整理包装。

（10）剪去肠体竹草（绳），即为成品。

(三)维扬香肠

选料猪的夹心和后腿精肉，以及部分背膘肥肉，配以辅料精制而成。

1. 配方 后腿精肉40千克，猪前夹心肉30千克，腹部五花肉20千克，硬脂肪10千克，白砂糖6千克，食用精盐3千克，无色酱油1.2千克，60度大曲酒0.6千克，五香粉0.1千克，D-异抗坏血酸钠0.15千克，亚硝酸钠0.015千克。

2. 工艺流程

原料选择→分割整理→绞肉切丁→搅拌制馅→灌馅排气→扎绳挂架→烘干发酵→成品

3. 操作要点

（1）原料选择 选择经兽医宰前检疫、宰后检验合格的猪肉。

（2）分割整理 经分割整理后，去除皮、骨、血伤、淋巴结等杂质。

（3）绞肉切丁 分别把瘦肉和肥膘进行绞碎或切丁。

（4）搅拌制馅 按比例称取辅料，同绞好的原料肉一起进行搅拌，有条件最好采用真空搅拌机，拌匀后静置30分钟，使辅料浸入肉块，再拌匀后开始灌肠。

（5）灌馅排气 灌肠时，选用天然猪肠衣，口径 28～32 毫米为宜，套在出料嘴上，松紧一致，平放在木板上，用针在肠体上刺一遍，使肠中空气排掉。

（6）扎草（绳）挂架 用细绳每 15～18 厘米为一段，中间再用棉绳套个圆圈挂起，并用 40℃左右温水清洗肠体外表，去除油污，以便烘干时干爽、光亮。

（7）烘干发酵 将灌好的香肠挂在晒架上吹晒，约经 5 个晴天（夏天只需 2 天）取下置于通风阴凉处晾挂，使香肠变凉，慢慢干透，晾挂 1 个月后，就有独特香味散出，即成香肠，以备食用。

（四）枣形香肠

本产品形如颗颗红枣，色泽鲜艳红亮，颗粒一致，肠体干燥完整，枣形纹清晰，坚实有弹性，并有浓郁的枣形肠固有香味。

1. 配方 猪后腿肌肉 95 千克，白砂糖 10 千克，硬脂肪 5 千克，食用盐 3.5 千克，60 度大曲酒 1 千克，复合磷酸钠 0.15 千克，D-异抗坏血酸钠 0.1 千克，红曲红粉 0.02～0.025 千克，亚硝酸钠 0.015 千克。

2. 工艺流程

原料选择→分割整理→绞肉切丁→拌料→灌肠→排气→扎绳挂架→烘干→成品

3. 操作要点

（1）原料选择 选用宰前检疫、宰后检验合格猪肉。

（2）分割整理 去除筋腱、骨、血伤、淋巴结等杂质。

（3）绞肉切丁 将精肉放入绞肉机内用 5 毫米网眼进行绞碎处理。同时取肥肉切成 0.5 厘米见方的肉丁。

（4）搅拌 按原料肉的总量，计算各种辅料的用量，准确称取各种辅料，同绞好的肉一起用搅拌机或人工充分搅拌均匀，静置 30 分钟后方可灌制。

（5）灌肠 选用天然猪肠衣或蛋白肠衣（纤维素肠衣），温水清洗备用。用真空灌肠机或漏斗把肉馅徐徐灌入到肠衣里面，每根肠衣灌肉馅 2/3，留 1/3 扎肠时退步用。

（6）排气 把灌好的肠平放在木板上，用针排放肠体空气，使肉馅紧密。

（7）扎绳挂架 用扎丝草或小绳按每 2 厘米逐只扎成圆形的枣状，再一次排尽肠体空气（真空不用排气），中间扎麻绳，并用清水漂洗外体油渍杂质。

（8）烘干 将香肠挂在竹竿上，放在日光下吹晒，风吹几日后送入烘房中进行烘干，温度控制在 50～55℃。烘烤时间一般 18 小时左右，烘至肠体干爽，鲜红发亮。

（9）成品　冷却后，用剪刀去除扎草和绳，逐只剪下或成串连结都可以，发酵约 2 周左右可增加风味。用真空包装机进行定量称重，封口、包装、入库保存。

（五）风香猪肝香肠

本产品是选用猪肝同猪肉混合腌制发酵加工而成，风味独特，回味浓香，口感松酥，外形红、白、黑三色醒目，也是综合利用产品之一。

1. 配方　猪前、后腿肉 40 千克，新鲜猪肝 40 千克，背部硬脂肪 20 千克，白砂糖 6 千克，食用精盐 3 千克，60 度大曲酒 1 千克，鲜生姜汁 0.5 千克，五香粉 0.08 千克，胡椒粉 0.05 千克，D-异抗坏血酸钠 0.1 千克，亚硝酸钠 0.015 千克。

2. 工艺流程

原料选择→分割整理→腌制切丁→绞肉→拌馅→灌肠→排气→扎绳挂架→烘干→成品

3. 操作要点

（1）原料选择　选择经兽医宰前检疫、宰后检验合格的白条肉和猪肝。

（2）分割整理　肥瘦分开，将肥肉切至 0.5 厘米见方颗粒，瘦肉用绞肉机或斩拌机绞肉和斩拌。

（3）腌制切丁　猪肝用 40% 的辅料进行腌制加工，约 2 小时后，用刀切成 0.8 厘米见方的颗粒。

（4）绞肉　把瘦肉和肥膘进行绞碎。

（5）拌馅　将猪肝连同绞好的瘦肉和肥肉丁混合，加入 60% 的辅料，用搅拌机或人工反复搅拌均匀。

（6）灌肠　灌制香肠时，用口径 18～22 毫米的干套肠衣，每节长 15～18 厘米，松紧一致。

（7）排气　把灌好的肠平放在木板上，用针排放肠体空气，使肉馅紧密。

（8）扎绳挂架　用扎丝草或小绳按每 2 厘米，逐只扎成圆形的枣状，再一次排尽肠体空气（真空不用排气），中间扎麻绳，并用清水漂洗外体油渍杂质。

（9）烘干　烘干时室温需掌握好，温度控制在 48～55℃ 为宜，中途要调转肠身，这样肠体才会干燥。温度低，猪肝会在里面发酵变质，温度过高脂肪会出油，影响成品率，使猪肝变硬，口味差，质地老。一般烘制 15 小时。

（10）成品　烘好后的香肠经冷却后，即为成品。

（六）水晶香肠

该产品是利用猪硬脂肪腌渍发酵而成，色泽如水晶透明，里面有少量的精肉点缀，如同红宝石一样，肥而不腻。

1. 配方　猪背部硬脂肪 90 千克，猪精肉 10 千克，白砂糖 8 千克，食用盐 3 千克，葡萄糖 1 千克，60 度大曲酒 0.5 千克，味精 0.3 千克，白胡椒粉 0.075 千克，D-异抗坏血酸钠 0.1 千克，亚硝酸钠 0.015 千克。

2. 工艺流程

原料选择→分割整理→切丁→腌制发酵→搅拌灌肠→排气扎绳→清洗挂肠→风吹烘干→包装入库

3. 操作要点

（1）原料选择　选取检验合格的猪肉为原料。

（2）分割整理　去除筋腱、骨、血伤、淋巴结等杂质。

（3）切丁　经分割整理后取硬脂肪和瘦肉分别进行切丁加工，颗粒一般控制在 0.5～0.8 厘米见方。

（4）腌制发酵　肥膘用 50％的白砂糖和盐预先进行腌制发酵处理，时间需 24 小时，让糖和盐充分渗透，使其入味。

（5）搅拌灌肠　搅拌时加入瘦肉粒和另外 50％的辅料，充分搅拌均匀。灌肠时用机器和漏斗进行灌制，肠衣选用天然猪干套肠衣，口径 22～24 毫米，胶原蛋白肠衣也可以用。

（6）排气扎绳　肠体松紧一致，不能太紧，以防肠衣破裂，排出空气，扎绳，每段 12～15 厘米长。

（7）清洗挂肠　用 40℃左右的温水洗净肠体外表的油污等，挂在竹竿上。

（8）风吹烘干　放在日光下晒 1～2 天，或在通风干燥的晒架上风干，下雨时进烘房中用 45～48℃温度进行烘干。

（9）包装入库　干燥时间一般 12～16 小时，出烘房后，放在通风干燥处，吹 7 天左右，进行真空包装。

（七）玛瑙香肠

本产品切断面呈大理石花纹，形象玛瑙，色如五彩云霞，是利用猪肉、猪心、猪肝、猪脾脏等原料加工灌制而成。也是一种综合利用，腌渍、发酵而成的风味肠类制品。

1. 配方　猪瘦肉 40 千克，硬脂肪 20 千克，猪肝 10 千克，猪心 10 千克，猪肚 10 千克，猪脾脏 10 千克，白砂糖 4 千克，食用盐 3.5 千克，鲜姜汁 0.8 千克，味精 0.5 千克，大豆分离蛋白粉 0.5 千克，卡拉胶 0.5 千克，胡椒粉 0.15 千克，五香粉 0.05 千克，D-异抗坏血酸钠 0.1 千克，亚硝酸钠 0.015 千克。

2. 工艺流程

原料选择→分割整理→清洗腌制→搅拌→灌制排气→扎绳清洗→风吹烘干→真空包装→成品入库

3. 操作要点

（1）原料选择　检验合格的新鲜猪肉。

（2）分割整理　去除筋腱、骨、血伤、淋巴结等杂质。

（3）清洗腌制　经分割整理加工后切丁或绞碎，肝、心、肚、脾要清理干净，去除血污等杂质，沥干水分用 50% 的辅料对上述副产品进行腌制处理。时间 2～4 小时，切丁或条状备用。

（4）搅拌　把猪肉连同心、肝、脾、肚放入搅拌机中，加入所有的辅料，充分搅拌均匀，放在盘中静置 30 分左右开始灌肠。

（5）灌制排气　选用天然猪肠衣，口径 28～32 毫米，套在出料口徐徐充填肠内，松紧要一致，排尽空气。

（6）扎绳清洗　扎绳时长短整齐，用 40℃ 温水清洗外表，去除表面油污，挂在日光下晒 1～2 天。

（7）风吹烘干　烘干时室温控制在 5～55℃ 为宜，或高或低都会影响到肠子的质量和口感，时间需 18～24 小时，中途经常调转挂竿，让烘房温度均匀，这样肠体受热才能达到一致。

（8）真空包装　冷却后进行真空包装，及时入库。

二、西式灌肠

根据目前我国灌制品工艺流程，大体可分为以下几种类别，按干燥程度分为新鲜灌肠和干制灌肠，按煮沸程度分为生肠类和煮肠类，按烟熏程度分为熏烟灌肠、半熏烟灌肠和不熏烟干制灌肠等。

（一）鲜猪肉灌肠

亦称早餐，用猪肉为原料。

1. 配方　猪瘦肉 85 千克，鲜猪背膘 15 千克，食用盐 1.8～2.2 千克，白砂糖 1.5～2 千克，曲酒 0.5 千克，白胡椒 0.3 千克，鼠尾草 0.15 千克，D-异抗坏血酸钠 0.15 千克，亚硝酸钠 0.015 千克。

2. 工艺流程

原料选择→粗绞、细绞→搅拌→灌肠→成品

3. 操作要点

（1）原料选择　原料猪肉要新鲜，剔除筋骨、腱和淤血等异物。

（2）粗绞、细绞　把调味料撒在肉上后进行绞制，先用孔眼直径 13 毫米绞肉机粗绞，再用 5 毫米绞肉机细绞。

（3）搅拌　把原料混合均匀。

（4）灌肠　使用直径为 26～28 毫米的天然猪肠衣。肠体饱满，不紧不松。

（5）成品　需加热后食用。

（二）风味烤肠

1. 配方　猪瘦肉 80 千克，鲜猪背膘 20 千克，白砂糖 5 千克，食用盐 3 千克，曲酒 0.5 千克，味精 0.45 千克，黑胡椒粉 0.1 千克，辣香粉 0.1 千克，五香粉 0.1 千克，D-异抗坏血酸钠 0.15 千克，亚硝酸钠 0.015 千克。

2. 工艺流程

原料选择→粗绞、细搅→搅拌→灌肠→速冻→成品

3. 操作要点

（1）原料选择　原料肉要新鲜，无杂质，剔除筋、腱、骨和淤血等异物。

（2）粗绞、细绞　把调味料撒在肉上后进行绞制，先用孔眼直径 13 毫米绞肉机粗绞，再用 5 毫米绞肉机细绞。

（3）搅拌　把原料混合均匀。

（4）灌肠　使用直径为 26～28 毫米的天然猪肠衣。肠体饱满，不紧不松。

（5）成品　食用时，现烤现吃，肠体一头用竹扦插在里面，烘烤时食用方便。

（三）熏肠

选用猪肉糜为原料制作而成。它的外表呈粉红色，有弹性和皱纹，口感细嫩。

1. 配方　腹部五花肉 50 千克，碎肉 30 千克，猪前、后腿肌肉 20 千克，玉米淀粉 8 千克，食用盐 3 千克，白砂糖 2 千克，黄酒 1.5 千克，味精 0.5 千

克，白胡椒粉 0.3 千克，五香粉 0.1 千克，肉豆蔻粉 0.08 千克，D-异抗坏血酸钠 0.15 千克，亚硝酸钠 0.015 千克。

2. 工艺流程

选料→腌制、绞碎→搅拌→灌肠→烘烤→煮熟→烟熏→成品

3. 操作要点

(1) 选料　肉按规格要求进行选料，去除骨、肌腱、血伤、淋巴结等杂质。

(2) 腌制　用 3% 的食用盐干腌 24～48 小时后绞碎。

(3) 拌制　把剩余的食用盐、白砂糖、味精、五香粉等辅料混合均匀，淀粉用 15%～20% 的水稀释，同上述料一起投入肉糜中，用真空搅拌机充分搅拌 10 分钟左右。

(4) 灌肠　肠衣先在一端打成结，用灌肠机进行充填料馅，松紧一致，长短齐整，用棉线绳扎结，挂于竹竿上。

(5) 烘烤　烘房中用 50～55℃ 的温度，经 4～6 小时烘干表面水分，冷却。

(6) 煮熟　用蒸煮锅放水加热到 85℃ 时，放入肠体，大约煮 45～50 分钟。

(7) 烟熏　待肠中心温度为 68～72℃ 时，取出冷却，进入烟熏烘房内 15～30 分钟，表面呈粉红色，有弹性，起皱纹，冷却后包装入库。

(四) 大红肠

1. 配方　猪前、后腿肉 50 千克，五花肉 40 千克，玉米淀粉 8～15 千克，白砂糖 12.5 千克，背部硬脂肪 10 千克，大豆分离蛋白 5 千克，食用盐 2.5～3 千克，曲酒 0.5 千克，味精 0.25～0.5 千克，黑胡椒粉 0.3 千克，肉豆蔻 0.06 千克，复合磷酸盐 0.3～0.5 千克，亚硝酸钠 0.015 千克。

2. 工艺流程

原料选择→分割整修→腌制→绞肉→制馅→拌馅→灌馅→烘烤→煮制→烟熏→成品

3. 操作要点

(1) 原料选择　猪肉灌肠生产中，主要是利用瘦肉作肉馅，肥肉的利用和香肠一样，一般切成小的立方块，按照一定的比例加入肉馅，以成熟的新鲜肉最好，这样可以提高肉馅的保水性和弹性，若没有新鲜的猪肉则冷冻肉也可以使用，只要操作熟练，适当掌握拌料时间和添加水的量，同样可以获得较好的

产品。

（2）分割整修　去骨的原料肉，按品种分类，修去残留的碎骨以及各种筋腱、淤血、伤斑、淋巴结等，然后肥、瘦分别进行处理，把精肉切成 0.5 千克左右的条状，便于腌制，肥肉则加工成 0.5～0.6 厘米或 2 厘米的肉块，每块 0.1 千克，装盘冷冻，作膘丁使用。

（3）腌制　将修整好的坯料分类装入不锈钢的浅盘内，按每 100 千克加食用盐 3.5 千克，食用盐和肉块力求拌匀。这样咸淡才能一致，把肉块置于 3～4℃的冷库内，冷藏腌制 24～48 小时，腌制时肥膘和瘦肉应分别进行，不可混为一体。

（4）绞肉　肉块腌制 24～48 小时后，需要进行搅碎处理，大多数灌肠都要求用 2～3 厘米直径、圆眼的筛板进行绞碎，然后装入圆盘中置于冷库内，继续冷藏 24～48 小时待用。

（5）制馅　把绞碎、腌制好的肉糜，置于斩拌机内，剁斩 3 分钟，将调制好的辅料加入肉馅内，继续斩拌 1～2 分钟，即可停机，总时间大约 5～7 分钟。

（6）拌馅　通过拌料机的搅拌，瘦肉、肥肉、辅料、添加剂、水分等充分拌和，一般经 1～2 分钟搅拌，原料和辅料已充分拌匀，而且肉馅具有相当的黏稠性和弹性，便可停机出料。

（7）灌馅　灌制时，一般用天然猪肠衣，首先把肠衣套在肠馅出口套管上，灌进的肠馅要松紧一致，灌好的肠衣要扎好，结扎的方法因品种不同而稍有差异，直径粗约 4.0 厘米，长约 42 厘米。灌好以后，另一端用棉绳扎紧，余出 10～12 厘米长的绳子，再打结组成绳圈，这样便于吊挂。

（8）烘烤　待炉中温度达到 60～70℃时，把灌肠放进去，在烤制过程中，调换位置，以免烤焦或烤得不均匀，炉内温度应经常保持在 65～85℃（以下层灌肠尖端的温度为准），一般粗灌肠 45～80 分钟，细灌肠 25～40 分钟，即可烤好。此时粗灌肠内部温度可达到 55～65℃，细灌肠内部可达 70℃以上。

（9）煮制　水煮的温度在 85～90℃时下锅，保持温度在 78～84℃，煮制的时间随灌肠的粗细而定，即直径为 1.8 厘米约 20 分钟，直径 3.5 厘米约 30～40 分钟，直径 5.0 厘米约 50～60 分钟。如灌肠中心温度达 72℃时，说明已煮好，即可出锅。

（10）烟熏　烟熏的温度和时间随灌肠的种类而定，方法是先在烟熏底部架起木材，点火燃烧，将熏室预热一下，待室内温度普遍开至 70～80℃时，即可把煮好的灌肠挂入。开始时，因肠子潮湿，将温度升至 80～90℃，并以开门烟熏为好，开门时间约 15～20 分钟，以提高气流速度，让水分尽快排出，然后再加入木屑，压低火势使熏室温度降至 40～50℃，关闭室门，用文火烟熏。烟熏的时间一般控制在 3～5 小时左右，使肠体外表呈枣红色，起皱纹。

（五）法兰克福肠

1. 配方　猪前、后腿肉 50 千克，五花肉 40 千克，硬脂肪 10 千克，淀粉 5 千克，食用盐 3 千克，分离大豆蛋白 3 千克，白砂糖 1 千克，味精 0.25 千克，白胡椒粉 0.2 千克，大蒜 0.05～0.1 千克，鼠尾草 0.01 千克，复合磷酸盐 0.3 千克，D-异抗坏血酸钠 0.1 千克，亚硝酸钠 0.015 千克。

2. 工艺流程

原料选择→分割修整→绞肉、制馅→灌肠→烟熏、烘烤→蒸煮→冷却→成品

3. 操作要点

（1）原料选择　选择经兽医检验合格的猪肉原料。

（2）分割整理　去除骨、皮、血伤、肌腱、淋巴结等杂质。

（3）绞肉、制馅　用绞肉机或斩拌机在低温下对肉进行斩碎，放入辅料，用真空搅拌机拌匀。在真空灌肠机出料口套上口径为 22 毫米的天然猪肠衣，充填肉馅，肠体松紧一致，长短整齐。

（4）灌肠　香肠灌好后，打结多采用自然扭结，也有使用金属铝丝打结的，这要视肠衣的种类和香肠的大小来定。

（5）烟熏、烘烤　香肠入烟熏室进行烘烤和烟熏，温度一般控制在 50～80℃，时间 2～4 小时。

（6）蒸煮　熏烤后的肠子再进行蒸煮，蒸煮时的温度为 80～95℃，时间为 1～1.5 小时。

（7）冷却　移出蒸锅，冷却后即为成品。

（六）茶肠

欧洲人喝茶时用的肉食品，也是熟灌制品之一，外表基本与大红肠相似，鲜嫩可口，在国内也很受欢迎。

1. 配方　猪前、后腿瘦肉 50 千克，五花肉 20 千克，碎肉 20 千克，硬脂肪 10 千克，玉米淀粉 5 千克，食用盐 3.5 千克，鸡蛋 1 千克，白胡椒粉 0.2 千克，大蒜头 0.2 千克，玉果粉 0.125 千克，D-异抗坏血酸钠 0.1 千克，亚硝酸钠 0.015 千克。

2．工艺流程

原料选择→分割修整→腌制→绞碎→搅拌→灌制→蒸煮→成品

3．操作要点

（1）原料选择　选择经兽医宰前、宰后检验合格的白条肉为原料。

（2）分割修整　去除骨、皮、血伤、淋巴结等杂质。

（3）腌制　将修整好的原料肉分别放入不锈钢盘并按一定比例放入事先准备好的食用盐，腌制后存放在温度 4～7℃的库中 1～3 天。

（4）绞碎　原料取出用 2～3 厘米直径、圆眼的筛板，进行绞碎或用斩拌机斩成肉糜状，继续腌制 24～36 小时。

（5）搅拌　把肉馅取出，倒入真空搅拌机内，经 13 分钟运转，搅拌均匀。

（6）灌制　用口径 60～70 毫米的肠衣，每根长 45 毫米。灌制的肠用棉线绳扎紧。

（7）蒸煮　蒸煮时，水温要掌握好，一般控制在 90℃，时间约 1.5 小时，中途上下翻动。

（8）成品　不需要烟熏，即为成品。

第二节　中式火腿的加工

中式火腿是用猪的前、后腿肉经腌制、洗晒、整形、发酵等加工而成的腌腊制品。其历史悠久，产品质量上乘，驰名世界。火腿分为三种：南腿，以金华火腿为代表。北腿，以如皋火腿为代表。云腿，以云南宣威火腿为代表。南腿、北腿的划分以长江为界。

一、生火腿加工

生火腿是腌腊制品中的一个系列品种，也是我国的著名传统肉食品之一。其腌腊原理是利用食用盐来提高肉类的渗透压，抑制腐败菌的活动，以达到防腐的目的。

（一）金华火腿的加工

金华火腿历史悠久，最早在浙江金华、东阳、义乌、浦江、兰溪、永康、武义、汤溪等地加工。这八个县属当时金华府管辖，故而得名。又由于浙江金华位于长江以南，金华火腿也称南腿（南腿是火腿中的一大类，金华火腿最为著名）。金华火腿颇有名气，历史上曾列为贡品，故又有"贡腿"之称。

1. 配方　猪后腿 100 千克，食用盐 10～12 千克，硝酸钠 0.05 千克。

2. 工艺流程

原料选择→修整→腌制→洗晒→发酵→成熟→成品

3. 操作要点

（1）原料选择　选用金华"两头乌"猪为原料。经兽医宰前检疫、宰后检验合格，每只重 5～6.5 千克的鲜猪后腿（指修成火腿形状后的净肉重）为原料。

（2）修整　刮净腿皮上的细毛和腿间的毛、黑皮等。削骨：把整理好的鲜腿斜放在肉案上，左手握住腿爪，右手持削骨刀，削平腿部骨（俗称眉毛骨），修整股关节（俗称龙眼骨）并除去尾骨，斩去背脊骨，做到使龙眼不露眼，斩平背脊骨（留一节半左右）不"塌鼻"，不脱臼。开面：把鲜腿脚爪向右，腿头向左平放在案上，削去腿面皮层，在胫骨节上面皮层处割成半月形。开面后将油膜割去。操作时刀面紧贴肉皮，刀口向上，慢慢割去，防硬割。修整腿皮，先在臀部修腿皮，然后将鲜腿摆正，脚朝外，腿头向内，右手拿刀，左手揉平后腿肉，随手拉起肉皮，割去肚腿皮。然后将腿调头，左手推出胫骨、坐骨（俗称之头）和血管中的淤血，鲜腿雏形即形成。

（3）腌制　修整腿坯后，即进入腌制过程。金华火腿腌制是采用干腌堆叠法。就是多次把盐硝混合料撒布在火腿上，将腿堆叠在"腿床上"，使腌料慢慢渗透，均需 30 天左右。一般腌制 5 次。

①第一次用盐（俗称出血水盐）　腌制时两手平拿鲜腿，轻放在盐笭上，腿的脚向外，在腿面上撒一层薄盐，5 千克鲜腿用盐 0.062 千克，敷盐时要均匀，第二天翻堆时腿上应有少许余盐，防止脱盐。

敷盐后堆叠时，必须层层平整，上下对齐，堆的高度应视气候而定。在正常气温下以 12～14 层为宜，堆叠方法有直角和交叉两种。直角堆叠，在撒盐时应抹腿脚，腿皮可不抹盐，交叉堆叠时，如腿脚不干燥，也可不抹盐。

②第二次用盐（又称上大盐）　鲜腿自第一次抹盐后至第二天须进行第二次抹盐。从腿床上（即竹制的堆叠架）将鲜腿轻放在盐板上，挤出血管中的淤血，并在三签头上用少许硝。然后把盐从腿头撒至腿心（腿的中心），在腿的下部凹陷处用手指轻轻抹盐。5 千克重的腿用盐 0.19 千克左右，遇天气寒冷、腿皮干燥时，应在胫关节部位稍微抹上些盐，脚与皮面不必抹盐。用盐后仍按顺序轻放堆叠。

③第三次用盐（又称复三盐）　经二次用盐后，过 6 天左右，即进行第三

次用盐，先把盐板刮干净，将腿轻轻放在板上，用手轻抹腿面和三签头余盐，根据腿的大小，观察三签头的余盐情况，同时用手指测定腿面的软硬度，以便挂盐或减盐，用盐量按 5 千克腿约用盐 0.095 千克计算。

④第四次用盐（复四盐） 又经过 7 天左右，检查三签头上是否有盐，如无盐再补一些，通常是 6 千克以下的腿可不再补盐。

⑤第五次用盐（复五盐） 与复四盐相同。主要是检查腿上盐分是否适当，盐分是否全部渗透。

经过多年时间，腌制火腿的技术总结为几句通俗的口诀："首盐上滚盐，大盐雪花飞，三盐保重复（或称之盐扣骨头），四盐扣签头，五盐保签头。"意思是：第一次用盐不宜过多，"滚"一下就行，第二次用的大盐要像雪花一样撒均匀，用盐量也最多，第三次用盐俗称补盐，是检查第二次上大盐后的不足，保证第二次重复用盐的效果，第四次用盐集中在检查火腿质量好坏的"打签"的地方，因为三个"打签"的地方肉质厚，盐分不易渗透，容易变质，第五次用盐是检查前几次用盐情况后，保证签处的用盐。

在整个腌制过程中，须按批次用标签先后顺序，每批按大、中、小三等分别排列、堆叠，便于在翻堆用盐时不至错乱、遗漏，并掌握完成日期，严防乱堆乱放。4 千克以下的小只鲜腿，从开始腌制到成熟期，须另行堆叠，不可与大、中腿混杂，用盐时避免多少不一，影响质量。上述翻堆用盐次数和间隔天数，是指在 0～10℃气温下，如温度过高过低、暴冷暴热、雷雨等情况，则应即时翻堆和掌握盐度。气温高时，可把腿摊放开，并将腿上陈盐全部刷去，重上新盐，过冷时腿上的盐不会溶化，可在工场适当加温，以保持在 0℃以上。抹盐腌腿时，要用力均匀，腿皮上切忌用盐，以防出现发白和失去光泽。每次翻堆注意轻拿轻放，堆叠应上下整齐，不可随意挪动，避免脱盐。腌制时间一般大腿 40 天、中腿 35 天、小腿约 33 天。

（4）洗晒 鲜腿腌制结束后，腿面上油腻污物及盐渣须清洗，以保持腿的清洁和腿的色、香、味。洗腿的水须洁净卫生，可在水缸（池）或小溪中清洗。在缸中洗腿时，应先注入缸容积 1/3 左右的清水，在下午 5 点左右，把准备洗晒的腿逐只平整地浸入清水中，盖上缸盖，以防缸水受冻成冰，到第二天上午 7～8 点左右即进行初步洗刷。春季洗腿应该当天浸泡，当天洗刷，即上午 6 点浸至 8～9 点钟即可初步刷洗。在小溪洗腿，要选流动溪水，溪底无泥沙处。初洗时要求不乱扔，乱抛，腿皮向上，腿和皮都必须浸没水中，不得露出水面。浸腿时间长短要根据气候情况、腿只大小、盐分多少，水温高低而定。必须顺次先洗脚爪、皮面、肉面和腿底下部。腿各个部位须洗刷干净，洗时不可使后腰肉翘起。

经初步洗刷后，刮去腿膀上的残毛和杂物，刮时不可伤皮，经刮毛后，将腿再次浸泡在清水中，仔细洗刷，然后用草绳把腿拴住吊起，挂上晒架，洗腿批次在腿签上标明，便于掌握。第一天上挂的腿，第二天复查是否合乎要求。如发现有虫害，应隔离，严防鼠害。

洗过的腿挂在晒架上，再用刀割去腿部和表面皮层上的残余细毛和油污杂质。在太阳下晒时要随时整修（即"做腿"），使腿形美观。然后在腿皮面盖上"金华火腿"和"兽医验讫"戳记。印泥由绿矾 1 分、五倍子 8 分、醋酸 24 分、水 32 分混合熬成糊状制成。盖印时要注意清楚，整齐。盖印后，初次用手捏弯脚爪，捏进臀肉，然后放在腿凳上，把脚爪做成镰刀形，并绞直脚骨（不要绞伤、绞碎腿皮骨），再捏臀肉，使腿头、腿脚压直，并用双手用力挤腿心（一手在骨上，另一手在股关骨相对紧挤）。使腿心饱满，平后腰肉。

腿经第一天晒过，在第 2～4 天晒时，应继续捏弯脚爪，挤腿心，捏腿肉，绞腿脚等。如遇阴天则挂在室内。如因此而发生黏液即揩去。严重时应重新洗晒。晒腿时应检查腿头上的脊骨是否折断。如有折断用刀削去，以防积水，影响质量。晒腿时间长短根据气候决定，一般冬季晒 5～6 天，春天晒 4～5 天，以晒至皮紧而红亮并开始出油为止。

（5）发酵　火腿经腌制、洗晒后，内部大部分水分蒸发，但肌肉深处，还没有足够干燥。因此，经过发酵过程，肌肉中的蛋白质、脂肪等发酵分解，使肉色、肉味、香气更好。

火腿入发酵场后，逐只悬挂在木架上，彼此相距 5～7 厘米。一般发酵时已入初夏，气温转热，残余水分和油脂逐渐外溢，同时肉面生长绿色霉菌，霉菌分泌酶使腿中的蛋白质、脂肪等发酵分解，从而使火腿逐渐产生香味和鲜味。因此，发酵好坏与火腿质量有密切关系。

火腿进发酵场前，应逐只检查腿的干燥程度，有无虫害和虫卵，在腿架上应按大、中、小分类悬挂。火腿发酵时间一般自上架起 2～3 个月。火腿发酵后，水分蒸发，腿身逐渐干燥，腿骨外露，须再次修整。这一过程称为发酵期修整。一般是按腿上挂的先后批次，在清明节前后逐批刷去腿上发酵霉菌，进入修整工序。

修整工序包括：修骨，修整股关骨，修平坐骨，从腿部向上割去腿皮。修整时应达到腿正直，两旁对称均匀，使腿身呈竹叶形。随后撒上白色稻壳灰，撒好后仍将腿依次上挂，继续发酵。

（6）成熟　火腿挂至七月初（夏季初伏后），根据洗晒、发酵先后批次、重量、干燥度陆续从架上取下，这叫落架，并刷去腿上的糠灰。分别按大、中、小火腿堆叠在腿床上，每堆高度不超过 15 只，腿肉向上，腿皮向下，这个过程叫堆叠，然后每隔 5～7 天左右上下翻堆，检查有无毛虫，并轮换堆叠，使腿肉和腿皮都经过向上向下堆叠过程，并利用翻堆时将火腿滴下的油涂抹在腿上，使腿保持滋润光亮。

火腿落架堆叠时，应即按规格标准分等级，使好坏分别堆垛，并且用标签标明。

金华火腿加工要经过 6～7 道工序，60～70 道手续，历时 8～10 个月。在火腿行业中通常称为"一个月的床头，五六天的日子，一百二十天的钉头，二九一八的折头"。即是说明鲜腿经盐腌制后堆叠在"腿床"上需 1 个月时间才能成熟。腌腿发酵时间从火腿整修阶段算起，要经过 120 天左右，二九一八的折头指的是二次九折，一次八折。即腌后的腿，其重量是鲜腿的九折，晒好的腿又是腌腿的九折。这样成品率占鲜腿的 64% 稍高一点（实际加工中成品率只有 64% 左右）。

金华火腿的味道淡而清香，是因为积累了八百多年的加工经验，逐步改进而形成的。用盐量严格控制在每 100 千克鲜腿用盐 7～8 千克，过多过少都会影响质量。

（二）云南宣威火腿的加工

宣威火腿又称榕峰火腿，是我国用干盐法制作火腿最成功的品种之一，至今已有近百年的历史。它是云南特产，驰名中外。宣威火腿的生产季节，是在每年农历的霜降之后，立春以前，需 18～25 天的加工过程和半年以上的保管时期，才能达到成熟阶段。其火腿形状椭圆，每只重 6～9 千克。表皮呈棕色，腿心坚实，瘦肉颜色桃红，皮薄肉嫩，味道芬芳适口。久藏的瘦肉还可生食。前腿可加工成方形火腿。

1. 配方　新鲜带骨猪前、后腿肉 100 千克，需用盐（用上等碎细甲灶盐）8～10 千克（经三次腌制，第一次用盐 2.5 千克、第二次用盐 4 千克、第三次用盐 1.5 千），硝酸钠 0.05 千克。

2. 工艺流程
原料选择→整形→腌制→上架发酵→成品

3. 操作要点
（1）原料选择　选用每只为 9 千克的新鲜猪后腿或前腿。
（2）整形　去掉多余的边角料，挤去血管里的淤血。

（3）腌制　盐板上撒盐，在腿脚面上搓擦，直至肉皮搓出盐水为止，将腿翻过继续在肉面上重搓擦，腌后将腿放在床上，颠倒堆放码齐，每堆以 20 层为宜。每隔 5 天翻腌一次，同时搓盐，每批腌制过程需 15～20 天。

（4）上架发酵　腌腿出床后，用 67 厘米长之草绳捆于腿脚两关节处，挂在仓库木架上，挂时留出距离，以便检查。库房要通风干爽，如气候渐热时即白日闭、晚上开，待腿身干后，糊好裂骨缝子，防蝇，防鼠，防日晒。

（三）如皋火腿的加工

如皋火腿又名北腿，品质优良，特点是细皮细爪，肉质红白鲜艳，肌嫩肉肥，食之油而不腻，有腊香味，与金华火腿齐名，所制火腿有气腿与实腿两种。气腿是宰猪后，经过打气刮毛，取猪后腿所制，因皮下和肌肉的夹层中含有许多空气，腌制后肉皮之间常有分离现象，所以不宜久存。实腿，是宰猪后不打气刮毛，取后腿所制，因此该品皮肉之间没有空气，彼此紧贴，肉质平实，质量好，可以久存不变。

火腿是季节性食品，每年只有从农历 11 月至来年 2 月中旬加工。根据腌制时间，如皋火腿又分为两类：一类是农历 11～12 月天气寒冷时腌制，谓之冬腿，其肉质齐整，天冷时滴油少，不易发哈。另一类是 1～2 月春暖时腌制，谓之春腿，其肉质浮松，天热时易滴油易发哈。因此，民间多在 11～12 月制作。

1. 配料　新鲜猪后腿肉 100 千克，食用盐 17.5 千克（分四次用，第一次 3 千克，第二次 7 千克，第三次 6 千克，第四次 1.5 千克），硝酸钠 0.05 千克。

2. 工艺流程
原料选择→整型腌制→洗晒→晾挂→发酵→成品

3. 操作要点

（1）原料选择　选择经兽医检验合格的猪腿为原料。

（2）整型腌制　将后腿割下，修成琵琶形腿坯，接着把腿批放在盐台上用盐擦皮，抹去腿内血管中的余血，再去脚尖（俗称油头）。两边刀口亦擦上盐，前后用盐共 4 次，第一次用盐不宜过多，每 100 千克腿坯用盐 3 千克，主要是拔出血水，谓之上"小盐"。上盐后堆成方缸（即肉堆），次日上盐时复挤血管余血，这次上盐较多，谓之上"大盐"，每百千克腿坯用盐 7 千克，并在主要的 3 个骨节眼上点硝，使盐容易钻进，每层腿上放竹片 4 根（小竹子劈成 4 开，俗称缸篓，主要能使堆正不倒）。第三次用盐 6 千克，同时翻缸（即将放在底层的腿翻到上面来）。第 22 天进行第四次用盐，每 100 千克腿肉用盐 0.75 千克，用盐后就不需要堆成整齐的方缸了，可以堆成散堆（不用缸篾谓之折缸）。如此堆放 6～7 天再翻一次，将腿面的盐弄匀，如有脱盐现象，须酌量补上，以防止发黄脂，到第 34～40 天就可洗晒。

（3）洗晒 先将火腿放入水池，用硬篾把刷洗，洗好后换水洗第二次，要精洗，刮皮，刮毛，洗净后放于水池内暂不放水，到下午 4 点钟上满清水，必须使腿全部浸入水中，不可露面，泡 15～16 小时，到次晨 7 点钟再换清水洗刷，以先泡的先洗，后泡的后洗为序，洗完在脚爪上扣麻绳上架，两只一扣，随即用刮刀刮净皮面，同时在皮面上抹去水滴，这样腿就易干，肉里的咸质就不外溢，不起盐霜。次日将脚爪掰弯成佛手式，晒 6～7 个晴天。到腿尖翘起，即表示外部已干，然后卸架、打堆、压平，次日修剪削平，再上晒架，争取当日进仓上架，但不能堆得太紧，因内部尚未全干，否则就要发热。

（4）晾挂 火腿先晒入仓后，并未全干，因而没有香味，必须经过一段长时间的晾挂，使火腿逐渐干燥，这时就自然转香，如进仓时即行煮食其味与咸肉一样，显不出它的特点，火腿进仓晾挂时，须将肉面朝窗，皮面朝里，必须掌握天气使仓库内通风透气，白天开窗，傍晚关窗，保持干燥，如遇回潮天气就关闭窗户。

（5）发酵 待火腿干透后，掌握在梅雨季节前将菜油调均匀后涂在肉面上（皮面不涂），每只用 0.4～0.5 千克，上油的作用是防止虫蛀发枯，保持油脂和质量不变，油上好后，门窗要紧闭，在炎夏气温到 30℃ 以上时，到晚上就要开窗透晾，挂到重阳节前就要下架叠堆，叠堆的作用是因为火腿久挂，内部已相当干燥，油脂容易外溢，经过这样一压就使油脂复回腿内，肉面软嫩，叠堆时地面用芦席垫好，放在下面的一层肉面朝上，第二层以上肉面朝下。一排竖一排横，如此堆 1 个月，再翻堆一次，直至出货。

（四）威宁火腿的加工

威宁火腿是贵州名产之一，质量上乘，其特点是：皮薄骨轻，瘦肉呈紫红色，肥肉呈淡黄色，味香，形如琵琶，威宁火腿分为陈腿、新腿两种。陈腿是经过 1 年以上的贮存，新腿是当年加工的成品，二者以陈腿质量为最佳。每年 10 月至翌年 3 月，为该品加工季节，旺季为农历 11 月之后、翌年正月以前，这时加工出的火腿，能贮存数年不变质，味道鲜美。

1. 配方 新鲜猪后腿肉 100 千克，食用盐 8 千克，D-异抗坏血酸钠 0.15

千克，硝酸钠 0.05 千克。

2. 工艺流程

原料选择→修整造型→腌制→压腿→烘烤→储存保管

3. 操作要点

（1）原料选择　选择经兽医宰前检疫、宰后检疫的合格猪后腿为原料。

（2）修整造型　将后腿肉用刀修成椭圆形。

（3）腌制　腌制时将盐及硝碾细拌匀（盐用火炒热），用双手尽力擦皮肉，使表面出汗，擦不完的盐留到入缸时添加。盐擦好的即将猪腿放入木桶内，将擦用剩余的盐一层一层撒在肉上，腌至 4 天后翻缸，将上层翻入下层，下层翻到上面，再继续腌制 8 天时间方能出缸。

（4）压腿　出缸后，将猪腿（5 个一起）铺平堆放于木板上，上面再用一块木板，压上石块，视猪腿压平、盐血水均流净后，即可入炕烘烤。

（5）烘烤　当地习俗是用柏枝叶、谷糠、木屑等燃料生暗火取烟熏烤，约 4～8 天方能出炕，现已改用日晒或晾干法加工。

（6）储藏保管　火腿出炕后，须置于空气流通的房内，不能再淋雨和日晒，用竹竿悬挂，储藏数年不变质。

（五）风香圆腿的加工

风香圆腿简称圆火腿，它是选用猪前腿肉加工而成。特点：外形圆，无骨，带皮，皮表面不得带毛，皮里膘油修净，膘肉均匀，精肉呈红色，肉筋呈透明、微深色，咸淡适中，香味浓郁，味美可口。

1. 配方　鲜猪前腿去骨带皮肉 100 千克，食用盐 8 千克，花椒 0.25 千克，亚硝酸钠 0.015 千克。

2. 工艺流程

原料选择→分割整型→腌制→清洗→挂吹发酵→成品

3. 操作要点

（1）原料选择　选用经兽医检验合格的猪白条肉。

（2）分割整型　分割加工，取下前腿，除去前爪，将腿皮边缘修整成圆腿生坯。

（3）腌制　把生坯送至高温库中（温度 0～4℃），用粗盐同花椒一起在锅中稍炒，有花椒香味时离火进行冷却。用不锈钢网去除花椒颗粒，否则腌肉时，黏在肉上，影响外形的美观，在盐中放入亚硝酸钠搅拌，在生坯外表揉擦（每 100 千克生坯用粗盐 6 千克及亚硝酸钠 0.015 千克），再将生坯摊开搁置约

24 小时，第二天将生坯放入 15 波美度的湿腌料中浸泡，每隔一天须将生坯从底下翻上，卤汁还原到缸中，这样反复 3～4 次，使盐卤充分渗透每块生坯，腌制 7 天后待生坯里面的肉色全部红透，即可取出。

（4）清洗　用 40℃的温清水，清洗外表的盐污。然后第二次刮洗表皮杂质，进行整理，去膘和部分边缘肉，准备扎腿。

（5）挂吹发酵　将生坯卷成长圆形，用纱绳扎紧，放在通风干燥处吹晒、发酵而成。

（六）维扬火腿

维扬火腿是季节性产品，也是选用细皮细爪的猪腿加工而成。具有肉质红白鲜艳，肌嫩肉肥，食之油而不腻，具有特殊的腊香味，便于长期保存。

1. 配方　鲜猪后腿肉 100 千克，食用盐 8.5 千克，硝酸钠 0.025 千克，亚硝酸钠 0.01 千克。

2. 工艺流程

原料选择 →分割整理→腌制发酵→泡水刮洗→晒挂→成品

3. 操作要点

（1）原料选择　选择经兽医宰前检疫、宰后检验合格的猪后腿为原料。

（2）分割整理　按规定的琵琶形状进行修整，去除部分边角料，挤去血管中残存的血液，再除去脚尖（俗称油头）。

（3）腌制发酵　两边刀口按上盐，前后用盐共 4 次，第一次用盐 1.5 千克，主要是拔出血水，谓之上"小盐"，上盐后堆成方缸。次日上盐时挤血管余血，这次上盐较多，谓之上"大盐"，用量为 3.5 千克，并在主要的三个关节眼上点硝，目的是使盐容易钻进，用硝的量和用盐量按比例计算。上好盐后堆成长方形的堆子，每层腿上放竹片 4 根。第三次用盐 3 千克，同时翻缸，到第 22 天进行第四次上盐，用量 0.25 千克，再等 6～7 天翻缸一次，将表面盐弄均匀，到 34～40 天就可以洗晒。

（4）泡水刮洗　用硬竹刷清洗，换几次清水，洗完后在脚爪上扣绳上晒架，两只一扣，次日将脚爪弯成佛手式，晒 5～7 个晴天，然后下架、打堆、压平，次日修剪削平，再上晒架吹干。

（5）晾挂　火腿逐渐干燥，一般晾挂于干燥通风处，肉面朝窗，待干透后，在梅雨季节前涂上菜油（皮面不涂）。每只用 0.2～0.4 千克，叠堆，地面用芦苇垫好平放整齐，肉面朝上，一排竖，一排横，1 个月后再翻堆一次，直至出货。运输在常温条件下即可。一般贮存在通风干燥处。

(七) 四川火腿

本产品是采用鲜腿加工而成。造型和工艺有所不同，别具一格，深受消费者的欢迎。

1. 配方　鲜猪后腿肉 100 千克，食用盐 13.5 千克，硝酸钠 0.05 千克。

2. 工艺流程

原料选择→修整→腌制→洗晒→风干→成品

3. 操作要点

(1) 原料选择　选择经兽医宰前检疫、宰后检验合格的猪后腿为原料。

(2) 修整　将宰后剖开的猪割下后腿，去掉金钱骨，并将腿尖上脊骨平劈去一半，另一半留在腿上，凸骨完全劈开。然后将金钱骨处大动脉管内余血挤出，以免余血在腌制中发臭，影响品质。劈骨时不得伤及腿肉和股骨，再将四周肉皮及过多的肥肉修去，成为竹叶头形，使腿样美观整齐。但修形时应注意，四周必须修整齐，边缘肥肉宽，皮面及四周均不得有损伤，加工的鲜猪腿不得打气，以保证品质良好，易于储藏。

(3) 腌制　将修整好的腿皮面向上，平放板上，撒上盐，以小木块用力搓擦，其方法与排血擦盐相同。然后再将腿翻转，肉面向上，在关节部位各加硝酸钠少许，另再用一半硝酸钠 (100 千克鲜猪腿约 0.005 千克) 放在盐内，一并平铺腿上，连同皮上擦盐 (100 千克鲜肉用盐 8 千克)，盐上好后，即上板叠码。叠放时，须一层腿一层竹块，竹块放置腿尖两端及中央，每层 4 块，叠放 10 层为堆，经过 7 天以后，进行翻堆，100 千克鲜腿再加盐 4 千克，内加硝酸钠 0.005 千克，仍然一层肉一层竹块堆码 15 天后，再翻堆一次，每 100 千克腿再加盐 2 千克，经过 20 天后即可腌熟。将全部黏附的盐巴拍下，进行洗晒。

(4) 洗晒　先将腿上油腻用水刷洗洁净，用铁刮子用力刷洗清洁，使以后腿上不至于有盐质流出和出现盐霜，然后用清水漂洗一次。在脚端处套上麻绳，随洗随挂，挂时腿不要相互接触，并将腿上黏附的水刷去。

(5) 风干　在通风处吹干，时间约 10 天，但洗腿时必须天气晴朗。如天气不好，洗后不能挂出通风，极易变质。挂在室内时，如遇梅雨天，必须将门窗关好，以免潮气侵袭影响品质。如遇天气晴朗，应将全部门窗打开，以调节室内空气。如火腿上发现黄霉或白霉，均属好的象征。如发现黑霉，均为不利品质，应该刮去，并刷上油脚，经过 10 天以后，再进行二次修整，使腿样美观。修整后在挂在室外暴晒，以晒至表皮黄亮出油为准，太阳光照强晒3天，否则晒6～7天。如太阳光光照过强，可用席遮盖，晚上也应用篷布盖好，不得受雨受潮。晒后仍移挂室内，半月后再取出重晒一次，以后即挂在室内通风处，以免去油，室内应干燥保持几个月。

二、西式火腿加工

西式火腿一般由猪肉加工而成，与我国传统火腿的形状、加工工艺、风味等有很大不同，除带骨火腿为半成品，在食用前需热制外，其他都是可以直接食用的熟制品。

（一）带骨火腿

带骨火腿是将猪前、后腿肉经盐腌后加以烟熏，以增加其保存期，同时赋以香味而制成的半成品，可以加热或蒸食，美味可口。带骨火腿有长形火腿和短形火腿两种。带骨火腿生产周期较长，成品较大，且为半成品，生产不易机械化，生产量及需求量较少。

1. 主要原辅料　新鲜猪后腿肉、食用盐、硝酸钠、亚硝酸钠、白砂糖、胡椒粉及调味料。

2. 工艺流程

选料→整形→去血→腌制→浸水→干燥→烟熏→冷却→包装→成品

3. 操作要点

（1）原料选择　长形火腿是自腰椎骨1～2节起，将后大腿切下，并自小腿处切断，短形火腿则自三骨中间并包括骨的一部分切开，并自小腿上端切断。

（2）整形　除去多余脂肪，修平切口使其整齐丰满。

（3）去血　是指在盐腌之前先加适量食盐、硝酸盐，利用其渗透作用进行脱水，以除去肌肉中的血水，从而改善色泽和风味，增加防腐性。取肉量3%～5%的食盐与0.2%～0.3%的硝酸盐，混合均匀，涂布在肉的表面，堆叠在倾斜的槽中，上部加压，在2～4℃下放置1～3天，使其排尽血水。

（4）腌制　腌制有干腌、湿腌和盐水注射法三种。

①干腌法　在肉块表面擦以食盐、硝酸钾、亚硝酸钠、蔗糖等的混合腌料，利用肉中含50%～80%的水分使混合盐溶解而发挥作用。按原料肉重量计算，一般用食盐3%～6%，硝酸钾0.02%～0.025%，亚硝酸钠0.007 5%，

砂糖 1%～3%，调味料 0.3%～1%。调味料常用的有月桂叶、胡椒等。盐糖之间的比例不仅影响成品风味，而且对质地、嫩度都有显著影响。

腌制时将腌制混合料分 1～3 次涂擦于肉上，堆 3～5 天倒垛一次。腌制时间随肉块大小和腌制温度及配料比例不同而异。小型火腿 5～7 千克，5 千克以上较大火腿需 20 天左右，10 千克以上需 40 天左右，腌制温度较低、用盐量较少时可适当延长腌制时间。

②湿腌法 腌制液的配置对风味、质地等影响很大，特别是食盐和砂糖比例随消费嗜好不同而异，故对不同风味的腌制液配比有很高的要求（表 6-1）。

表 6-1 腌制液的配比

单位：千克

辅料	甜味式	咸味式	注射
水	100	100	100
食盐	20	21～25	10
亚硝酸钠	0.015	0.015	0.015
砂糖	5～8	0.5～1.0	2.5
香料	0.1～0.3	0.1～0.3	0.1～0.3

为了提高肉的保水性，腌制液中可加入 0.3%～0.4% 的复合磷酸盐，还可以加入约 0.2% 的 D-异抗坏血酸钠以改善成品色泽。有时为制作上等制品，在腌制时可适量加入葡萄酒、白兰地、威士忌等。腌制方法：将洗净的去血肉块堆叠于腌制槽中，并将预冷至 2～3℃ 的腌制液按肉重的 1/2 量加入，使肉全部浸泡在腌制液中，然后在腌制库中（2～3℃）腌制，需 8～12 小时翻一次，检查有无异味，保证腌制均匀。

③注射法 是用专用的盐水注射器把已配好的腌制液通过针头注射到肉中而进行腌制的方法。注射带骨肉时，在针头装有弹簧控制。有滚揉机时，腌制时间可缩短至 12～24 小时。这种腌制方法不仅能大大缩短腌制时间，且可通过注射前后称重严格控制盐水注射量，保证产品质量的稳定性。

（5）浸水 用干腌法或湿腌法腌制的肉块，其表面与内部食盐浓度不一样，需浸入 10 倍的 5～10℃ 的清水中浸泡以调整盐度，浸泡时间随水温、盐度及肉块大小而异，一般肉浸泡 1～2 小时，若是流水则数十分钟即可。浸泡时间过短，咸味重且成品有盐结晶析出；浸泡时间过长，则成品质量下降，且易腐败变质。采用注射法腌制的肉无需经浸水处理。因此，现在大生产中多用盐水注射法腌肉。

（6）干燥 干燥的目的是使肉块表面形成多孔以利于烟熏，经浸水去盐后的原料肉，悬吊于烟熏室中，在 30℃ 温度下保持 2～4 小时至表面呈红褐色，且有收缩时为宜。

（7）烟熏 带骨火腿一般用冷熏法。烟熏时温度保持在 30～33℃，时间1～2个昼夜，至表面呈淡褐色时则芳香味最好。烟熏过度则色泽变暗，品质变差。

（8）冷却、包装 烟熏结束后，自烟熏室取出，冷却至室温后，转入冷库冷却至中心温度 5℃ 左右，擦净表面后，用塑料薄膜或玻璃纸等包装后即可入库，上等成品要求外观匀称、厚薄适度、表面光滑、断面色泽均匀、肉质纹路较细、具有特殊的芳香味。

（二）去骨火腿

本产品是用猪后腿经整形、腌制、去骨、包扎成型后，再经烟熏，水煮而成。因此，去骨火腿是熟制品，具有肉质鲜嫩的特点，但保藏期较短。近来加工去骨火腿较多，在加工时，去骨一般是在浸水后进行。去骨后，以前常连制成圆筒形，而现在多除去皮及较厚的脂肪，卷成圆柱形，故又称为去骨卷火腿。也有置于方形容器成型，因一般都经水煮，故又称其为去骨熟火腿。

1. 配方 新鲜猪后腿肉 100 千克，食用盐 3.5 千克，腌制液 2.6 千克，砂糖 1.5 千克，香精 0.7 千克，大豆分离蛋白粉 0.6 千克，味精 0.4 千克，复合磷酸盐 0.5 千克，D-异抗坏血酸钠 0.15 千克，红曲红 0.02 千克，亚硝酸钠 0.015 千克。

2. 工艺流程

选料→整形→腌制→浸水→去骨、整形→卷扎→干燥→烟熏→水煮→冷却→包装。

3. 操作要点

（1）原料整形 与带骨火腿相同，去除软骨和硬骨等边角碎肉。

（2）腌制 与带骨火腿比较，食用盐量稍减，砂糖用量稍增加为宜。

（3）浸水 与带骨火腿相同。

（4）去骨、整形 去除两个腰椎，拔出髋骨，将刀捅入大腿骨上下两侧，割成隧道状去除大腿骨及膝盖骨后，卷成圆筒形，修去多余脂肪和瘦肉，去骨时应尽量减少对肉组织的损伤。有时去骨在去血前进行，可缩短腌制时间，但肉的结着力较差。

（5）卷扎 用棉布将整形后的肉块卷紧，包裹成圆筒状后用绳扎紧，但大型的原料一定要扎成枕状，有时也用模型进行整形压紧。

（6）干燥 烟熏温度为 30～50℃，时间随火腿大小而异，约为 10～24 小时。

（7）水煮 目的是杀菌和熟化，赋予产品适宜的硬度和弹性。同时减缓浓烈的烟熏味。水煮以火腿中心温度达到 62～65℃ 保持 30 分钟为宜。若温度超过 75℃，则肉中脂肪大量融化，常导致成品质量下降。一般大型火腿煮 5～6 小时，小型火腿煮 2～3 小时。

（8）冷却、包装、贮藏 水煮后加整形，快速冷却后除去包裹棉布，用塑料膜包装，在 0～1℃ 的低温下贮藏。

（三）方腿

本产品呈长方形，肉呈粉红色，色泽鲜艳，富有弹性，切片成型，不松不散，咸淡适口，味鲜可口，吃后有回味，老幼皆宜，是人们喜欢的快餐方便食品。

1. 配方 猪瘦肉 100 千克，食用盐 3 千克，淀粉 1.5 千克，大豆分离蛋白粉 1.5 千克，白砂糖 0.5～1 千克，味精 0.25 千克，白胡椒粉 0.2 千克，丁香 0.1 千克，复合磷酸钠 0.3 千克，D-异抗坏血酸钠 0.1 千克，亚硝酸钠 0.015 千克。

2. 工艺流程

原料选择→修整→泵注盐水→滚揉腌制→填充成型→蒸煮（灭菌）→冷却→脱模→包装成品

3. 操作要点

（1）原料选择 要求很严，首先对原料去筋腱、肥膘（既不吸收盐水，同时使得切片不佳）。原料肉的保水性能要高，它直接影响到产品的嫩度和成品率。热鲜肉：这种肉是屠宰 2 小时以内成熟的猪体。它的持水性能最佳。冷却肉：到成熟阶段，肌肉的保水性能有所提高，所以要选择成熟阶段的冷却肉。冷冻肉：应选择快速冷冻的肉（水结晶在肌肉形成的颗粒少，分布匀，对肉的持水性能影响不大）。肌肉部位，一般选用前腿、后腿和背部等三个部位的肌肉，而这三种又以后腿肉为最佳。原料肉的温度最好为 6～7℃（过高则细菌繁殖，过低则肌肉板结），pH 最好 5.8～6.2，低于 5.8 则为 PSE 肉，高于 6.2 则细菌繁殖快。

（2）修整 原料进行去筋腱，肥膘。

（3）泵注盐水 盐水的配置：要求在注射前 24 小时配置好，放于 2～7℃ 的冷却间，在设备正常的情况下，要调节好盐水的压力和注射的速度。注射前要称重肉块，每一批量至少抽样称重 3 次，以得出正确的注射量，注射后仍要称重，以防误差太大。

（4）滚揉腌制　滚揉是为了提高出品率，可加适当的盐水，但一般不得大于 1％，不同的注射量、不同的原料有不同的滚揉时间，一般需要 16～20 小时（先 30 分钟，间歇 30 分钟，再 30 分钟，这样重复进行），需要低温进行，一般室温控制在 3～5℃ 为宜。用真空滚揉机，肉温不得高于 10℃，以 6℃ 为佳。

（5）充填成型　将滚揉充分的肉充填到长方形的不锈钢罐内，经压紧，煮成型。

（6）蒸煮（灭菌）　方腿一般采用巴氏灭菌法。方法：当水温升至 58℃ 时放入产品，约 45 分钟，水温升至 75℃，保持一段时间，直至产品的中心温度达到 68℃ 时，然后维持 20 分钟，即可取出。

（7）冷却　成品从蒸煮桶内取出放入冷却桶，冷却水最好为循环水，这样可以保持水温一致，一般当肉的中心温度达到 72℃ 即可取出。

（8）脱模　置于 2～4℃ 的冷却间内 2～4 小时，才能脱模。冷却的时间一般为煮制时间的 80％，依据各地风味不同，有时采取烟熏。

（9）包装　一般采用热收缩塑料膜、整块、切片、定量都可以。另外，使用真空包装效果更佳。这样可以防止空气中的细菌污染，可延缓成品的氧化、卫生，从而达到延长商品的货架期。各加工间的温度要求最好能达到：原料修整间 8～12℃，成品包装间（冷却间）2～4℃，这样才能达到最高的出品率和好的产品质量、最小的蛋白质损失和最小的蒸煮损失。

（四）肉糜火腿

本产品是按一定比例选料，腌制，煮熟而成，分别与盐水火腿和熏制火腿相似，但其内部结构、配方、风味都不同，选料要求和生产工艺也有一定的差别。

1. 配方　新鲜猪精肉 60 千克，五花肉 40 千克，食用盐 8 千克，玉米淀粉 8 千克，大豆分离蛋白粉 8 千克，白砂糖 5 千克，味精 2 千克，胡椒粉 0.25 千克，卡拉胶 1 千克，复合磷酸盐 0.6 千克，猪肉香精 0.1 千克，红曲红 0.025 千克，亚硝酸钠 0.015 千克。

2. 工艺流程
选料→修整→腌制斩拌→压模→蒸煮→冷却脱模→包装
3. 操作要点

（1）选料　选择经兽医宰前检疫、宰后检验合格的猪肉为原料。

（2）修整　去皮、去骨、肌腱、血伤、淋巴结等，前腿、后腿、五花肉（肋条肉）肥瘦分开，要求在净瘦肉中含膘≤40%，肥肉、瘦肉比例为1:1。

（3）腌制斩拌　经过修割整理的并已切成长条或小块的坯料，采用干腌法腌制，放入混合盐2.5%～3%，在搅拌机中搅拌后送入腌制室。腌制时肥瘦分开进行，温度为0～4℃，时间48～72小时（混合盐的配制方法：精盐98千克，白砂糖1.5千克，亚硝酸钠0.25千克，肥瘦比例为40:60或50:50）。将瘦肉倒入斩拌机中，斩拌转盘开慢一档，加入冰屑、淀粉及调味料，约斩拌3分钟左右，使之有弹性，无肉粒存在时即可出料（肥、瘦单独斩拌或粗绞）。另一种方法是用盐量约占原料3%，冷藏腌制一天后，进行绞碎处理。用直径为0.3厘米和0.7厘米两种不同孔的筛板来控制其绞碎程度，并继续冷藏腌制24～48小时，前后约需时间48～72小时。把瘦肉和肥肉糜先置于搅拌机（真空）内1分钟，再加入混合辅料（预先用水溶解好的淀粉、大豆分离蛋白粉、味精、白砂糖等），继续搅拌8～15分钟。本工序要求做到：一是看肥、瘦肉糜和辅料是否均匀，二是看肉馅的黏度和弹性是否好，达到上述要求即可以停机出料。

（4）压模　经过斩拌或绞碎的肉糜，应迅速装进模型，不宜在常温下久放，否则蛋白质的黏度会降低，影响肉的黏着力，装模前首先进行定量过秤，每只肉坯约2.5～3千克，定量的标准是从装模后肉面低于模口约1厘米为原则调节定量，然后把肉糜装入塑料袋里，在袋的下部（有肉的部分），用细针扎眼，以排除空气，然后连袋一起装入预先填好衬布的模子里，并把高出模口的塑料袋平盖在肉上面，再把衬布多余部分覆盖上去，加上盖子压紧。

（5）蒸煮　把模具放进水锅中，温度升至72～74℃，关小蒸汽，保持此温度3～3.5小时，对肉进行测温，待肉的中心温度达到68℃即可出锅整型。

（6）冷却出模　经过整型的模型后迅速放入冷水中冷却12～15小时，这样使肉糜火腿中心温度凉透，即可以出模、包装销售或冷藏保存。

（五）美味火腿

美味火腿又称挤压火腿，由小块肉经腌制、搅拌、灌装、水煮而成的整块及肉糜型两种制品。采用的原料廉价，具有独特的风味。

1. 配方　猪前后腿肉60千克，五花肉40千克，淀粉10千克，食用盐1.5千克，砂糖1千克，味精0.5千克，60度曲酒0.3千克，胡椒粉0.3千克，肉豆蔻0.2千克，五香粉0.15千克，卡拉胶3千克，红曲红粉0.1千克，亚硝酸钠 0.02 千克。

2. 工艺流程

选择整理→绞碎、腌制→配料→填充、扎结→压模→蒸煮、杀菌→冷却→成品

3. 操作要点

（1）选择整理　原料肉应新鲜，去除皮、骨、腱、筋膜和淤血后切成 4 厘米³ 的小块。

（2）绞碎腌制　绞肉时应按要求安装好绞肉机板眼，将处理后的精肉倒入绞肉机，用 3 毫米孔板将肉绞碎，下膘及脊腰同样用 3 毫米孔板绞碎。采用盐水注射方式或普通腌制，将混合盐拌入肉块中，腌制温度 2℃左右，时间为 2 天左右。此外，也可以用滚揉机处理，加速和提高腌制的效果。

（3）配料　根据配方和产品的不同要求进行配料，把原料肉和辅料放入真空搅拌机中搅拌均匀。

（4）填充、扎结　用真空灌肠机把拌好的料填充到聚氯乙烯纤维肠衣中，松紧一致。肠衣直径 80 毫米，切割长度 220 毫米，另注意好真空是否正常，卡扣是否紧密，剪去多余肠衣头，并用清水洗去肠衣卡扣隐藏肉糜，每根定量标准为 0.283～0.288 千克。

（5）压模　将肠体平整放入模具中，注意两头卡在模具两头中间部分，以防压模不平整。

（6）蒸煮、杀菌　灌装结束后，必须在 1 小时内进行蒸煮，若不能及时蒸煮，需放于 0～4℃冷库中储藏，但不能超过 4 小时。蒸煮时将模具置于杀菌缸中，蒸煮杀菌，水温保持在 85℃，保温 70 分钟。待产品中心温度达到 63℃时，至少还要加热 15 分钟，即可出料。

（7）冷却　冷却时在杀菌缸中喷入 20～25℃冷却水，冷却至产品中心温度在 35℃以下。

（8）成品　将产品从模具中脱出，拭干表面水分，及时贴不干胶标签，产品全部冷透时就难以粘牢。将贴好商标的产品装箱后，及时移交成品库。

第三节　调理猪肉制品的加工

调理肉制品是预制肉制品中的一种，是更为快捷方便的一种食品，是由生肉经清洗、整理、分切、搅拌、调味保鲜或冷冻等工序，根据各种产品的定型，加入各项辅料及食品添加剂精制而成。

随着人们日常生活水平的提高和生活节奏的加快，调理肉制品更能符合大众的需求。因该类产品操作方便，另加部分蔬菜之类配料，经热加工后，色泽鲜艳、口味鲜美、荤素搭配，节工节时，既有营养，又实惠，是种理想的方便食品。

一、三色猪肉串

选用猪通脊肉（分割 3 号肉）为原料，经切块、搅拌、腌制、浸渍等工序制成，特点是三种选料搭配均匀、美观大方、香酥鲜嫩、油而不腻、回味浓郁。

（一）配方

猪通脊肉（分割 3 号肉）100 千克，蔬菜 10 千克，白砂糖 4 千克，食用盐 2.5 千克，玉米淀粉 2.5 千克，大豆分离蛋白 2 千克，马铃薯淀粉 1 千克，酱油 1 千克，白酒 0.5 千克，鲜姜汁 0.5 千克，味精 0.5 千克，双乙酸钠 0.3 千克，复合磷酸盐 0.3 千克，D-异抗坏血酸钠 0.15 千克，辣椒红 0.01 千克，红曲黄 0.01 千克，脱氢乙酸钠 0.05 千克。

（二）工艺流程

原辅料验收→原辅料贮存→原料肉解冻→清洗分切→配料搅拌→腌制→成型→称重包装→检验→成品入库及贮存

（三）加工技术

1. 原辅料验收　选择产品质量稳定的供应商，对新的供应商进行原料安全评价，向供应商索取每批原料的检疫证明、有效的生产许可证和检验合格证，对原料肉、白砂糖、食用盐、白酒、味精等原辅料及包装材料进行验收。

2. 原辅料的贮存　原料肉在 −18℃贮存条件下贮存，辅助材料在干燥、避光、常温条件下贮存。

3. 原料肉解冻　原料肉在常温条件下解冻，解冻后在 22℃下存放不超过 2 小时。

4. 清洗分切　除去明显脂肪和筋膜等杂质，将原料肉送入切丁机切成 3 厘米见方的肉丁，蔬菜同时切丁状备用。

5. 配料搅拌　按原料肉 100％计算所生产品种的各自不同红色和黄色的配

方配料，用天平和电子秤配制各种调味料及食品添加剂，严格按配方配料混合均匀后，将原料、配料和 20 千克水放入搅拌机中搅拌 2～3 分钟。

6. 腌制 搅拌后的原料分别倒入不锈钢周转箱中腌制 15 小时左右。

7. 成型 用不同规格的竹扦，一块红色肉丁，一块黄色肉丁，一块蔬菜，联串一起。

8. 称重包装 按不同包装规格的要求，准确计量称重，整齐排列在塑料袋或盒中，进行包装封口。

9. 检验 按国家有关标准的要求进行检验，合格后方可出厂。

10. 产品入库及贮存 经检验合格的产品，装入彩袋或贴不干胶，封口打印生产日期，放入专用纸箱，标明名称、规格、重量等。包装好的产品及时放入不高于−23℃速冻库中存放 8 小时，再转入−18℃冷冻库中存放，保质期 6 个月。运输车辆必须进行消毒和配备冷藏设施。

二、醇香猪精片

选用经兽医宰前检疫、宰后检验合格的 3 号肉或 4 号分割肉为原料，经切片、搅拌、腌制等工序制成，具有色泽红润、鲜香味浓、食用方便等特点。

（一）配方

鲜冻猪分割 3 号肉或 4 号肉（通脊肌肉或后腿肌肉）100 千克，白砂糖 3 千克，玉米淀粉 3 千克，食用盐 2.5 千克，大豆分离蛋白 2 千克，味精 1 千克，白酒 0.5 千克，鲜姜汁 0.5 千克，木糖醇 2 千克，双乙酸钠 0.3 千克，复合磷酸盐 0.3 千克，D-异抗坏血酸钠 0.15 千克，乳酸链球菌素 0.05 千克，辣椒红 0.01 千克。

（二）工艺流程

原辅料验收→原辅料贮存→原料肉解冻→清洗分切→配料搅拌→腌制→称重包装→检验→成品入库及贮存

（三）加工技术

1. 原辅料验收 选择产品质量稳定的供应商，对新的供应商进行原料安全评价，向供应商索取每批原料的检疫证明、有效的生产许可证和检验合格证，对原料肉、白砂糖、食用盐、白酒、味精等原辅料进行验收。

2. 原辅料的贮存　原料肉在-18℃贮存条件下贮存，贮存期不超过6个月。辅助材料在干燥、避光、常温条件下贮存。

3. 原料肉解冻　原料肉在常温条件下解冻，解冻后在22℃下存放不超过2小时。

4. 清洗分切　去除明显脂肪和筋膜等杂质，将原料肉送入切丁机切成长度为3厘米、宽度为2厘米的长方形肉丁备用。

5. 配料搅拌　按原料肉100%计算所生产品种的各自不同的配方配料，用天平和电子秤配制各种调味料及食品添加剂，严格按配方配料，混合均匀后，将原料、配料和20千克水放入搅拌机中搅拌2～3分钟。

6. 腌制　搅拌后的原料分别倒入不锈钢周转箱中腌制15小时左右。

7. 称重包装　按不同包装规格的要求，准确计量称重，整齐排列在塑料袋或盒中，进行包装封口。

8. 检验　按产品标准的要求进行感官和理化检验，合格后方可出厂。

9. 产品入库及贮存　经检验合格的产品，装入彩袋或贴不干胶，封口打印生产日期，放入专用纸箱，标明名称、规格、重量等。包装好的产品及时放入不高于-23℃速冻库中存放8小时，再转入-18℃冷冻库中存放，保质期6个月。运输车辆必须进行消毒和配备冷藏设施。

三、鲜嫩猪里脊

选用宰前检疫、宰后检验合格的猪分割3号肉（通脊肌）为原料，经整理分切、搅拌、腌制等工序制成。产品色泽红润、有光泽、具有猪里脊固有的香味。

（一）配方

猪通脊肌肉（分割3号肉）100千克，白砂糖3千克，食用盐2.5千克，玉米淀粉2千克，马铃薯淀粉2千克，大豆分离蛋白1千克，味精1千克，白酒0.5千克，鲜姜汁0.5千克，木糖醇2千克，双乙酸钠0.3千克，复合磷酸盐0.3千克，D-异抗坏血酸钠0.15千克，脱氢乙酸钠0.05千克，辣椒红0.01千克。

（二）工艺流程

原辅材料验收→原辅料贮存→原料肉解冻→清洗分切→配料搅拌→腌制→

称重包装→检验→成品入库及贮存

（三）加工技术

1. 原辅料验收　选择产品质量稳定的供应商，对新的供应商进行原料安全评价，向供应商索取每批原料的检疫证明、有效的生产许可证和检验合格证，对肉、白砂糖、食用盐、白酒、味精等原辅料进行验收。

2. 原辅料的贮存　原料肉在−18℃贮存条件下贮存，辅料在干燥、避光、常温条件下贮存。

3. 原料肉解冻　原料肉在常温条件下解冻，解冻后在22℃下存放不超过2小时。

4. 清洗分切　去除明显脂肪和筋膜等杂质，将原料肉送入切丁机切成3厘米见方的肉丁备用。

5. 配料搅拌　按原料肉100%计算所生产品种的各自不同的配方配料，用天平和电子秤配制各种调味料及食品添加剂，严格按配方配料，混合均匀后，将原料、配料和20千克水放入搅拌机中搅拌2～3分钟。

6. 腌制　搅拌后的原料分别倒入不锈钢周转箱中腌制15小时左右。

7. 称重包装　按不同包装规格的要求，准确计量称重，整齐排列在塑料袋或盒中，进行包装封口。

8. 检验　按国家有关标准的要求进行感官和理化检验，合格后方可出厂。

9. 产品入库及贮存　经检验合格的产品，装入彩袋或贴不干胶，封口打印生产日期，放入专用纸箱，标明名称、规格、重量等。包装好的产品及时放入不高于−23℃速冻库中存放8小时，再转入−18℃冷冻库中存放，保质期6个月。运输车辆必须进行消毒和配备冷藏设施。

四、香酥猪仔骨

选用优质鲜冻猪肋排为原料，经分块、搅拌、腌制等工序制成，特点是色泽红润、有光泽、香酥味美、香脆鲜嫩、回味无穷。

（一）配方

鲜冻猪肋排100千克，白砂糖3.5千克，马铃薯淀粉3千克，玉米淀粉3千克，香酥腌制粉3千克，食用盐1.5千克，味精0.8千克，白酒0.5千克，鲜姜汁0.5千克，复合磷酸盐0.3千克，双乙酸钠0.3千克，D-异抗坏血酸钠 0.15 千克，脱氢乙酸钠 0.05 千克，辣椒红 0.01 千克。

（二）工艺流程

原辅料验收→原辅料贮存→原料猪肋排解冻→清洗切块→配料搅拌→腌制→称重包装→检验→成品入库及贮存

（三）加工技术

1. 原辅料验收　选择产品质量稳定的供应商，对新的供应商进行原料安全评价，向供应商索取每批原料的检疫证明、有效的生产许可证和检验合格证，对猪肋排、白砂糖、食用盐、白酒、味精等原辅料进行验收。

2. 原辅料的贮存　原料猪肋排在 −18℃ 贮存条件下贮存，贮存期不超过 6 个月。辅料在干燥、避光、常温条件下贮存。

3. 原料猪肋排解冻　原料猪肋排在常温条件下解冻，解冻后在 22℃ 下存放不超过 2 小时。

4. 清洗切块　去除猪肋排表面明显脂肪等杂质，用刀或切割机切成 5 厘米一节的小块。

5. 配料搅拌　按原料猪肋排 100% 计算所生产品种的各自不同的配方配料，用天平和电子秤配制各种调味料及食品添加剂，严格按配方配料，混合均匀后，将原料、配料和 20 千克水放入搅拌机中搅拌 2～3 分钟。

6. 腌制　搅拌后的原料分别倒入不锈钢周转箱中腌制 12 小时左右。

7. 称重包装　按不同包装规格的要求，准确计量称重，整齐排列在塑料袋或盒中，进行包装封口。

8. 检验　按国家有关标准的要求进行感官和理化检验，合格后方可出厂。

9. 产品入库及贮存　经检验合格的产品，装入彩袋或贴不干胶，封口打印生产日期，放入专用纸箱，标明名称、规格、重量等。包装好的产品及时放入不高于 −23℃ 速冻库中存放 8 小时，再转入 −18℃ 冷冻库中存放，保质期 6 个月。运输车辆必须进行消毒和配备冷藏设施。

五、骨肉相连

选用猪 2 号分割肉中夹心月牙脆骨为原料，经分切、腌制等工序制成，产品具有色泽红白分明、清香味美、酥脆有韧性的特点。

（一）配方

猪月牙脆骨 100 千克，白砂糖 3 千克，马铃薯淀粉 3 千克，食用盐 3 千克，大豆分离蛋白 2 千克，味精 1 千克，白酒 1 千克，生姜汁 1 千克，胡椒粉 0.3 千克，木糖醇 2 千克，复合磷酸盐 0.3 千克，D-异抗坏血酸钠 0.3 千克，焦糖色 0.2 千克，香兰素 0.05 千克，辣椒红 0.01 千克。

（二）工艺流程

原辅料验收→原辅料贮存→原料解冻→清洗分切→配料搅拌→腌制→称重包装→检验→成品入库及贮存

（三）加工技术

1. 原辅料验收　选择产品质量稳定的供应商，对新的供应商进行原料安全评价，向供应商索取每批原料的检疫证明、有效的生产许可证和检验合格证，对猪月牙脆骨、白砂糖、食用盐、白酒、味精等原辅料进行验收。

2. 原辅料的贮存　原料猪月牙脆骨在−18℃贮存条件下贮存，贮存期不超过 6 个月，辅料在干燥、避光、常温条件下贮存。

3. 原料解冻　原料猪月牙脆骨在常温条件下解冻，解冻后在 22℃下存放不超过 2 小时。

4. 清洗分切　去除明显脂肪和筋膜等杂质，将原料肉送入切丁机切成长度为 3 厘米、宽度为 2 厘米长方形肉丁备用。

5. 配料搅拌　按原料肉 100% 计算所生产品种的各自不同的配方配料，用天平和电子秤配制各种调味料及食品添加剂，严格按配方配料，混合均匀后，将原料、配料和 20 千克水放入搅拌机中搅拌 2～3 分钟。

6. 腌制　搅拌后的原料分别倒入不锈钢周转箱中腌制 15 小时左右。

7. 称重包装　按不同包装规格的要求，准确计量称重，整齐排列在塑料袋或盒中，进行包装封口。

8. 检验　按国家有关标准的要求进行感官和理化检验，合格后方可出厂。

9. 产品入库及贮存　经检验合格的产品，装入彩袋或贴不干胶，封口打印生产日期，放入专用纸箱，标明名称、规格、重量等。包装好的产品及时进入不高于−23℃速冻库中存放 8 小时，再转入−18℃冷冻库中存放，保质期 6 个月。运输车辆必须进行消毒和配备冷藏设施。

六、松板肉

选用猪1号分割肉（颈部肌肉）为原料，经分切、腌制等工序制成，产品具有色泽红润、酥香味美、咸淡适中的特点。

(一) 配方

猪颈部肌肉100千克，白砂糖3千克，玉米淀粉3千克，食用盐3千克，大豆分离蛋白粉2千克，味精1千克，白酒1千克，黑胡椒0.25千克，木糖醇2千克，双乙酸钠0.3千克，复合磷酸盐0.3千克，D-异抗坏血酸钠0.15千克，辣椒油树脂0.1千克，乙基麦芽酚0.1千克，乳酸链球菌素0.05千克。

(二) 工艺流程

原辅料验收→原辅料贮存→原料解冻→清洗整理→配料搅拌→腌制→分切定型→称重包装→检验→成品入库及贮存

(三) 加工技术

1. 原辅料验收　选择产品质量稳定的供应商，对新的供应商进行原料安全评价，向供应商索取每批原料的检疫证明、有效的生产许可证和检验合格证，对原料肉、白砂糖、食用盐、白酒、味精、食品添加剂（D-异抗坏血酸钠、脱氢乙酸钠）等原辅料进行验收。

2. 原辅料的贮存　原料肉在−18℃贮存条件下贮存，贮存期不超过6个月。辅助材料在干燥、避光、常温条件下贮存。

3. 原料肉解冻　原料肉在常温条件下解冻，解冻后在22℃下存放不超过2小时。

4. 清洗整理　去除明显的脂肪、筋膜、血伤等杂质，修整上面五花肉，取颈部肌肉扁平状瘦肉。

5. 配料搅拌　配料搅拌：按原料肉100％计算所生产品种的各自不同的配方配料，用天平和电子秤配制各种调味料及食品添加剂，严格按配方配料，混合均匀后，将原料、配料和20千克水放入搅拌机中搅拌2~3分钟。

6. 腌制　搅拌后的原料倒入不锈钢周转箱中腌制12小时左右。

7. 分切定型　腌制后的原料，用切片机切肉块厚度2/3，余下1/3不切断，呈长方形。

8. 称重包装　按不同包装规格的要求，准确计量称重，整齐排列在塑料袋或盒中，进行包装封口。

9. 检验　按国家有关标准的要求进行感官和理化检验，合格后方可出厂。

10. 产品入库及贮存　经检验合格的产品，装入彩袋或贴不干胶，封口打印生产日期，放入专用纸箱，标明名称、规格、重量等。包装好的产品及时放入不高于−23℃速冻库中存放 8 小时，再转入−18℃冷冻库中存放，保质期 6 个月。运输车辆必须进行消毒和配备冷藏设施。

七、多味排骨

选用鲜冻猪肋排肉为原料，经分切、腌制等工序制成。产品具有色泽红润，块型一致、美观，复合香味浓郁，鲜香味美的特点。

（一）配方

鲜冻猪肋排 100 千克，多味裹粉 10 千克，白砂糖 2 千克，食用盐 2 千克，马铃薯淀粉 2 千克，味精 1 千克，生姜汁 1 千克，白胡椒粉 0.2 千克，木糖醇 2 千克，双乙酸钠 0.3 千克，复合磷酸盐 0.3 千克，D-异抗坏血酸钠 0.15 千克，焦糖色 0.15 千克，乙基麦芽酚 0.1 千克，脱氢乙酸钠 0.05 千克，辣椒红 0.01 千克。

（二）工艺流程

原辅料验收→原辅料贮存→原料肉解冻→清洗分切→配料搅拌→腌制→称重包装→检验→成品入库及贮存

（三）加工技术

1. 原辅料验收　选择产品质量稳定的供应商，对新的供应商进行原料安全评价，向供应商索取每批原料的检疫证明、有效的生产许可证和检验合格证，对原料猪肋排、白砂糖、食用盐、味精等原辅料进行验收。

2. 原辅料的贮存　原料猪肋排在−18℃贮存条件下贮存，贮存期不超过 6 个月。辅助材料在干燥、避光、常温条件下贮存。

3. 原料解冻　原料猪肋排在常温条件下解冻，解冻后在 22℃下存放不超过 2 小时。

4. 清洗切块　猪肋排去除表面明显脂肪等杂质，用刀或切割机切成 5 厘米一节的小块。

5. 配料搅拌　按原料猪肋排 100％计算所生产品种的各自不同的配方配料，用天平和电子秤配制各种调味料及食品添加剂，严格按配方配料，混合均匀后，将原料、配料和 20 千克水放入搅拌机中搅拌 2～3 分钟。

6. 腌制　搅拌后的原料分别倒入不锈钢周转箱中腌制 15 小时左右。

7. 称重包装　按不同包装规格的要求，准确计量称重，整齐排列在塑料袋或盒中，进行包装封口。

8. 检验　按产品标准的要求进行感官和理化检验，合格后方可出厂。

9. 产品入库及贮存　经检验合格的产品，装入彩袋或贴不干胶，封口打印生产日期，放入专用纸箱，标明名称、规格、重量等。包装好的产品及时放入不高于 −23℃速冻库中存放 8 小时，再转入 −18℃冷冻库中存放，保质期 6 个月。运输车辆必须进行消毒和配备冷藏设施。

八、飘香猪柳条

选用猪 3 号分割肉（通脊肌）为原料，经分割、腌制等工序制成，产品具有片形均匀、红润美观、食用方便的特点。依个人口味搭配茎类蔬菜稍炒，色、香、味俱佳。

（一）配方

猪 3 号分割肉（通脊肌）100 千克，白砂糖 3 千克，马铃薯淀粉 3 千克，食用盐 3 千克，木薯淀粉 2 千克，味精 1 千克，白酒 1 千克，生姜汁 1 千克，木糖醇 2 千克，复合磷酸盐 0.3 千克，双乙酸钠 0.3 千克，D-异抗坏血酸钠 0.15 千克，乙基麦芽酚 0.1 千克，乳酸链球菌素 0.05 千克，辣椒红 0.01 千克。

（二）工艺流程

原辅料验收→原辅料贮存→原料肉解冻→清洗分切→配料搅拌→腌制→称重包装→检验→成品入库及贮存

（三）加工技术

1. 原辅料验收　选择产品质量稳定的供应商，对新的供应商进行原料安全评价，向供应商索取每批原料的检疫证明、有效的生产许可证和检验合格证，对原料肉、白砂糖、食用盐、白酒、味精等原辅料进行验收。

2. 原辅料的贮存　原料肉在−18℃贮存条件下贮存，贮存期不超过 6 个月。辅助材料在干燥、避光、常温条件下贮存。

3. 原料肉解冻　原料肉在常温条件下解冻，解冻后在 22℃下存放不超过 2 小时。

4. 清洗分切　去除明显脂肪和筋膜等杂质，将原料肉送入切丁机切成长度为 3 厘米，宽度为 2 厘米的长方形肉丁备用。

5. 配料搅拌　按原料肉 100％计算所生产品种的各自不同的配方配料，用天平和电子秤配制各种调味料及食品添加剂，严格按配方配料，混合均匀后，将原料、配料和 20 千克水放入搅拌机中搅拌 2〜3 分钟。

6. 腌制　搅拌后的原料分别倒入不锈钢周转箱中腌制 10 小时左右。

7. 称重包装　按不同包装规格的要求，准确计量称重，整齐排列在塑料袋或盒中，进行包装封口。

8. 检验　按国家有关标准的要求进行感官和理化检验，合格后方可出厂。

9. 产品入库及贮存　经检验合格的产品，装入彩袋或贴不干胶，封口打印生产日期，放入专用纸箱，标明名称、规格、重量等。包装好的产品及时进入不高于−23℃速冻库中存放 8 小时，再转入−18℃冷冻库中存放，保质期 6 个月。运输车辆必须进行消毒和配备冷藏设施。

九、怪味双脆

选用经兽医宰前检疫、宰后检验合格的猪肾（腰）和猪肚为原料，经选料、清洗、整理、腌制等工序加工而成，产品具有色泽红白分明、香脆鲜嫩、咸淡适中、鲜嫩爽口的特点。

（一）配方

猪肾 50 千克，猪肚 50 千克，白砂糖 3 千克，食用盐 2.5 千克，玉米淀粉 2.5 千克，马铃薯淀粉 2.5 千克，味精 1 千克，白醋 1 千克，白酒 1 千克，生姜汁 1 千克，香葱 0.5 千克，白胡椒粉 0.15 千克，复合磷酸盐 0.3 千克，双乙酸钠 0.3 千克，乙基麦芽酚 0.15 千克，脱氢乙酸钠 0.05 千克，辣椒油树脂 0.05 千克。

（二）工艺流程

原辅料验收→原辅料贮存→原料肉解冻→清洗分切→配料搅拌→腌制→称

重包装→检验→成品入库及贮存

（三）加工技术

1. 原辅料验收 选择产品质量稳定的供应商，对新的供应商进行原料安全评价，向供应商索取每批原料的检疫证明、有效的生产许可证和检验合格证，对猪肾、猪肚、白砂糖、食用盐、白酒、味精等原辅料进行验收。

2. 原辅料的贮存 猪肾、猪肚在−18℃贮存条件下贮存，贮存期不超过 6个月。辅助材料在干燥、避光、常温条件下贮存。

3. 原料肉解冻 猪肾、猪肚在常温条件下解冻，解冻后在 22℃下存放不超过 2 小时。

4. 清洗分切 ①猪肾洗干净，去除表面筋膜，用刀从中间剖开去除白色的结缔组织，用刀分切成长度为 3 厘米、宽度为 2 厘米的长方块。②猪大肚先用 2％盐反复搅拌，去除表面黏膜，用 45℃温水冲洗干净，沥干水分，用刀和机械切成片状。

5. 配料搅拌 按原料肉 100％计算所生产品种的各自不同的配方配料，用天平和电子秤配制各种调味料及食品添加剂，严格按配方配料，混合均匀后，将原料、配料和 20 千克水放入搅拌机中搅拌 2～3 分钟。

6. 腌制 搅拌后的原料分别倒入不锈钢周转箱中腌制 10 小时左右。

7. 称重包装 按不同包装规格的要求，准确计量称重，整齐排列在塑料袋或盒中，进行包装封口。

8. 检验 按国家有关标准的要求对产品进行检验，合格后方可出厂。

9. 产品入库及贮存 经检验合格的产品，装入彩袋或贴不干胶，封口打印生产日期，放入专用纸箱，标明名称、规格、重量等。包装好的产品及时进入不高于−23℃速冻库中存放 8 小时，再转入−18℃冷冻库中存放，保质期 6个月。运输车辆必须进行消毒和配备冷藏设施。

十、酱爆花卷肉

选择猪通脊肌肉（3 号分割肉）为原料，经分切、腌制等工序制成，产品具有色泽红润、有光泽、滋味鲜、口感细腻的特点。

（一）配方

猪通脊肌肉（3 号分割肉）100 千克，白砂糖 3.5 千克，木薯淀粉 3 千克，食用盐 3 千克，玉米淀粉 2 千克，味精 1 千克，白酒 1 千克，鲜姜汁 1 千克，黑胡椒粉 0.25 千克，复合磷酸盐 0.3 千克，双乙酸钠 0.3 千克，乙基麦芽酚 0.15 千克，焦糖色 0.1 千克，脱氢乙酸钠 0.05 千克，辣椒油树脂 0.05 千克，辣椒红 0.01 千克。

（二）工艺流程

原辅料验收→原辅料贮存→原料肉解冻→清洗分切→配料搅拌→腌制→切花状成型→称重包装→检验→成品入库及贮存

（三）加工技术

1. 原辅料验收　选择产品质量稳定的供应商，对新的供应商进行原料安全评价，向供应商索取每批原料的检疫证明、有效的生产许可证和检验合格证，对每批原料进行感官检查，对原料肉、白砂糖、食用盐、白酒、味精等原辅料进行验收。

2. 原辅料的贮存　原料肉在 -18℃ 贮存条件下贮存，贮存期不超过 6 个月。辅助材料在干燥、避光、常温条件下贮存。

3. 原料肉解冻　原料肉在常温条件下解冻，解冻后在 22℃ 下存放不超过 2 小时。

4. 清洗分切　用切肉机把块状切成 3 厘米厚的片状。

5. 配料搅拌　按原料肉 100% 计算所生产品种的各自不同的配方配料，用天平和电子秤配制各种调味料及食品添加剂，严格按配方配料，混合均匀后，将原料、配料和 20 千克水放入搅拌机中搅拌 2～3 分钟。

6. 腌制　搅拌后的原料分别倒入不锈钢周转箱中腌制 10 小时左右。

7. 切花状成型　用刀斜切 2/3 和正切 2/3，不能切到底，留 1/3，每块切完后，再按 3～4 厘米改成长条状。

8. 称重包装　按不同包装规格的要求，准确计量称重，整齐排列在塑料袋或盒中，进行包装封口。

9. 检验　按国家有关标准的要求对产品进行检验，合格后方可出厂。

10. 产品入库及贮存　经检验合格的产品，装入彩袋或贴不干胶，封口打印生产日期，放入专用纸箱，标明名称、规格、重量等。包装好的产品及时进入不高于 -23℃ 速冻库中存放 8 小时，再转入 -18℃ 冷冻库中存放，保质期 6 个月。运输车辆必须进行消毒和配备冷藏设施。

十一、珍珠猪肉丸

产品选用鲜冻猪五花肉和精肉为原料，经分切、整理、切碎、搅拌、腌制、成型等工序制成。产品呈乳白色，颗粒整齐，形如珍珠，口感细腻，鲜嫩爽口。

（一）配方

鲜冻猪五花肉 70 千克，碎精肉 30 千克（肥、瘦比为 4∶6），鲜鸡蛋 5 千克，食用盐 3.5 千克，白砂糖 3 千克，玉米淀粉 3 千克，木薯淀粉 3 千克，生姜 2 千克，大豆分离蛋白 1 千克，白酒 1 千克，味精 1 千克，香葱 0.5 千克，复合磷酸盐 0.3 千克，乙基麦芽酚 0.1 千克。

（二）工艺流程

原辅料验收→原辅料贮存→原料肉解冻→清洗整理→切条腌制→绞碎→斩拌制馅→制丸→冷却→速冻→检验→称重包装→成品入库及贮存

（三）加工技术

1. 原辅料验收　选择产品质量稳定的供应商，对新的供应商进行原料安全评价，向供应商索取每批原料的检疫证明，有效的生产许可证和检验合格证，对每批原料进行感官检查，对原料肉、食用盐、白酒、味精等原辅料进行验收。

2. 原辅料的贮存　原料肉在 −18℃ 贮存条件下贮存，贮存期不超过 6 个月。辅助材料在干燥、避光、常温条件下贮存。

3. 原料肉解冻　原料肉在常温条件下解冻，解冻后在 22℃ 下存放不超过 2 小时。

4. 清洗整理　清洗沥干，去除肌腱筋膜、碎骨、淋巴结等杂质。

5. 腌制　将修整好的原料，用切肉机分切条状，装入不锈钢盛盘内，按 100 千克加食用盐 3.5 千克，肉块力求拌匀，这样才能咸淡一致，置于 3～4℃ 的冷库内，冷藏腌制 48 小时。

6. 绞碎　用绞肉机（3 厘米直径、圆眼的筛板）进行绞碎。

7. 斩拌制馅　把绞碎、腌制好的肉糜置于斩拌机内斩剁 3 分钟，将调制好的辅料和 30 千克清水混合均匀后加入肉馅内，再继续斩拌 1～2 分钟，原料、辅料已充分拌匀，肉馅具有相当的黏稠性和弹性时即可停机出料。

8. 制丸　待水锅内水温达到 85～90℃时，制丸机内装入肉馅，根据规格要求，调节后启动机器，肉丸成型后 1～2 分钟浮起后，再浸渍 2～3 分钟捞出。

9. 冷却　热丸加工后，进入到常温自来水冷却池中冷却 2～3 分钟。

10. 速冻　进入全自动速冻流水生产线 45～60 分钟，速冻成型，或进入 −23℃左右的速冻冷库中，时间 8 小时左右。

11. 称重包装　按不同包装规格的要求，准确计量称重，整齐排列在塑料袋或盒中，进行包装封口。

12. 检验　按国家有关标准的要求对产品进行检验，合格后方可出厂。

13. 产品入库及贮存　经检验合格的产品，装入彩袋或贴不干胶，封口打印生产日期，放入专用纸箱，标明名称、规格、重量等。包装好的产品及时进入不高于 −23℃速冻库中存放 8 小时，再转入 −18℃冷冻库中存放，保质期 6 个月。运输车辆必须进行消毒和配备冷藏设施。

十二、速冻夹心肉饼

选择鲜冻猪五花肉和精肉为原料，配以面饼，经分割、整理、绞碎、制馅、夹饼等工序精制而成，具有荤素搭配，色泽美观，营养丰富，色、香、味俱佳的特点。

（一）配方

双层薄饼 200 千克，鲜冻五花肉 60 千克，碎精肉 40 千克，鲜鸡蛋 5 千克，白砂糖 4 千克，食用盐 3.5 千克，马铃薯淀粉 3.5 千克，玉米淀粉 2 千克，生姜汁 1 千克，味精 1 千克，白酒 1 千克，香葱 0.5 千克，白胡椒粉 0.25 千克，复合磷酸盐 0.3 千克，双乙酸钠 0.3 千克，乙基麦芽酚 0.15 千克，乳酸链球菌素 0.05 千克，辣椒红 0.01 千克。

（二）工艺流程

原辅料验收→原辅料贮存→原料肉解冻→清洗整理→切条腌制→绞碎→斩拌制馅→包馅成型→检验→称重包装→成品入库及贮存

（三）加工技术

1. 原辅料验收　选择产品质量稳定的供应商，对新的供应商进行原料安

全评价，向供应商索取每批原料的检疫证明、有效的生产许可证和检验合格证，对每批原料进行感官检查，对原料肉、白砂糖、食用盐、白酒、味精等原辅料进行验收。

2. 原辅料的贮存　原料肉在−18℃贮存条件下贮存，辅助材料在干燥、避光、常温条件下贮存。

3. 原料肉解冻　原料肉在常温条件下解冻，解冻后在22℃下存放不超过2小时。

4. 清洗整理　清洗沥干，去除肌腱筋膜、碎骨、淋巴结等杂质。

5. 切条腌制　将修整好的原料，用切肉机分切成条状，装入不锈钢盛盘内，按100千克肉块加食用盐3.5千克，力求拌匀，这样才能咸淡一致，置于3～4℃的冷库内，冷藏腌制48小时。

6. 绞碎　用绞肉机（3厘米直径、圆眼的筛板）进行绞碎。

7. 斩拌制馅　把绞碎腌制好的肉糜置于斩拌机内斩剁3分钟，将调制好的辅料和30千克清水混合均匀后加入肉馅内，再继续斩拌1～2分钟，原料、辅料已充分拌匀，肉馅具有相当的黏稠性和弹性时，即可停机出料。

8. 包馅成型　取一块双层薄饼，从中间掰开，放入一片清香干净的生菜叶，上面夹0.05千克肉馅，均匀摊平，然后压紧成型。

9. 检验　按国家有关标准的要求对产品进行检验，合格后方可出厂。

10. 产品入库及贮存　经检验合格的产品，装入彩袋或贴不干胶，封口打印生产日期，放入专用纸箱，标明名称、规格、重量等。包装好的产品及时进入不高于−23℃速冻库中存放8小时，再转入−18℃冷冻库中存放，保质期6个月。运输车辆必须进行消毒和配备冷藏设施。

十三、蜜汁狮子头

选用猪鲜冻肥膘肉和精肉为原料，经选料、整理、制馅、成型等工序精制而成，具有色泽黄褐色、有光泽，醇香味美、鲜嫩爽口、回味悠长的特点。

（一）配方

精肉60千克，鲜冻猪肥膘肉40千克，鲜鸡蛋5千克，白砂糖4千克，食用盐3.5千克，玉米淀粉3千克，马铃薯淀粉3千克，味精1千克，蜂蜜1千克，生姜汁1千克，白酒1千克，大葱0.5千克，黑胡椒粉0.25千克，双乙酸钠0.3千克，复合磷酸盐0.3千克，乙基麦芽酚0.15千克，脱氢乙酸钠

0.05 千克，辣椒红 0.01 千克。

（二）工艺流程

原辅料验收→原辅料贮存→原料肉解冻→清洗整理→切条腌制→绞碎→搅拌制馅→制丸→冷却→速冻→称重包装→检验→成品入库及贮存

（三）加工技术

1. 原辅料验收　选择产品质量稳定的供应商，对新的供应商进行原料安全评价，向供应商索取每批原料的检疫证明、有效的生产许可证和检验合格证，对每批原料进行感官检查，对原料肉、白砂糖、食用盐、白酒、味精等原辅料进行验收。

2. 原辅料的贮存　原料肉在－18℃贮存条件下贮存，贮存期不超过 6 个月。辅助材料在干燥、避光、常温条件下贮存。

3. 原料肉解冻　原料肉在常温条件下解冻，解冻后在 22℃下存放不超过 2 小时。

4. 清洗整理　清洗沥干，去除肌腱筋膜、碎骨、淋巴结等杂质。

5. 切条腌制　将修整好的原料，用切肉机分切条状，装入不锈钢盛盘内，按 100 千克加食用盐 3.5 千克，肉块力求拌匀，这样才能咸淡一致，置于 3～4℃的冷库内，冷藏腌制 48 小时。

6. 绞碎　精肉用绞肉机（2～3 厘米圆眼的筛板）进行绞碎，肥肉用切丁机切成 1 厘米见方的肉粒。

7. 搅拌制馅　通过搅拌机的搅拌作用，加入 25％的清水，使瘦肉、肥肉、辅料、添加剂、水分等充分搅匀，一般搅拌 2～3 分钟，当原料和辅料充分搅匀，而且肉馅具有相当的黏稠性和弹性时，便可停机出料。

8. 制丸　待水锅内水温达到 85～90℃时，制丸机内装入肉馅，根据规格要求，调节后启动机器，肉丸成型 1～2 分钟浮起后，再浸渍 2～3 分钟捞出。

9. 冷却　肉丸加工后，进入到常温自来水冷却池中冷却 2～3 分钟。

10. 速冻　进入全自动速冻流水生产线 45～60 分钟，速冻成型，或进入－23℃左右的速冻冷库中，时间 8 小时左右。

11. 称重包装　按不同包装规格的要求，准确计量称重，整齐排列在塑料袋或盒中，进行包装封口。

12. 检验　按国家有关标准的要求对产品进行检验，合格后方可出厂。

13. 产品入库及贮存　经检验合格的产品，装入彩袋或贴不干胶，封口打印生产日期，放入专用纸箱，标明名称、规格、重量等。包装好的产品及时进入不高于−23℃速冻库中存放 8 小时，再转入−18℃冷冻库中存放，保质期 6 个月。运输车辆必须进行消毒和配备冷藏设施。

十四、美味猪绣球

选用鲜冻猪肥膘肉和精肉为原料，经分割、整理、绞碎、制馅、成型等工序精制而成。

（一）配方

精肉 60 千克，肥膘肉 40 千克，面包糠 15 千克，鲜鸡蛋 5 千克，白砂糖 4 千克，食用盐 3.5 千克，木薯淀粉 3 千克，玉米淀粉 2 千克，味精 1 千克，大葱 0.5 千克，复合磷酸盐 0.3 千克，双乙酸钠 0.3 千克，乙基麦芽酚 0.15 千克，乳酸链球菌素 0.05 千克。

（二）工艺流程

原辅料验收→原辅料贮存→原料肉解冻→清洗整理→切条腌制→绞碎→搅拌制馅→制丸→成型→速冻→检验→称重包装→成品入库及贮存

（三）加工技术

1. 原辅料验收　选择产品质量稳定的供应商，对新的供应商进行原料安全评价，向供应商索取每批原料的检疫证明、有效的生产许可证和检验合格证，对每批原料进行感官检查，对原料肉、白砂糖、食用盐、味精等原辅料进行验收。

2. 原辅料的贮存　原料肉在−18℃贮存条件下贮存，辅助材料在干燥、避光、常温条件下贮存。

3. 原料肉解冻　原料肉在常温条件下解冻，解冻后在 22℃下存放不超过 2 小时。

4. 清洗整理　清洗沥干，去除肌腱筋膜、碎骨、淋巴结等杂质。

5. 腌制　将修整好的原料，用切肉机分切成条状，装入不锈钢盛盘内，按 100 千克肉块加食用盐 3.5 千克，力求拌匀，这样才能咸淡一致，置于 3～4℃的冷库内，冷藏腌制 48 小时。

6. 绞碎　用绞肉机（3 厘米直径、圆眼的筛板）进行绞碎。

7. 斩拌制馅　把绞碎腌制好的肉糜置于斩拌机内斩剁 3 分钟，将调制好的辅料和 30 千克清水混合均匀后加入肉馅内，再继续斩拌 1～2 分钟，当原料、辅料已充分拌匀，肉馅具有相当的黏稠性和弹性时，即可停机出料。

8. 制丸　待水锅内水温达到 85～90℃时，制丸机内装入肉馅，根据规格要求调节后启动机器，肉丸成型 1～2 分钟浮起后，再浸渍 2～3 分钟捞出。

9. 成型　用制丸机制成直径 3 厘米大小的熟肉丸，放在 3％的刺云实胶液体中浸渍 1 分钟左右，捞起沥卤投入到 15％的面包糠中拌匀，外表均匀沾满后，放在周转盘中待用。

10. 速冻　进入全自动速冻流水生产线 45～60 分钟，速冻成型，或进入 −23℃左右的速冻冷库中，时间 8 小时左右。

11. 检验　按国家有关标准的要求对产品进行检验，合格后方可出厂。

12. 称重包装　按不同包装规格的要求，准确计量称重，整齐排列在塑料袋或盒中，进行包装封口。

13. 产品入库及贮存　经检验合格的产品，装入彩袋或贴不干胶，封口打印生产日期，放入专用纸箱，标明名称、规格、重量等。包装好的产品及时进入不高于−23℃速冻库中存放 8 小时，再转入−18℃冷冻库中存放，保质期 6 个月。运输车辆必须进行消毒和配备冷藏设施。

十五、云吞一口酥

选用鲜冻猪五花肉和精肉为原料，经腌制、绞碎、制丸、油炸等工序精制而成。

（一）配方

鲜冻猪五花肉 60 千克，精肉 40 千克，干面包粒 15 千克，鲜鸡蛋 6 千克，木薯淀粉 4 千克，白砂糖 4 千克，食用盐 3.5 千克，玉米淀粉 2 千克，生姜 2 千克，味精 1 千克，白酒 1 千克，大葱 0.5 千克，白胡椒粉 0.2 千克，双乙酸钠 0.3 千克，复合磷酸盐 0.3 千克，乙基麦芽酚 0.15 千克，乳酸链球菌素 0.05 千克，辣椒红 0.01 千克。

（二）工艺流程

原辅料验收→原辅料贮存→原料肉解冻→清洗整理→绞碎→搅拌制馅→制丸→油炸→速冻→检验→称重包装→成品入库及贮存

（三）加工技术

1. 原辅料验收　选择产品质量稳定的供应商，对新的供应商进行原料安全评价，向供应商索取每批原料的检疫证明、有效的生产许可证和检验合格证，对每批原料进行感官检查，对原料肉、白砂糖、食用盐、白酒、味精等原辅料进行验收。

2. 原辅料的贮存　原料肉在−18℃贮存条件下贮存，贮存期不超过6个月。辅助材料在干燥、避光、常温条件下贮存。

3. 原料肉解冻　原料肉在常温条件下解冻，解冻后在22℃下存放不超过2小时。

4. 清洗整理　清洗沥干，去除肌腱筋膜、碎骨、淋巴结等杂质。

5. 绞碎　用绞肉机（3厘米直径、圆眼的筛板）进行绞碎。

6. 斩拌制馅　把绞碎腌制好的肉糜置于斩拌机内斩剁3分钟，将调制好的辅料和30千克清水混合均匀后加入肉馅内，再继续斩拌1～2分钟，当原料、辅料已充分拌匀，肉馅具有相当的黏稠性和弹性时，即可停机出料。

7. 制丸　水温85～90℃时，机械制丸下开水锅1～2分钟上浮，在浸渍2～3分钟成熟时，捞起冷却。用1%的羧甲基纤维素钠，高速搅拌成液状，盆内放入干面包粒，丸子在里面翻动滚一层面包粒。

8. 油炸　油炸锅放入色拉油，加热到170℃时，投入丸子稍炸1～2分钟，待金黄色时起锅沥油，冷却30分钟左右。

9. 速冻　进入全自动速冻流水生产线45～60分钟，速冻成型，或进入−23℃左右的速冻冷库中，时间8小时左右。

10. 检验　按国家有关标准的要求对产品进行检验，合格后方可出厂。

11. 称重包装　按不同包装规格的要求，准确计量称重，整齐排列在塑料袋或盒中，进行包装封口。

12. 产品入库及贮存　经检验合格的产品，装入彩袋或贴不干胶，封口打印生产日期，放入专用纸箱，标明名称、规格、重量等。包装好的产品及时进入不高于−23℃速冻库中存放8小时，再转入−18℃冷冻库中存放，保质期6个月。运输车辆必须进行消毒和配备冷藏设施。

十六、鱼香肉丝

选用鲜冻猪3号或4号分割肉为原料，经分割、切丝、腌制等工序精制而成，具有色泽红润、有光泽、鱼香鲜美、咸淡适中、回味悠长等特点。

（一）配方

鲜冻猪 3 号肉或 4 号分割肉（通脊肌或后腿肌肉）100 千克，白砂糖 3.5
千克，食用盐 3 千克，玉米淀粉 3 千克，大豆分离蛋白 2 千克，味精 1 千克，
生姜汁 1 千克，白酒 0.5 千克，胡椒粉 0.2 千克，复合磷酸盐 0.3 千克，双乙
酸钠 0.3 千克，乙基麦芽酚 0.1 千克。

（二）工艺流程

原辅料验收→原辅料贮存→原料肉解冻→清洗分切→配料搅拌→腌制→称
重包装→检验→成品入库及贮运

（三）加工技术

1. 原辅料验收　选择产品质量稳定的供应商，对新的供应商进行原料安
全评价，向供应商索取每批原料的检疫证明、有效的生产许可证和检验合格
证，对每批原料进行感官检查，对原料肉、白砂糖、食用盐、白酒、味精等原
辅料进行验收。

2. 原辅料的贮存　原料肉在－18℃贮存条件下贮存，贮存期不超过 6 个
月。辅助材料在干燥、避光、常温条件下贮存。

3. 原料肉解冻　原料肉在常温条件下解冻，解冻后在 22℃下存放不超过
2 小时。

4. 清洗分切　去除明显的脂肪、肌腱和筋膜、血伤等杂质，将原料肉用
切肉机切成丝状。

5. 配料搅拌　按原料肉 100％计算所生产品种的各自不同的配方配料，用
天平和电子秤配制各种调味料及食品添加剂，严格按配方配料，混合均匀后，
将原料、配料和 20 千克水放入搅拌机中搅拌 2～3 分钟。

6. 腌制　搅拌后的原料分别倒入不锈钢周转箱中腌制 10 小时左右。

7. 称重包装　按不同包装规格的要求，准确计量称重，整齐排列在塑料
袋或盒中，进行包装封口。

8. 检验　按国家有关标准的要求对产品进行检验，合格后方可出厂。

9. 产品入库及贮存　经检验合格的产品，装入彩袋或贴不干胶，封口打
印生产日期，放入专用纸箱，标明名称、规格、重量等。包装好的产品及时进
入不高于－23℃速冻库中存放 8 小时，再转入－18℃冷冻库中存放，保质期 6

个月。运输车辆必须进行消毒和配备冷藏设施。

第四节 腌腊肉制品的加工

我国传统腌腊肉制品品种繁多，其特点是在加工过程中都要采用腌制工艺，并且在冬天加工。制品在寒冬腊月的低温作用下脱水、成熟，具有特殊的腌腊风味，故称为腌腊制品。随着人工制冷技术的应用，目前四季均可加工。这类制品大多是生的，加热制熟后方能食用，较耐贮藏。

腌制就是用食用盐或以食用盐为主并添加硝酸盐、糖、调料等对肉进行的工艺处理，是腌腊制品加工的重要工艺环节。其目的是使盐分、调料等进入肉组织，提高制品的风味、色泽、贮藏性和保水性。肉的腌制方法可分为干腌法、湿腌法、混合腌制法、盐水注射法。

干腌法是将盐、糖等腌制剂直接擦在肉的表面，然后置于容器中，通过肉中水分将腌制剂溶解、渗透而进入肉的深层。这种方法简便易行，但由于食用盐、糖等的高渗作用，使肉中部分水和可溶性蛋白质向外转移，造成重量减轻和营养损失，并使肉质坚硬，咸淡不均。干腌法腌制时间与肉的肥瘦程度、肉块大小以及温度等有关，肉块越大，温度越低，腌制时间越长。腌制时温度一般控制在3～5℃，并置于阴暗处，温度太低影响腌制速度，温度太高由于微生物生长繁殖易造成肉的腐败变质。

湿腌法是将盐及其他配料溶解于水，配成一定浓度的腌制液，然后将肉浸泡在其中腌制。腌制液的浓度是根据产品的种类、肉的肥瘦、环境温度和腌制时间而定。腌制温度一般为3～5℃，腌制过程中注意翻倒几次，以利腌制均匀。湿腌法的优点是渗透速度快，腌制较均匀，腌制液经再制后可重复使用。缺点是含水量高，不易保藏。

混合腌制法是将干腌法与湿腌法结合起来腌制的方法。这种方法可取干、湿腌法之长，避两者之短。其方法有两种：一是先干腌后湿腌，二是先湿腌后干腌。混合腌制法可以增加制品风味，提高产品质量，防止肉过度脱水，避免营养过多损失，省时而均匀，此法应用较普遍。

盐水注射法是用盐水注射机或注射器将配好的腌制液直接注入肌肉内部的一种腌制方法。当肉块较大时，为了加快腌制速度，可向肌肉内进行盐水注射腌制，同时再配合湿腌法，可大大提高腌制效果。这是西式火腿加工时普遍运用的腌肉方法。若再配合滚揉工艺，不仅可缩短腌制时间，同时还能提高产品质量和成品率。

一、家乡腊肉

选用猪去骨五花肋条肉为原料，经分割、整理、腌制、晒干或烘干等工序制成。产品具有色泽红白分明、腊香干爽、风味浓郁、风味独特的特点。

（一）配方

鲜冻猪去骨五花肋条肉 100 千克，食用盐 8 千克，花椒 0.1 千克，八角 0.05 千克，D-异抗坏血酸钠 0.3 千克，亚硝酸钠 0.015 千克。

（二）工艺流程

原辅料验收→原辅料贮存→原料肉解冻→去骨分切→炒盐腌制→清洗→风干或烘干→称重包装→检验→成品入库及贮存

（三）加工技术

1. 原辅料验收　选择产品质量稳定的供应商，对新的供应商进行原料安全评价，向供应商索取每批原料的检疫证明、有效的生产许可证和检验合格证，对每批原料进行感官检查，对原料肉、食用盐等原辅料进行验收。

2. 原辅料的贮存　原料肉在 -18℃ 贮存条件下贮存，贮存期不超过 6 个月。辅助材料在干燥、避光、常温条件下贮存。

3. 原料肉解冻　原料肉在常温条件下解冻，解冻后在 22℃ 下存放不超过 2 小时。

4. 去骨分切　将五花肋条肉平摊在工作台上，用拆骨尖刀沿着肋条边的筋膜从上到下切断筋膜，然后再用刀削平五花肉中间肋骨与脆骨之间骨关节连接处，再折断，即可取出肋骨。用刀或切条机切成长 30 厘米、宽 5 厘米的长条，另外在顶端用刀切成 2 厘米长的小洞口，便于穿麻绳所用。

5. 炒盐腌制　取食用盐同花椒、八角一起用文火炒制，待盐淡黄色，有香味发出时，从锅中取出冷却，用竹筛或不锈钢网去掉花椒、八角颗粒，肉放在工作台上，将炒盐均匀地撒在肉面上，反复擦透至肉面出汗（盐卤），放入缸中腌制，每天翻动 2 次，腌制 3 天即可出缸。

6. 清洗　用 40℃ 的温水放在不锈钢盆中，放入腌制肉 1~2 分钟，清洗表面，去除盐油污，沥水后在肉的顶端小洞口穿入线绳，挂起晾晒。

7. 风吹发酵或烘干　把穿好绳的腊肉均匀地排列在小竹竿上晾晒数日，

待腊肉发硬干爽即可；或送入 50～55℃的烘房中，烘制 18 小时左右，肉干爽即为成品。

8. 称重包装　按不同包装规格的要求，准确计量称重，整齐排列，进行包装封口。

9. 检验　按国家有关标准的要求对产品进行检验，合格后方可出厂。

10. 成品入库及贮存　经检验合格的产品，装入彩袋或贴不干胶，封口打印生产日期，放入专用纸箱，标明名称、规格、重量等。保质期 6 个月。运输车辆必须进行消毒和配备冷藏设施。

二、速成咸腿心

本产品用科学的加工工艺，经腌制、发酵等工序制成，时间短、见效快、风味独特，同时也能保持火腿的风味不变，回味浓郁。

（一）配方

鲜猪后腿肉 100 千克，食用盐 8 千克，葡萄糖 1 千克，花椒 0.5 千克，D-异抗坏血酸钠 0.1 千克，亚硝酸钠 0.015 千克。

（二）工艺流程

原辅料验收→原辅料贮存→分割整理→炒盐干腌→卤汁湿腌→风吹发酵→称重包装→检验→成品入库及贮存

（三）加工技术

1. 原辅料验收　选择产品质量稳定的供应商，对新的供应商进行原料安全评价，向供应商索取每批原料的检疫证明、有效的生产许可证和检验合格证，对每批原料进行感官检查，对原料肉、食用盐等原辅料进行验收。

2. 原辅料的贮存　原料肉在−18℃贮存条件下贮存，贮存期不超过 6 个月，辅助材料在干燥、避光、常温条件下贮存。

3. 原料肉解冻　原料肉在常温条件下解冻，解冻后在 22℃下存放不超过 2 小时。

4. 分割整理　经过分割去骨整理造型，猪肉分割时中心温度控制为 4～6℃，pH 为 5.6～6.0 方可用作原料肉的分割处理。

5. 炒盐干腌　取 5% 的食用盐同花椒一起用文火炒制，有香味发出时，从

锅中取出冷却。用竹筛或不锈钢网去掉花椒颗粒。肉放在工作台上，将炒盐均
匀地撒在皮面上，用手擦抹至肉面出汗（盐卤）。反过来在肉面上擦透，逐只
放入腌制缸中，经 8～12 小时腌制。

6. 卤汁湿腌　湿卤要先配制好，辅料一起调成卤液。加入盐后控制在 15
波美度，水与肉比为 1∶1 配制。而后把干湿的原料肉用注射机注射后，放入
湿卤中浸泡 3～5 天，每 12 小时翻动一次，上下翻转，使原料每个部位都浸到
卤汁。

7. 风吹发酵　取出用绳扎牢后腿，上架挂吹。稍晒 2～3 天，外部干爽
后，挂在通风干燥的仓库中储藏 7 天左右即成品。

8. 称重包装　按不同包装规格的要求，准确计量称重，整齐排列在塑料
袋或盒中，进行包装封口。

9. 检验　按国家有关标准的要求对产品进行检验，合格后方可出厂。

10. 成品入库及贮存　经检验合格的产品，装入彩袋或贴不干胶，封口打
印生产日期，放入专用纸箱，标明名称、规格、重量等，保质期 6 个月。运输
车辆必须进行消毒和配备冷藏设施。

三、咸 猪 手

选用鲜冻优质猪爪为原料，经清洗、整理、腌制、风干等工序制成，产品
具有色泽洁白、腊香味浓、风味独特的特点。

（一）配方

猪爪 100 千克，食用盐 8 千克，花椒 0.1 千克，八角 0.05 千克，硫酸钙
0.5 千克，D-异抗坏血酸钠 0.3 千克，亚硝酸钠 0.015 千克。

（二）工艺流程

原辅料验收→原辅料贮存→原料肉解冻→清洗整理→炒盐腌制→称重包装
→检验→成品入库及贮存

（三）加工技术

1. 原辅料验收　选择产品质量稳定的供应商，对新的供应商进行原料安
全评价，向供应商索取每批原料的检疫证明、有效的生产许可证和检验合格
证，对每批原料进行感官检查，对原料猪爪、食用盐等原辅料进行验收。

2. 原辅料的贮存 原料猪爪在−18℃贮存条件下贮存，辅助材料在干燥、避光、常温条件下贮存。

3. 原料肉解冻 原料猪爪在常温条件下解冻，解冻后在 22℃下存放不超过 2 小时。

4. 清洗整理 猪爪从中间剖开，平放在工作台上用火焰燎毛，放入清水中，用刀刮掉表皮上的杂物，去除猪爪脚趾部位的黄皮、黑斑、残留小毛、血伤等杂质。

5. 炒盐腌制 取食用盐同花椒、八角一起用文火炒制，待盐淡黄色，有香味发出时，从锅中取出冷却，用竹筛或不锈钢网去掉花椒、八角颗粒，肉放在工作台上，将炒盐均匀地撒在肉面上，反复擦透至肉面出汗（盐卤），放入缸中腌制，每天翻动 2 次，腌制 3 天即可出缸。

6. 称重包装 按不同包装规格的要求，准确计量称重，整齐排列在塑料袋或盒中，进行包装封口。

7. 检验 按国家有关标准的要求对产品进行检验，合格后方可出厂。

8. 成品入库及贮存 经检验合格的产品，装入彩袋或贴不干胶，封口打印生产日期，放入专用纸箱，标明名称、规格、重量等，保质期 6 个月。运输车辆必须进行消毒和配备冷藏设施。

四、盐水猪蹄

选用猪前腿腱子肉，去除脚爪，修整造型，去除多余的碎肉及脂肪，干、湿混合腌制而成的制品。

（一）配方

猪前蹄 100 千克，食用盐 7 千克，白砂糖 1 千克，花椒 0.25 千克，硝酸钠 0.012 千克，D-异抗坏血酸钠 0.1 千克，亚硝酸钠 0.008 千克。

（二）工艺流程

原辅料验收→原辅料贮存→原料肉解冻→整理→腌制→称重包装→检验→成品入库及贮运

（三）加工技术

1. 原辅料验收 选择产品质量稳定的供应商，对新的供应商进行原料安全评价，向供应商索取每批原料的检疫证明、有效的生产许可证和检验合格证，对每批原料进行感官检查，对原料猪前蹄、白砂糖、食用盐等原辅料进行验收。

2. 原辅料的贮存 原料猪前蹄在−18℃贮存条件下贮存，贮存期不超过 6 个月。辅助材料在干燥、避光、常温条件下贮存。

3. 原料肉解冻 原料猪前蹄在常温条件下解冻，解冻后在 22℃下存放不超过 2 小时。

4. 整理 选料时要严格把关，去掉小毛，皮面刮洗干净，修去多余的碎肉等，用注射机注射卤液，每只约注射 150 毫升（注射卤汁要在生产的前一天配制好，否则现配现用来不及）。

5. 腌制 盛入专用缸中，一层层放齐，上面用混合盐封头，每 12 小时翻动一次（湿腌卤液配制 1∶1）。干腌 12 小时，取 5％盐和花椒同炒，腌完后将剩余盐放入湿腌卤中，湿腌配制浓度为 12～15 波美度，腌制时间为 5～7 天为宜。

6. 称重包装 按不同规格要求，沥卤称重包装，经速冻后转入冷藏库中，保存期为 6 个月。

7. 检验 按国家有关标准的要求对产品进行检验，合格后方可出厂。

8. 成品入库及贮存 经检验合格的产品，装入彩袋或贴不干胶，封口打印生产日期，放入专用纸箱，标明名称、规格、重量等，保质期 6 个月。运输车辆必须进行消毒和配备冷藏设施。

五、乡间火腿

选用优质鲜冻前、后腿肌肉为原料，经选料、腌制、清洗、挂晒、发酵等工序制成。产品具有红白分明、腊香味浓、咸淡适中、美味可口的特点。

（一）配方

前、后腿肌肉 100 千克，食用盐 8 千克，花椒 0.1 千克，八角 0.1 千克，D-异抗坏血酸钠 0.15 千克，硝酸钾 0.025 千克，亚硝酸钠 0.015 千克。

（二）工艺流程

原辅料验收→原料肉解冻→整理→炒盐腌制→挂吹发酵→称重包装→检验→成品入库及贮存

（三）加工技术

1. 原辅料验收　选择产品质量稳定的供应商，对新的供应商进行原料安全评价，向供应商索取每批原料的检疫证明、有效的生产许可证和检验合格证，对每批原料进行感官检查，对原料肉、食用盐等原辅料进行验收。

2. 原料肉解冻　原料肉在常温条件下解冻，解冻后在22℃下存放不超过2小时。

3. 整理　选用的原料肉应去除脂肪、皮、骨、血伤等，切成约0.25千克大小的块状。

4. 炒盐腌制　取食用盐同花椒、八角一起用文火炒制，待盐淡黄色，有香味发出时，从锅中取出冷却，用竹筛或不锈钢网去掉花椒、八角颗粒，肉放在工作台上，将炒盐均匀地撒在肉面上，反复擦透至肉面出汗（盐卤），放入缸中腌制，每天翻动2次，腌制3天即可出缸。

5. 风吹发酵或烘干　把穿好绳的腊肉均匀排列在小竹竿上晾晒数日，待腊肉发硬干爽即可；或送入50～55℃的烘房中，烘制18小时左右，肉干爽即为成品。

6. 称重包装　按不同包装规格的要求，准确计量称重，整齐排列在塑料袋盒中，进行包装封口。

7. 检验　按国家有关标准的要求对产品进行检验，合格后方可出厂。

8. 成品入库及贮存　经检验合格的产品，装入彩袋或贴不干胶，封口打印生产日期，放入专用纸箱，标明名称、规格、重量等，保质期6个月。运输车辆必须进行消毒和配备冷藏设施。

六、兰花肉

本品是选用猪通脊肉（分割3号肉）为原料，经腌制、烘干等工序制成，造型美观，味道特香。

（一）配方

猪通脊肉（分割3号肉）100千克，白砂糖4千克，食用盐2千克，味精0.5千克，D-异抗坏血酸钠0.15千克，亚硝酸钠0.015千克，辣椒红0.01千克。

（二）工艺流程

原辅料验收→原料肉解冻→分割整理→腌制→摊筛烘干→称重包装→检验→成品入库及贮存

（三）加工技术

1. 原辅料验收 选择产品质量稳定的供应商，对新的供应商进行原料安全评价，向供应商索取每批原料的检疫证明、有效的生产许可证和检验合格证，对每批原料进行感官检验，对原料肉、白砂糖、食用盐、味精等原辅料进行验收。

2. 原料肉解冻 原料肉在常温条件下解冻，解冻后在 22℃下存放不超过2 小时。

3. 分割整理 对原料肉进行加工分割，修掉表面碎肉及脂肪。

4. 腌制 把整理好的肉放在工作台上，撒上辅料，充分拌匀，逐只平放在盘中，中途翻动 2 次，需 12 小时出缸。

5. 摊筛烘干 用竹筛每只平放整齐，吹晒 2～3 天；或烘房干燥处理，温度控制在 50～55℃，12～15 小时，表面光亮，硬度一致。

6. 称重包装 用真空封口机对产品进行定量包装。

7. 检验 按国家有关标准的要求对产品进行检验，合格后方可出厂。

8. 成品入库及贮存 经检验合格的产品，装入彩袋或贴不干胶，封口打印生产日期，放入专用纸箱，标明名称、规格、重量等。包装好的产品及时进入库中，保质期 6 个月。运输车辆必须进行消毒和配备冷藏设施。

七、酱精片

本品选用猪通脊肉（分割 3 号肉）为原料，经加工而成，呈棕红色，有光泽，营养丰富，风味独特。

（一）配方

猪通脊肉（分割 3 号肉）100 千克，白砂糖 6 千克，食用盐 4 千克，60 度大曲酒 0.5 千克，味精 0.5 千克，胡椒粉 0.15 千克，亚硝酸钠 0.015 千克。

（二）工艺流程

原辅料验收→原料肉解冻→修整切片→腌制→晒干或烘干→称重包装→检

验→成品入库及贮存

（三）加工技术

1. 原辅料验收 选择产品质量稳定的供应商，对新的供应商进行原料安全评价，向供应商索取每批原料的检疫证明、有效的生产许可证和检验合格证，对每批原料进行感官检查，对原料肉、白砂糖、食用盐、白酒、味精等原辅料进行验收。

2. 原料肉解冻 原料肉在常温条件下解冻，解冻后在22℃下存放不超过2小时。

3. 修整切片 原料肉要修整边角料，再用刀切成每块约厚2厘米、长15～20厘米为宜。

4. 腌制 称重按比例配制辅料，拌匀，撒在原料上进行搅拌，搅透后浸置45分钟，重新摊筛。

5. 晾干或烘干 烘房先加热温度，把架车上的竹筛取下盛装酱精片，吹晒干或烘房烘干。

6. 称重包装 冷却后，用真空封口机对产品进行定量包装。

7. 检验 按国家有关标准的要求对产品进行检验，合格后方可出厂。

8. 成品入库及贮存 经检验合格的产品，装入彩袋或贴不干胶，封口打印生产日期，放入专用纸箱，标明名称、规格、重量等。包装好的产品及时进入库中存放，保质期6个月。运输车辆必须进行消毒和配备冷藏设施。

八、干酱肉

本品是选用猪前蹄肉加工，经腌制、烘干等工序制成。外形为两头尖，中间有明显的大理石花纹，色香味美。

（一）配方

猪前蹄肉100千克，白砂糖4千克，食用盐3千克，酱油3千克，味精0.5千克，大曲酒0.5千克，鲜姜汁0.5千克，D-异抗坏血酸钠0.15千克，亚硝酸钠0.015千克。

（二）工艺流程

原辅料验收→原料肉解冻→分割切片→腌制定型→烘干→称重包装→检验

→成品入库及贮运

（三）操作要点

1. 原辅料验收　选择产品质量稳定的供应商，对新的供应商进行原料安全评价，向供应商索取每批原料的检疫证明、有效的生产许可证和检验合格证，对原料肉、白砂糖、食用盐、味精等原辅料进行验收。

2. 原料肉解冻　原料肉在常温条件下解冻，解冻后在 22℃下存放不超过 2 小时。

3. 分割切片　经去皮、去骨，取前蹄肉作原料，保持肉质新鲜，切成 2 厘米见方的肉片。

4. 腌制定型　按每百千克计算，把所有的辅料混合搅拌，撒在原料上，充分进行搅拌，放入曲酒，再搅拌几次，约 5 分钟后一块一块叠齐，经过 24 小时酱制，取出逐只放在筛网上吹干水分。

5. 烘干　把筛网上的酱肉连同筛子一同进入烘房，温度控制在 50～55℃ 为宜，经 18 个小时烘干后即为成品。

6. 称重包装　经冷却后，按不同规格称重，进行真空包装，装箱。

7. 检验　按国家有关标准的要求对产品进行检验，合格后方可出厂。

8. 成品入库及贮存　经检验合格的产品，装入彩袋或贴不干胶，封口打印生产日期，放入专用纸箱，标明名称、规格、重量等。包装好的产品及时进入库中存放，保质期 6 个月。运输车辆必须进行消毒和配备冷藏设施。

九、腊猪头（有骨或无骨）

本品是经过选用猪头（有骨或无骨），经腌制、烘干等工序制成，具有独特的风味，造型美观。

（一）配方

生猪头（有骨或无骨）100 千克，食用盐 8 千克，生姜片 1 千克，花椒 0.25 千克，千里香 0.08 千克，D-异抗坏血酸钠 0.15 千克，亚硝酸钠 0.015 千克。

（二）工艺流程

原辅料验收→原料肉解冻→清洗整理→劈半或整去骨→腌制→清洗→烘干

→烘干→成品

（三）加工技术

1. 原辅料验收　选择产品质量稳定的供应商，对新的供应商进行原料安全评价，向供应商索取每批原料的检疫证明、有效的生产许可证和检验合格证，对每批原料进行感官检验，对原料猪头、食用盐等原辅料进行验收。

2. 原料肉解冻　原料猪头在常温条件下解冻，解冻后在22℃下存放不超过2小时。

3. 清洗整理　猪头用火焰燎毛，去除淋巴结等，刮洗干净。

4. 劈半或整去骨　有骨头腊猪肉加工时，从头部中间劈开，去掉猪脑后备用。无骨头腊猪肉加工时，整个头用刀从脸部两边剖开，慢慢地把肉从骨头上分离，但不能把肉分开、弄碎，否则影响造型和美观，直至全部取下整只头骨为止。猪头脸面同样也要整块形状为佳。

5. 腌制　腌制时按原料的重量配比辅料，把盐同花椒混合后放在锅中，用文火边炒边搅拌，有香味时，取出自然冷却后，用不锈钢筛网去掉花椒颗粒，将盐均匀撒在猪头面皮上，用力抹擦到出汗为止。逐只放入腌制盆或缸中，每8~12小时上下翻动一次，让盐卤充分渗透在猪头中，腌制3~7天。

6. 清洗　取出用温水清洗并同时用刮刀或竹刷清洗表面层污物，用酱色化成液汁，在酱汁中浸泡5分钟后取出沥干。

7. 烘干　穿绳挂晒或进烘房用50~55℃进行干燥，时间18小时左右。

8. 成品　成品冷却后进行真空包装或散包装，经检验合格后出厂。

十、瓦形片猪耳

本产品为选用新鲜猪耳为原料，经腌制、风干而成，造型美观，每块如同瓦状一样。

（一）配方

鲜猪耳朵100千克，食用盐8千克，白砂糖1千克，混合香辛料0.5千克，D-异抗坏血酸钠0.15千克，亚硝酸钠0.015千克。

（二）工艺流程

原辅料验收→原料肉解冻→清洗整理→腌制→清洗→烘干或吹挂→成品

（三）加工技术

1. 原辅料验收　选择产品质量稳定的供应商，对新的供应商进行原料安全评价，向供应商索取每批原料的检疫证明、有效的生产许可证和检验合格证，对每批原料进行感官检验，对原料肉、白砂糖、食用盐等原辅料进行验收。

2. 原料肉解冻　原料肉在常温条件下解冻，解冻后在 22℃下存放不超过2小时。

3. 清洗整理　新鲜猪耳经去除耳根污物后，用刀在猪耳上打成花纹状，用火焰燎毛，刮洗干净，不混有其他杂质。

4. 腌制　先炒盐后冷却，取部分均匀撒猪耳朵上，每只擦透盐，而后放入腌制盆或缸中干腌3～7天。

5. 清洗　取出用温水浸泡30分钟左右，沥干水分上色（酱汁或红糟汁）后，穿绳挂架。

6. 烘干或挂吹　风干或进50～55℃的烘房进行烘干，需12～15小时取出。

7. 成品　冷却后进行称重包装或挂吹7天左右，待干爽时包装入库，经检验合格后出厂。

十一、香辣猪爪

选用优质鲜冻猪爪为原料，经清洗、整理、腌制、烘干等工序精制而成，产品色泽红润、有光泽、香辣味浓、回味鲜香。

（一）配方

鲜冻猪爪100千克，食用盐8千克，花椒0.1千克，八角0.05千克，D-异抗坏血酸钠0.3千克，红花黄0.05千克，辣椒红树脂0.05千克，亚硝酸钠0.015千克，辣椒红0.01千克。

（二）工艺流程

原辅料验收→原料肉解冻→清洗整理→炒盐腌制→烘干→称重包装→检验→成品入库及贮存

（三）加工技术

1. **原辅料验收**　选择产品质量稳定的供应商，对新的供应商进行原料安全评价，向供应商索取每批原料的检疫证明、有效的生产许可证和检验合格证。对每批原料进行感官检验，对原料猪爪、食用盐等原辅料进行验收。

2. **原料肉解冻**　原料猪后腿肉在常温条件下解冻，解冻后在 22℃下存放不超过 2 小时。

3. **清洗整理**　猪爪从中间剖开，平放在工作台上用火焰燎毛，放入清水中，用刀刮掉表皮上的杂物，去除猪爪脚趾部位的黄皮、黑斑、残留小毛、血伤等杂质。

4. **炒盐腌制**　取食用盐同花椒、八角一起用文火炒制，待盐呈淡黄色、有香味发出时，从锅中取出冷却，用竹筛或不锈钢网去掉花椒、八角颗粒，肉放在工作台上，将炒盐均匀地撒在肉面上，反复擦透至肉面出汗（盐卤），放入缸中腌制，每天翻动 2 次，腌制 3 天即可出缸。

5. **称重包装**　按不同包装规格的要求，准确计量称重，整齐排列在塑料袋盒中，进行包装封口。

6. **检验**　按国家有关标准的要求对产品进行检验，合格后方可出厂。

7. **成品入库及贮存**　经检验合格的产品，装入彩袋或贴不干胶，封口打印生产日期，放入专用纸箱，标明名称、规格、重量等。包装好的产品及时进入库中存放，保质期 6 个月。运输车辆必须进行消毒和配备冷藏设施。

十二、镰 刀 肉

本品选用猪后腿肌肉为原料，经整理、分切、腌制、烘干等工序制成。外形美观，红白分明，口感干爽而不硬，是老少咸宜食品。

（一）配方

后腿肌肉 100 千克，白砂糖 6 千克，食用盐 3 千克，曲酒 0.5 千克，味精 0.4 千克，D-异抗坏血酸钠 0.3 千克，亚硝酸钠 0.015 千克。

（二）工艺流程

原辅料验收→原料肉解冻→整理造型→腌制发酵→烘干→称重包装→检验→成品入库及贮存

（三）加工技术

1. 原辅料验收　选择产品质量稳定的供应商，对新的供应商进行原料安全评价，向供应商索取每批原料的检疫证明、有效的生产许可证和检验合格证。对每批原料进行感官检验，对原料猪后腿肉、白砂糖、食用盐、味精等原辅料进行验收。

2. 原料肉解冻　原料猪后腿肉在常温条件下解冻，解冻后在22℃下存放不超过2小时。

3. 整理造型　选用猪后腿肉经去皮、血伤、淋巴结等工序，修去部分碎肉，取用腿部肌肉，切成条状，长15～20厘米、宽4～6厘米，一端斜角，另一端尖角待用。

4. 腌制发酵　称重按比例配制料液，洒在肉面上反复擦抹，待出卤后排成一堆，进行腌制发酵，经24小时后取出平摊在不锈钢筛网上。

5. 烘干　吹晒2天后，进入烘房干燥。烘干温度50～55℃，时间15小时左右。

6. 称重包装　冷却后进行真空包装，为造型美观，选用逐只包装，称重装盒或装箱，进入成品库。

7. 检验　按产品标准的要求进行感官和理化检验，合格后方可出厂。

8. 成品入库及贮存　包装好的产品及时进入库中存放，保质期6个月。运输车辆必须进行消毒和配备冷藏设施。

十三、桃 饼 肉

本品是选用猪肋条肉（腹肌）为原料，经整理、分切、腌制、烘干加工而成，造型如鲜桃，干而软，回味可口，色泽油润，肉质干爽。

（一）配方

肋条五花肉100千克，食用盐6千克，味精0.5千克，60度大曲酒0.5千克，混合香辛料0.3千克，生姜汁0.25千克，D-异抗坏血酸钠0.3千克，猪肉香精0.2千克，亚硝酸钠0.015千克。

（二）工艺流程

原辅料验收→原料肉解冻→分割整理→腌制→造型→烘干→检验→成品入

库及贮存

（三）加工技术

1. **原辅料验收** 选择产品质量稳定的供应商，对新的供应商进行原料安全评价，向供应商索取每批原料的检疫证明、有效的生产许可证和检验合格证。对每批原料进行感官检验，对原料猪肋条肉、食用盐、白酒、味精等原辅料进行验收。

2. **原料肉解冻** 原料猪肋条肉在常温条件下解冻，解冻后在22℃下存放不超过2小时。

3. **分割整理** 去皮，去骨，取中间的五花肋条肉为原料，切成2厘米厚、宽1.5厘米、长20～22厘米的长条状，两端切成尖状，两边并拢像桃嘴一样。

4. **腌制** 称重配料，把上述辅料一同混合，均匀撒在原料肉上，反复搅拌，待辅料溶成黏稠状液体，逐条堆放整齐。

5. **造型** 用竹筛或不锈钢网，把原料放在上面，制成桃形状定型。

6. **烘干** 吹晒或进入50～55℃烘房中经过12～15小时烘干后即可出炉，冷却后进行包装（每只一袋）。

7. **检验** 按国家有关标准的要求对产品进行检验，合格后方可出厂。

8. **成品入库及贮存** 包装好的产品及时进入库中存放，保质期6个月。运输车辆必须进行消毒和配备冷藏设施。

十四、酱汁猪心

本品选用新鲜猪心为原料，经清洗、整理、腌制、发酵等工序制成，色泽红润，香辣味美。

（一）配方

新鲜猪心100千克，白酱油5千克，白砂糖3千克，食用盐2千克，曲酒0.5千克，生姜汁0.5千克，味精0.5千克，混合天然香辛料0.5千克，D-异抗坏血酸钠0.15千克，亚硝酸钠0.015千克。

（二）工艺流程

原辅料验收→原料肉解冻→清洗整理→腌制入味→烘干→称重包装→检验→成品入库及贮存

（三）加工技术

1. **原辅料验收**　选择产品质量稳定的供应商，向供应商索取每批原料的检疫证明、有效的生产许可证和检验合格证，对每批原料进行感官检验，对原料猪心、白砂糖、食用盐、白酒、味精等原辅料进行验收。

2. **原料肉解冻**　原料猪心在常温条件下解冻，解冻后在22℃下存放不超过2小时。

3. **清洗整理**　清洗后用刀从中间剖开，不要剖断、连接一起，并拉成条状、呈扇形，用温水再一次浸泡，去掉心里面的血污，清洗干净，沥水待用。

4. **腌制入味**　腌制时先称重，按一定配比配制辅料，混合后撒在猪心上，反复搅拌，待料全部溶解后，逐只放平猪心，进行腌制处理，中途翻动2次，需12～24小时后取出晾晒，在筛网上沥水、吹晒2～3天。

5. **烘干**　把原料进入烘房中干燥15～18小时，温度控制在55～60℃。

6. **称重包装**　按不同的规格要求，准确称重，进行真空包装。

7. **成品入库及贮存**　产品检验合格后方能出厂。包装好的产品及时进入库中存放，保质期6个月。运输车辆必须进行消毒和配备冷藏设施。

十五、甜辣酱风干肉

本产品选用猪前腿肉为原料，经腌制、风干等工序制成，外表为酱红色，色香味美。

（一）配方

前腿精肉100千克，白砂糖6千克，甜辣酱5千克，食用盐3千克，味精0.5千克，曲酒0.5千克，生姜汁0.5千克，D-异抗坏血酸钠0.15千克，亚硝酸钠0.015千克。

（二）工艺流程

原辅料验收→原料肉解冻→整理→腌制→烘烤→称重包装→检验→成品入库及贮存

（三）加工技术

1. **原辅料验收**　选择产品质量稳定的供应商，对新的供应商进行原料安全评价，向供应商索取每批原料的检疫证明、有效的生产许可证和检验合格证、对每批原料进行感官检验，对原料猪前腿肉、白砂糖、食用盐、白酒、味精等原辅料进行验收。

2. 原料肉解冻　原料猪前腿肉在常温条件下解冻，解冻后在22℃下存放不超过2小时。

3. 整理　取前腿，经去皮等工序，原料切成长20～25厘米、宽8～10厘米的块状，从中间切成连在一起的条状，不能切破，否则影响美观。

4. 腌制　腌制时称重，按配方比例调制好辅料，放入原料肉，充分、反复搅拌均匀，在块状的中间条状里涂上甜面辣酱，平放整齐，经24～36小时腌制，中途翻动几次，让料液充分渗透吸收。

5. 烘烤　用竹筛或不锈钢网，晾晒数日后，进烘房干燥处理，温度50～55℃，时间15～18小时后取出冷却。

6. 称重包装　按不同的规格要求，准确称重，进行真空包装。

7. 检验　按产品标准的要求进行感官和理化检验，合格后方可出厂。

8. 成品入库及贮存　包装好的产品及时进入库中存放，保质期6个月。运输车辆必须进行消毒和配备冷藏设施。

十六、辣香血皮

本品选用鲜猪脾脏为原料，经腌制、发酵、加工等工序制成，形似皂角，红黑透亮，具有独特的风味。

（一）配方

猪脾脏（血皮）100千克，干辣椒3千克，食用盐3千克，白砂糖2千克，味精0.5千克，生姜汁0.5千克，葱汁0.5千克，曲酒0.5千克，混合香辛料0.25千克。

（二）工艺流程

原辅料验收→原料肉解冻→整理清洗→腌制→日晒或烘干→称重包装→检验→成品入库及贮存

（三）加工技术

1. 原辅料验收　选择产品质量稳定的供应商，向供应商索取每批原料的

检疫证明、有效的生产许可证和检验合格证，对每批原料进行感官检验，对原料猪脾脏、白砂糖、食用盐、白酒、味精等原辅料进行验收。

2. 原料肉解冻　原料猪脾脏在常温条件下解冻，解冻后在 22℃ 下存放不超过 2 小时。

3. 整理清洗　去除血伤、表面油脂等杂质。用清水浸泡 15 分钟，清除里面血液，沥干水分。

4. 腌制　腌制时称重，按配比进行配料。干辣椒在生产之前熬制好卤汁，在腌制时添加，充分搅拌均匀，整齐放在腌制缸或盆中，经过 24～48 小时干腌，中途上下翻动几次，使料液拌匀，渗透到原料中。

5. 日晒或烘干　出料晾晒，待干燥后进入烘房进行烘烤，大概需 15 小时左右，即可出烘房进行冷却。

6. 称重包装　按不同的规格要求，准确称重，进行真空包装。

7. 检验　按国家有关标准的要求对产品进行检验，合格后方可出厂。

8. 成品入库及贮存　包装好的产品及时进入库中存放，保质期 6 个月。运输车辆必须进行消毒和配备冷藏设施。

十七、金 银 肝

本品选用新鲜猪肝和猪硬脂肪为原料，经清洗、整理、分切、腌制、烘干等工序加工而成，形如角状，切断面红白分明，香味浓郁。

（一）配方

新鲜猪肝 100 千克，硬猪脂肪 50 千克，白砂糖 3 千克，食用盐 2.5 千克，生姜 0.5 千克，曲酒 0.4 千克，味精 0.3 千克，大葱 0.3 千克，胡椒粉 0.2 千克，辣椒粉 0.2 千克，五香粉 0.1 千克，D-异抗坏血酸钠 0.3 千克，亚硝酸钠 0.015 千克。

（二）工艺流程

原辅料验收→原料肉解冻→分割整理→腌制→沥卤→烘干→称重包装→检验→成品入库及贮存

（三）加工技术

1. 原辅料验收　选择产品质量稳定的供应商，对新的供应商进行原料安

全评价，向供应商索取每批原料的检疫证明、有效的生产许可证和检验合格证，对每批原料进行感官检验，对原料猪肝、白砂糖、食用盐、白酒、味精等原辅料进行验收。

2. 原料肉解冻　原料猪肝在常温条件下解冻，解冻后在22℃下存放不超过2小时。

3. 分割整理　切长条块状，用50%的辅料进行干腌。12小时后风吹或日晒，待表面硬、里面软时备用。

4. 腌制　猪脂肪整块同时用白砂糖和盐混合后腌制3天左右，发硬时取出备用，辅料50%混合搅匀，用小尖刀在干燥的猪肝里面刺洞（孔）。不能刺破，否则脂肪会露在外面，影响美观。肥脂肪浸泡在卤液中，穿入猪肝中，开口处肥膘不外露，包含在肝中。

5. 沥卤　将猪肝浸泡在卤液中1～2小时后，拿出、放在竹筛上。

6. 烘干　吹晒或进入烘房中，用45～50℃的温度，进行8～12小时的干燥。

7. 称重包装　冷却后，按不同的规格要求，准确称重，进行真空包装。

8. 检验　按国家有关标准的要求对产品进行检验，合格后方可出厂。

9. 成品入库及贮存　包装好的产品及时进入库中存放，保质期6个月。运输车辆必须进行消毒和配备冷藏设施。

十八、古钱肉

选用猪通脊肉（分割3号肉）为原料。经腌制发酵后放在常温或进库冷藏，食用时加热同作料一起凉拌，美味可口，风味独特。

（一）配方

猪通脊肉（分割3号肉）100千克，白砂糖5千克，食用盐3千克，白酒0.5千克，千里香0.05千克，肉豆蔻0.05千克，复合磷酸钠0.15千克，D-异抗坏血酸钠0.1千克。

（二）工艺流程

原辅料验收→原料肉解冻→分割整理→腌制→挂吹发酵→称重包装→检验→成品入库及贮运

（三）加工技术

1. **原辅料验收** 选择产品质量稳定的供应商，向供应商索取每批原料的检疫证明、有效的生产许可证和检验合格证、对每批原料进行感官检验，对原料猪通脊肉、白砂糖、食用盐、白酒等原辅料进行验收。

2. **原料肉解冻** 原料猪通脊肉在常温条件下解冻，解冻后在 22℃下存放不超过 2 小时。

3. **分割整理** 猪通脊肉经分割，去除脂肪等杂质。

4. **腌制** 腌制时称重，按比例配制辅料（固体香辛料先要熬汁，然后添加）。搅拌均匀，同时加入香料汁，洒在原料上拌匀，反复抹擦透。待出现卤汁时，逐只放平（进行腌制整理），下入腌制缸中，另外配制湿腌料液，加入冰水混合拌匀。在 0～4℃的库中腌制 48 小时左右，待中心发出红色即已腌透。

5. **挂吹发酵** 取出原料挂吹，发酵 6 小时后进入干燥室（烘房），温度 65℃，时间 4 小时左右。

6. **称重包装** 按不同规格要求，称重包装，转入冷藏库中，保存期为 6 个月。

7. **检验** 按国家有关标准的要求对产品进行检验，合格后方可出厂。

8. **成品入库及贮存** 经检验合格的产品，装入彩袋或贴不干胶，封口打印生产日期，放入专用纸箱，标明名称、规格、重量等，保质期 6 个月。运输车辆必须进行消毒和配备冷藏设施。

第五节 酱卤肉制品的加工

酱卤制品包括白煮肉类、酱卤肉类、糟肉类三大类。

白煮也叫白烧、白切。白煮肉类可以认为是酱卤肉类未经酱制或卤制的一个特例，是肉经（或不经）腌制，在水（盐水）中煮制而成的熟肉类制品。一般在食用时再调味，产品最大限度地保持原料肉固有的色泽和风味。其特点是制作简单，仅用少量食用盐，基本不加其他配料，基本保持原形原色及原料本身的鲜美味道。外表洁白，皮肉酥润。肥而不腻。白煮肉类以冷食为主，吃时切成薄片，蘸以少量酱油、芝麻油、葱花、姜丝、香醋等。白煮肉类有白切肉、白切猪肚、白斩鸡、盐水鸡等。

酱卤肉类是酱卤制品中品种最多的一类熟肉制品，其风格各异，但主要操作工艺大同小异，只是在具体操作方法和配料的数量上有所不同。根据这些特点，酱卤肉类可划分为以下五种：

第一种是酱制，亦称红烧或五香，是酱卤肉类中的主要制品，也是酱卤肉类的典型产品。这类制品在制作中因使用了较多的酱油，以致制品色深、味浓、故称酱制。又因煮汁的颜色和经过烧煮后制品的颜色都呈深红色，所以又称红烧制品。另外，由于酱制品在制作时使用了八角、桂皮、丁香、花椒、小茴香五种香料，故有些地区也称这类制品为五香制品。

第二种是酱汁制品，以酱制为基础，加入红曲米使制品具有鲜艳的樱桃红色。酱汁制品使用的糖量较酱制品多，在锅内汤汁将干、肉开始酥烂准备出锅时，将糖熬成汁直接刷在肉上，或将糖撒在肉上。酱汁制品色泽鲜艳喜人，口味咸中有甜。

第三种是蜜汁制品，蜜汁制品的烧煮时间短，往往需油炸，其特点是块小，以带骨制品为多。蜜汁制品的制作方法有两种：一种是待锅内的肉块基本酥烂、汤汁煮至发稠时，再将白砂糖和红曲米水加入锅内。待糖和红曲米水熬至起泡发稠，与肉块混合，起锅即成。第二种是先将白砂糖与红曲米水熬成浓汁，浇在经过油炸的制品上即成（油炸制品多带骨，如大排、小排、肋排等）。蜜汁制品表面发亮，多为红色或红褐色，制品鲜香可口，蜜汁甜蜜浓稠。

第四种是糖醋制品，方法基本同酱制，配料中需加入糖和醋，使制品具有甜酸味。

第五种是卤制品，先调制好卤制汁或加入陈卤，然后将原料放入卤汁中。开始用大火，待卤汁煮沸后改用小火慢慢卤制，使卤汁逐渐浸入原料，直至酥烂即成。卤制品一般多使用老卤。每次卤制后，都需对卤汁进行清卤（撇油、过滤、加热、晾凉），然后保存。

酱卤肉类的特点是制作简单，操作方便，成品表面光亮，颜色鲜艳，并且由于重大料、重酱卤、煮制时间长，制品外部都黏附有较浓的酱汁或糖汁。因此，制品具有肉烂皮酥、浓郁的酱香味及糖香味等特色。我国著名的酱卤肉类有酱卤肉、卤肉、糖醋排骨、东坡肉、蜜汁蹄膀、扬州扒猪头等。

糟肉类是用酒糟或陈年香糟代替酱汁或卤汁制作的一类产品。它是肉经白煮后，再用"香糟"糟制的冷食熟肉类制品。其特点是制品胶冻白净，清凉鲜嫩。保持固有的色泽和曲酒香味，风味独特。但糟制品由于需要冷藏保存，食用时又需添加冻汁，故较难保存，携带不便。因此，受到一定的限制。我国著名的糟肉类有糟肉、糟蹄膀等。

一、苏州酱汁肉

苏州酱汁肉为苏州陆稿荐熟肉店所创。一般多在清明至立夏之间制作。成品为小方块状，色泽鲜艳，呈桃红色，肉质酥润，酱香浓郁。

（一）配方

猪肋条肉 100 千克，白砂糖 6 千克，精盐 4 千克，绍兴老酒 4 千克，葱（捆成束）2 千克，红曲米 1.2 千克，生姜 0.25 千克，桂皮 0.15 千克，八角 0.1 千克，双乙酸钠 0.3 千克，乙基麦芽酚 0.1 千克，乳酸链球菌素 0.05 千克，山梨酸钾 0.007 5 千克。

（二）工艺流程

原辅料验收→原料肉解冻→清洗整理→煮制→酱制→制卤→称重包装→杀菌→冷却→检验→外包装→成品入库

（三）加工技术

1. **原辅料验收**　选择产品质量稳定的供应商，对新的供应商进行原料安全评价，向供应商索取每批原料的检疫证明、有效的生产许可证和检验合格证，对每批原料进行感官检查，对原料肉、白砂糖、食用盐、白酒等原辅料进行验收。

2. **原辅料的贮存**　原料肉在 −18℃贮存条件下贮存，贮存期不超过 6 个月。辅助材料在干燥、避光、常温条件下贮存。

3. **原料肉解冻**　原料肉在常温条件下解冻，解冻后在 22℃下存放不超过 2 小时。

4. **清洗整理**　最好取太湖猪整块的肋条肉作原料，用流动自来水清洗后，沥水。刮净毛污，斩下大排骨的椎骨，留下整块方肋肉，之后切成肉条，俗称抽条子。宽 4 厘米，长度不限。肉条切好后砍成 4 厘米见方的块状，尽量做到每千克切 20 块，排骨部分每千克 14 块左右。肉块切好后，将五花肉、硬膘肉分开。

5. **煮制**　根据原料的规格，分批下锅，在沸水中白烧。五花肉烧 10 分钟左右，硬膘肉烧约 15 分钟。捞起后用清水冲洗干净，去掉油沫、污物等。将锅内白汤撇去浮油，全部舀出。然后在锅内放拆骨的猪头肉 6 块（猪脸 4 块、下巴肉 2 块，主要起衬垫作用，防止原料贴锅焦煳），放入包扎好的香料纱布袋。在猪头肉上面先放五花肉，后放硬膘肉。如有排骨碎肉可装入小竹篮中，置于锅中间。最后倒入肉汤，用大火煮制 1 小时。

6. 酱制　当锅内卤汤沸腾时加入红曲米、绍酒和糖（用糖量为总糖量的 4/5），再用中火焖煮 30 分钟左右，至肉色为深樱桃红色时即可出锅。

7. 制卤　酱汁肉的质量关键在于制卤，食用时还要在肉上泼卤汁。好卤汁既使肉色鲜艳，又使味道具有以甜味为主、甜中带咸的特点。质量好的卤汁应黏稠、细腻、流汁而不带颗粒。卤汁的制法是将留在锅内的酱汁再加入剩下的 1/5 的白砂糖，用小火煎熬，待汤汁逐渐成稠状即为卤汁。

8. 称重包装　按不同规格的要求进行称重，真空包装。

9. 杀菌　①杀菌操作按压力容器操作要求和工艺规范进行，升温时必须保证有 3 分钟以上的排气时间，排净冷空气。②采用高温杀菌：10 分钟—20 分钟—10 分钟（升温—恒温—降温）/121℃，反压冷却。

10. 冷却　排净锅内水，剔除破包，出锅后应迅速转入流动自来水池中，强制冷却 1 小时左右，上架、平摊、沥干水分。

11. 检验　检查杀菌记录表和冷却是否彻底凉透，送样到质检部门按国家有关标准进行检验。

12. 外包装　按批次检验合格后下达检验报告单，打印批号同生产日期必须严格对应，打印的位置应统一，字迹清晰、牢固。

13. 成品入库　按规格要求定量装箱，外箱注明品名、生产日期，方可进入成品库。

二、酱封肉

本产品选择鲜冻猪前腿（分割 2 号肉）为原料，经分割、整理、腌制、烘干、蒸（煮）制等工序制成。产品具有色泽酱红色、酱香浓郁、滋味鲜、有回味的特点，是上等的酱制品。

（一）配方

猪前腿肉（分割 2 号肉）100 千克，酱油 6 千克，白砂糖 6 千克，食用盐 3 千克，味精 1 千克，白酒 1 千克，鲜姜汁 0.5 千克，胡椒粉 0.05 千克，五香粉 0.05 千克，D-异抗坏血酸钠 0.15 千克，乙基麦芽酚 0.1 千克，红曲红

0.03 千克，亚硝酸钠 0.015 千克，山梨酸钾 0.007 5 千克。

（二）工艺流程

原辅料验收→原辅料贮存→原料肉解冻→分割整理→配料腌制→烘干→蒸（煮）制→冷却称重→真空包装→杀菌→冷却→检验→外包装→成品入库

（三）加工技术

1. 原辅料验收　选择产品质量稳定的供应商，对新的供应商进行原料安全评价，向供应商索取每批原料的检疫证明、有效的生产许可证和检验合格证，对原料肉、白砂糖、食用盐、白酒、味精等原辅料进行验收。

2. 原辅料的贮存　原料肉在 −18℃ 贮存条件下贮存，辅助材料在干燥、避光、常温条件下贮存。

3. 原料肉解冻　原料肉在常温条件下解冻，解冻后在 22℃ 下存放不超过 2 小时。

4. 分割整理　去除皮、骨和明显的脂肪、血伤等杂质，肉切成长 30 厘米、10 厘米长的肉条，在上面用刀打小洞，可以穿麻绳用。

5. 配料腌制　按原料重量配制辅料，进行反复搅拌均匀。

6. 烘干　搅拌均匀后，放入烘房中，温度为 50～55℃，待干燥（半干）。

7. 蒸（煮）制　干燥（半干）后放入蒸煮锅中加热 20～30 分钟后取出。

8. 冷却称重　冷却后，按不同规格的要求进行称重。

9. 真空包装　把称好的肉进行真空包装。

10. 杀菌　用巴氏杀菌法进行杀菌，时间为 40～50 分钟，温度控制在 85～90℃。

11. 冷却　排净锅内水，剔除破包，出锅后应迅速转入流动自来水池中，强制冷却 1 小时左右，上架、平摊、沥干水分。

12. 检验　检查杀菌记录表和冷却是否彻底凉透，送样到质检部门，按国家有关标准进行检验。

13. 外包装　按批次检验合格后下达检验报告单，打印批号同生产日期必须严格对应，打印的位置应统一，字迹清晰、牢固。

14. 成品入库　按规格要求定量装箱，外箱注明品名、生产日期，方可进入 0～4℃ 成品库。

三、杭州东坡肉

选用鲜冻猪五花肋条肉为原料，经选料、整理、煮制等工序制成。产品具有色泽红润、有光泽，肥而不腻、酥嫩爽口、鲜香味美、回味浓郁。

（一）配料

五花肋条肉 100 千克，白砂糖 5 千克，酱油 3 千克，食用盐 2.5 千克，糖色 2 千克，味精 1 千克，黄酒 1 千克，生姜 0.5 千克，大葱 0.5 千克，乙基麦芽酚 0.1 千克，红曲红 0.02 千克，山梨酸钾 0.007 5 千克。

（二）工艺流程

原辅料验收→原辅料贮存→原料肉解冻→清洗整理→油炸→煮制→冷却称重→真空包装→杀菌冷却→检验→外包装→成品入库

（三）加工技术

1. 原辅料验收 选择产品质量稳定的供应商，对新的供应商进行原料安全评价，向供应商索取每批原料的检疫证明、有效的生产许可证和检验合格证，对每批原料进行感官检查，对原料肉、白砂糖、食用盐、味精等原辅料进行验收。

2. 原辅料的贮存 原料肉在 -18℃贮存条件下贮存，贮存期不超过 6 个月。辅助材料在干燥、避光、常温条件下贮存。

3. 原料肉解冻 原料肉在常温条件下解冻，解冻后在 22℃下存放不超过 2 小时。

4. 清洗整理 取太湖猪五花肋条肉，用流动自来水清洗后，沥水。去除血污等杂质，切成 10 厘米×10 厘米的方块。

5. 油炸 先配制上色调料，清水 10 千克、饴糖 3 千克，搅拌均匀，肉块在里面浸一下取出沥干水分，待油温达到 175℃时放入肉块微炸 2～3 分钟，皮面有皱纹或呈褐红色时取出，沥油。

6. 煮制 按原料的重量配制各种辅料，锅内放入 120 千克清水后加入调料，大火烧开，再投入肉块，烧开改用文火焖煮 20～30 分钟，起锅冷却。

7. 冷却称重 卤煮好的产品摊放在不锈钢工作台上冷却，按不同规格要求准确称重。

8. 真空包装 抽真空前先预热机器，调整好封口温度、真空度和封口时间，袋口用专用消毒的毛巾擦干（防止袋口有油渍）后封口，结束后逐袋检查封口是否完好，轻拿轻放摆放于杀菌专用周转筐中。

9. 杀菌冷却 采用微波杀菌，打开微波电源盒按钮，设备自行运转，物料平放在进料平台上，不能重叠，同时调整好温度和加热时间，中心温度为85～90℃，再用巴氏杀菌，85℃、水浴40分钟，流动自来水冷却30～60分钟，最后取出沥干水分、凉干。

10. 检验 检查杀菌记录表和冷却是否彻底凉透，送样到质检部门按国家有关标准进行检验。

11. 外包装 按批次检验合格后下达检验报告单，打印批号同生产日期必须严格对应，打印的位置应统一，字迹清晰、牢固。

12. 成品入库 按规格要求定量装箱，外箱注明品名、生产日期，方可进入 0～4℃成品库。

四、无锡酱排骨

产品选择鲜冻猪排骨肉为原料，经整理、腌制、煮制等工序制成，具有色泽红润、美味可口、肥而不腻、香酥味浓的特点。

（一）配方

1. 腌制料 猪排骨 100 千克，食用盐 3 千克，花椒 0.025 千克，亚硝酸钠 0.015 千克。

2. 煮制料 酱油 8 千克，白砂糖 6 千克，黄酒 2 千克，食用盐 1.5 千克，味精 0.8 千克，生姜 0.5 千克，大葱 0.5 千克，桂皮 0.1 千克，八角 0.1 千克，丁香 0.03 千克，白芷 0.03 千克，乙基麦芽酚 0.1 千克，红曲红 0.04 千克，山梨酸钾 0.007 5 千克。

（二）工艺流程

原辅包装材料验收→原辅包装材料贮存→原料肉解冻→清洗整理→配料腌制→焯沸→煮制→冷却称重→真空包装→杀菌→冷却→检验→外包装→成品入库

（三）加工技术

1. 原辅包装材料验收 选择产品质量稳定的供应商，对新的供应商进行原料安全评价，向供应商索取每批原料的检疫证明、有效的生产许可证和检验合格证，对每批原料进行感官检查，对原料猪排骨、白砂糖、食用盐、味精、食品添加剂等原辅料及包装材料进行验收。

2. 原料包装材料的贮存　原料猪排骨在－18℃贮存条件下贮存，贮存期不超过6个月。辅助材料和包装材料在干燥、避光、常温条件下贮存。

3. 原料肉解冻　原料猪排骨在常温条件下解冻，解冻后在22℃下存放不超过2小时。

4. 清洗、整理　选用猪的胸腔骨（肋排）为原料，也可采用脊背的大排骨，骨与肉的比例约为1∶3。斩成宽7厘米、长11厘米左右的长方块，如以大排为原料则切成厚约1.2厘米的扇形块，用流动的自来水冲洗干净，沥水。

5. 配料腌制　按100%计算所需的各自不同的配方，用天平和电子秤配制香辛料和调味料（香辛料用文火煮制30～60分钟）。将亚硝酸钠、食用盐用水溶解、拌和，均匀地洒在排骨上，反复搅拌置于缸内腌制，腌制时间：夏季4小时，春、秋季8小时，冬季为10～24小时。在腌制过程中须上下翻动1～2次，使咸味均匀。

6. 焯沸　锅内用100℃的开水，放入排骨烧煮，上下翻动，撇除血沫，时间为3～5分钟出锅，用流动自来水冲洗干净后沥干。

7. 煮制　将生姜、大葱及香辛料分装于布袋，放在锅底，再放入排骨，加上黄酒、酱油、精盐，再放入焯沸的肉汤，旺火烧开后10分钟，改用文火焖煮1小时左右，加入白砂糖等辅料，再用旺火烧5分钟，待汤汁变浓后，即可出锅。

8. 冷却称重　卤煮好的产品摊放在不锈钢工作台上冷却，按不同规格要求准确称重。

9. 真空包装　抽真空前先预热机器，调整好封口温度、真空度和封口时间，袋口用专用消毒的毛巾擦干（防止袋口有油渍）后封口，结束后逐袋检查封口是否完好，轻拿轻放摆放于杀菌专用周转筐中。

10. 杀菌冷却　采用微波杀菌，打开微波电源盒按钮，设备自行运转，物料平放在进料平台上，不能重叠，同时调整好温度和加热时间，中心温度在85～90℃，再用巴氏杀菌，85℃、水浴40分钟，流动自来水冷却30～60分钟，最后取出沥干水分、凉干。

11. 检验　检查杀菌记录表和冷却是否彻底凉透，送样到质检部门按国家有关标准进行检验。

12. 外包装　按批次检验合格后下达检验报告单，打印批号同生产日期必须严格对应，打印的位置应统一，字迹清晰、牢固。

13. 成品入库 按规格要求定量装箱，外箱注明品名、生产日期，方可进入 0~4℃冷藏成品库。

五、酱肘子

选择鲜冻猪前、后蹄膀为原料，经整理、腌制、煮制、杀菌等工序制成，产品具有色泽红润、香味浓郁、鲜香味美、回味悠长的特点。

（一）配方

1. 腌制料 猪前、后蹄膀 100 千克，食用盐 5 千克，花椒 0.03 千克，D-异抗坏血酸钠 0.15 千克，亚硝酸钠 0.015 千克。

2. 香辛料 八角 0.15 千克，肉桂 0.15 千克，肉果 0.1 千克，砂仁 0.1 千克，陈皮 0.1 千克。

3. 煮制料 白砂糖 6 千克，酱油 6 千克，食用盐 1.5 千克，味精 1 千克，白酒 0.5 千克，生姜 0.5 千克，大葱 0.5 千克，乙基麦芽酚 0.15 千克，红曲红 0.03 千克，山梨酸钾 0.007 5 千克。

（二）工艺流程

原辅料验收→原辅料贮存→原料肉解冻→分割整理→配料腌制→煮制→冷却称重→真空包装→杀菌→冷却→检验→外包装→成品入库

（三）加工技术

1. 原辅料验收 选择产品质量稳定的供应商，向供应商索取每批原料的检疫证明、有效的生产许可证和检验合格证。对原料猪蹄膀、白砂糖、食用盐、白酒、味精等原辅料进行验收。

2. 原辅料的贮存 原料猪蹄膀在 -18℃贮存条件下贮存，辅料在干燥、避光、常温条件下贮存。

3. 原料肉解冻 原料猪蹄膀在常温条件下解冻，解冻后在 22℃下存放不超过 2 小时。

4. 分割整理 原料经分割，去除骨、小毛、明显的脂肪、血伤等杂质。

5. 配料腌制 用天平和电子秤准确称重，花椒、盐、亚硝酸钠混合均匀后撒在肘子上，反复拌数次，辅料全部溶解后放入缸中腌制 24 小时出缸。用自来水冲洗干净，沥水待用。

6. 煮制　按原料的重量配制各种辅料，锅内放入 120 千克清水后加入调料，大火烧开，再投入肉块，烧开改用文火焖煮 20～30 分钟，起锅冷却。

7. 冷却称重　卤煮好的产品摊放在不锈钢工作台上冷却，按不同规格要求准确称重。

8. 真空包装　抽真空前先预热机器，调整好封口温度、真空度和封口时间，袋口用专用消毒的毛巾擦干（防止袋口有油渍）后封口，结束后逐袋检查封口是否完好，轻拿轻放摆放于杀菌专用周转筐中。

9. 杀菌冷却　采用微波杀菌，打开微波电源盒按钮，设备自行运转，物料平放在进料平台上，不能重叠，同时调整好温度和加热时间，中心温度为 85～90℃，再用巴氏杀菌，85℃、水浴 40 分钟，流动自来水冷却 30～60 分钟，最后取出沥干水分、凉干。

10. 检验　检查杀菌记录表和冷却是否彻底凉透，送样到质检部门按国家有关标准进行检验。

11. 外包装　按批次检验合格后下达检验报告单，打印批号同生产日期必须严格对应，打印的位置应统一，字迹清晰、牢固。

12. 成品入库　按规格要求定量装箱，外箱注明品名、生产日期，方可进入 0～4℃冷藏成品库。

六、北京酱猪舌

产品选择鲜冻猪舌为原料，经整理、腌制、煮制等工序制成，具有酱香味浓、醇香干爽、美味可口的佳品。

(一) 配方

1. 腌制料　猪舌 100 千克，花椒盐 5 千克，亚硝酸钠 0.015 千克。

2. 煮制料

(1) 香辛料　八角 0.1 千克，花椒 0.1 千克，肉果 0.1 千克，荜拨 0.1 千克，香叶 0.05 千克，白芷 0.05 千克。

(2) 辅料　酱油 6 千克，白砂糖 5 千克，甜面酱 4 千克，味精 1 千克，白酒 1 千克，生姜 0.5 千克，大葱 0.5 千克，D-异抗坏血酸钠 0.15 千克，乙基麦芽酚 0.1 千克，红曲红 0.05 千克，山梨酸钾 0.007 5 千克。

（二）工艺流程

原辅料验收→原辅料贮存→原料肉解冻→清洗整理→配料腌制→煮制→冷却称重→真空包装→杀菌→冷却→检验→外包装→成品入库

（三）加工技术

1. 原辅料验收　选择产品质量稳定的供应商，向供应商索取每批原料的检疫证明、有效的生产许可证和检验合格证，对原料猪舌、白砂糖、食用盐、白酒、味精等原辅料进行验收。

2. 原辅料的贮存　原料猪舌在−18℃贮存条件下贮存，贮存期不超过 6 个月，辅料在干燥、避光、常温条件下贮存。

3. 原料肉解冻　原料猪舌在常温条件下解冻，解冻后在 22℃下存放不超过 2 小时。

4. 清洗整理　去除明显的脂肪、淤血等杂质，用流动水清洗干净，沥干水分。

5. 配料腌制　用天平和电子秤准确称重，花椒盐、亚硝酸钠混合均匀后洒在猪舌上，反复拌数次，辅料全部溶解后放入缸中腌制 24 小时出缸。用自来水冲洗干净，沥水待用。

6. 煮制　按规定配方比例配制香辛料（重复使用二次：第一次腌制，第二次煮制）和辅料，添加 120 千克清水，待水温 100℃时放入原辅料，保持温度为 90～95℃，时间 30 分钟，即可捞出沥卤。

7. 冷却称重　卤煮的产品摊放在不锈钢工作台上冷却（夏季用空调），按不同规格要求准确称重。

8. 真空包装　抽真空前先预热机器，调整好封口温度、真空度和封口时间，袋口用专用消毒的毛巾擦干（防止袋口有油渍）后封口，结束后逐袋检查封口是否完好，轻拿轻放摆放于杀菌专用周转筐中。

9. 杀菌冷却　采用微波杀菌，打开微波电源盒按钮，设备自行运转，物料平放在进料平台上，不能重叠，同时调整好温度和加热时间，中心温度为 85～90℃，再用巴氏杀菌，85℃、水浴 40 分钟，流动自来水冷却 30～60 分钟，最后取出沥干水分、凉干。

10. 检验　检查杀菌记录表和冷却是否彻底凉透，送样到质检部门按国家有关标准进行检验。

11. 外包装　按批次检验合格后下达检验报告单，打印批号同生产日期必须严格对应，打印的位置应统一，字迹清晰、牢固。

12. 成品入库　按规格要求定量装箱，外箱注明品名、生产日期，方可进入 0~4℃冷藏成品库。

七、酱五花肉

选用解冻猪去皮五花肉为原料，经整理、去骨、腌制、烘干、蒸制、杀菌等工序精制而成，产品具有肥而不腻、酱香味浓、鲜香味美、回味醇厚等特点。

（一）配方

猪五花肋条肉 100 千克，酱油 8 千克，白砂糖 6 千克，食用盐 2 千克，白酒 0.5 千克，味精 0.5 千克，生姜汁 0.5 千克，胡椒粉 0.05 千克，五香粉 0.05 千克，D-异抗坏血酸钠 0.15 千克，乙基麦芽酚 0.1 千克，红曲红 0.04 千克，亚硝酸钠 0.015 千克，山梨酸钾 0.007 5 千克。

（二）工艺流程

原辅料验收→原料肉解冻→分割整理→配料腌制→烘干→蒸（煮）制→冷却称重→真空包装→杀菌→冷却→检验→外包装→成品入库

（三）加工技术

1. 原辅料验收　选择产品质量稳定的供应商，向供应商索取每批原料的检疫证明、有效的生产许可证和检验合格证，对每批原料进行感官检验，对原料肉、白砂糖、食用盐、白酒、味精等原辅料进行验收。

2. 原料肉解冻　原料肉在常温条件下解冻，解冻后在 22℃下存放不超过 2 小时。

3. 分割整理　原料分割后用小刀顺着肋骨筋膜剖开，切成长 30 厘米、宽 15 厘米的条状。

4. 配料腌制　按原料重量配制辅料，进行反复搅拌均匀。

5. 烘干　搅拌均匀后，放入烘房中，温度为 50~55℃，待干燥（半干）。

6. 蒸（煮）制　干燥（半干）后放入蒸煮锅中加热 20~30 分钟后取出。

7. 冷却称重　冷却后，按不同规格的要求，进行称重。

8. 真空包装　把称好的肉进行真空包装。

9. 杀菌　用巴氏杀菌法进行杀菌，时间为 40～50 分钟，温度控制在 85～90℃。

10. 冷却　排净锅内水，剔除破包，出锅后应迅速转入流动自来水池中，强制冷却 1 小时左右，上架、平摊、沥干水分。

11. 检验　检查杀菌记录表和冷却是否彻底凉透，送样到质检部门按国家有关标准要求进行检验。

12. 外包装　按批次检验合格后下达检验报告单，打印批号同生产日期必须严格对应，打印的位置应统一，字迹清晰、牢固。

13. 成品入库　按规格要求定量装箱，外箱注明品名、生产日期，方可进入 0～4℃冷藏成品库。

八、糖醋排骨

选用鲜冻猪肋排为原料，经分割、腌制、油炸、煮制而成，产品具有色泽红润、鲜香味美、骨酥肉嫩、酸甜爽口、回味浓郁等特点。

（一）配方

1. 腌制料　猪肋排 100 千克，花椒盐 3 千克，亚硝酸钠 0.015 千克。

2. 煮制料

（1）香辛料　八角 0.15 千克，桂皮 0.1 千克，香叶 0.05 千克，丁香 0.05 千克。

（2）辅料　白砂糖 8 千克，陈醋 4 千克，酱油 2 千克，食用盐 0.5 千克，味精 0.5 千克，生姜 0.5 千克，大葱 0.5 千克，D-异抗坏血酸钠 0.15 千克，乙基麦芽酚 0.1 千克。

（二）工艺流程

原辅料验收→原辅料贮存→原料肉解冻→清洗整理→配料腌制→油炸→煮制→冷却称重→真空包装→杀菌→冷却→检验→外包装→成品入库

（三）加工技术

1. 原辅料验收　选择产品质量稳定的供应商，向供应商索取每批原料的检疫证明、有效的生产许可证和检验合格证。对原料猪肋排、白砂糖、食用盐、味精等原辅料进行验收。

2. **原辅料的贮存** 原料肉在−18℃贮存条件下贮存，贮存期不超过6个月，辅助材料在干燥、避光、常温条件下贮存。

3. **原料肉解冻** 原料猪肋排在常温条件下解冻，解冻后在22℃下存放不超过2小时。

4. **清洗整理** 原料清洗沥水后，用刀沿着肋骨分切或机械切成长5厘米、宽3厘米的块状。

5. **配料腌制** 按原料100%计算所需的各种不同的配方，用天平和电子秤配制香辛料和调味料，干腌4小时后，用清水冲洗干净，沥干水分后待用。

6. **油炸** 把沥干水分的肋排放入油炸不锈钢周转筐中，油锅温度上升到170℃时，放在里面微炸2～3分钟，外表呈红褐色、均匀一致时出锅沥油。

7. **煮制** 按原料的重量配制各种辅料，锅内放入120千克清水后加入调料，大火烧开，再投入原料，烧开后改用文火焖煮20～30分钟，起锅冷却。

8. **冷却称重** 卤煮好的产品摊放在不锈钢工作台上冷却，按不同规格要求准确称重。

9. **真空包装** 抽真空前先预热机器，调整好封口温度、真空度和封口时间，袋口用专用消毒的毛巾擦干（防止袋口有油渍）后封口，结束后逐袋检查封口是否完好，轻拿轻放摆放于杀菌专用周转筐中。

10. **杀菌冷却** 采用微波杀菌，打开微波电源盒按钮，设备自行运转，物料平放在进料平台上，不能重叠，同时调整好温度和加热时间，中心温度为85～90℃，再用巴氏杀菌，85℃、水浴40分钟，流动自来水冷却30～60分钟，最后取出沥干水分、凉干。

11. **检验** 检查杀菌记录表和冷却是否彻底凉透，送样到质检部门按国家有关标准要求进行检验。

12. **外包装** 按批次检验合格后下达检验报告单，打印批号同生产日期必须严格对应，打印的位置应统一，字迹清晰、牢固。

13. **成品入库** 按规格要求定量装箱，外箱注明品名、生产日期，方可进入0～4℃冷藏成品库。

九、白汁猪肚

选择优质鲜冻猪肚为原料，经清洗、整理、煮制而成，产品具有色泽白、无异味、香脆可口、鲜美脆滑、开胃佳品的特点。

（一）配方

1. 腌制料　猪肚 100 千克，食用盐 2 千克，白醋 2 千克。

2. 煮制料

（1）香辛料　八角 0.05 千克，香叶 0.05 千克，白芷 0.05 千克，小茴香 0.05 千克，白蔻仁 0.05 千克。

（2）辅料　食用盐 3 千克，味精 1 千克，白酒 1 千克，生姜 0.5 千克，大葱 0.5 千克，乙基麦芽酚 0.1 千克。

（二）工艺流程

原辅料验收→原料解冻→清洗整理→焯沸→煮制→冷却称重→真空包装→杀菌→冷却→检验→外包装→成品入库

（三）加工技术

1. 原辅料验收　选择产品质量稳定的供应商，向供应商索取每批原料的检疫证明、有效的生产许可证和检验合格证。对原料猪肚、食用盐、白酒、味精等原辅料进行验收。

2. 原料解冻　原料猪肚在常温条件下解冻，解冻后在 22℃下存放不超过 2 小时。

3. 清洗整理　原料清洗时，应去除明显的脂肪，再放入食用盐、白醋反复擦揉，去掉外面杂质，用 80℃的温水洗两次。

4. 焯沸　烧开 100℃的开水，然后再锅中放入猪肚浸泡 3～5 分钟捞出，用流动的自来水冲洗干净。

5. 煮制　按原料的重量配制各种辅料，锅内放入 120 千克清水后加入调料，大火烧开，再投入原料，烧开后改用文火焖煮 20～30 分钟，起锅冷却。

6. 冷却称重　卤煮好的产品摊放在不锈钢工作台上冷却，按不同规格要求准确称重。

7. 真空包装　抽真空前先预热机器，调整好封口温度、真空度和封口时间，袋口用专用消毒的毛巾擦干（防止袋口有油渍）后封口，结束后逐袋检查封口是否完好，轻拿轻放摆放于杀菌专用周转筐中。

8. 杀菌冷却　采用微波杀菌，打开微波电源盒按钮，设备自行运转，物料平放在进料平台上，不能重叠，同时调整好温度和加热时间，中心温度为 85～90℃，再用巴氏杀菌，85℃、水浴 40 分钟，流动自来水冷却 30～60 分钟，最后取出沥干水分、凉干。

9. 检验　检查杀菌记录表和冷却是否彻底凉透，送样到质检部门按国家有关标准要求进行检验。

10. 外包装　按批次检验合格后下达检验报告单，打印批号同生产日期必须严格对应，打印的位置应统一，字迹清晰、牢固。

11. 成品入库　按规格要求定量装箱，外箱注明品名、生产日期，方可进入 0～4℃冷藏成品库。

十、酱猪头肉

选用鲜冻去骨猪头肉为原料，经清洗、整理、煮制等工序制成，产品具有色泽红润、酱香浓郁、鲜香味美、肥而不腻等特点。

（一）配方

无骨猪头肉 100 千克，酱油 6 千克，白砂糖 5 千克，食用盐 3 千克，黄酒 3 千克，味精 1 千克，五香粉 0.25 千克，D-异抗坏血酸钠 0.15 千克，乙基麦芽酚 0.1 千克，亚硝酸钠 0.015 千克，山梨酸钾 0.007 5 千克。

（二）工艺流程

原辅料验收→原料解冻→清洗整理→焯沸→配料煮制→冷却称重→真空包装→杀菌→冷却→检验→外包装→成品入库

（三）加工技术

1. 原辅料验收　选择产品质量稳定的供应商，向供应商索取每批原料的检疫证明、有效的生产许可证和检验合格证，对原料猪头肉、白砂糖、食用盐、味精等原辅料进行验收。

2. 原料解冻　原料猪头肉在常温条件下解冻，解冻后在 22℃下存放不超过 2 小时。

3. 清洗整理　原料皮朝上平摊在不锈钢工作台上，用火焰烧去明显的小毛，用流动的自来水和小刀刮掉脸面上的残毛、黑斑等杂质，清洗干净，沥干水分。

4. 焯沸　用 100℃的开水，放入原料在里面浸烫 5 分钟左右取出，再用刀刮净脸面污物，清洗干净。

5. **配料腌制** 按规定的配方要求配制辅料,锅内放 120 千克清水后加入各种不同调味料,烧开后放入猪头肉,大火煮沸,去除锅中浮物杂质,焖煮 30 分钟左右后取出。

6. **冷却称重** 将卤煮好的产品摊放在不锈钢工作台上冷却,按不同规格要求准确称重。

7. **真空包装** 抽真空前先预热机器,调整好封口温度、真空度和封口时间,袋口用专用消毒的毛巾擦干(防止袋口有油渍)后封口,结束后逐袋检查封口是否完好,轻拿轻放摆放于杀菌专用周转筐中。

8. **杀菌冷却** 采用微波杀菌,打开微波电源盒按钮,设备自行运转,物料平放在进料平台上,不能重叠,同时调整好温度和加热时间,中心温度为 85℃～90℃,再用巴氏杀菌,85℃、水浴 40 分钟,流动自来水冷却 30～60 分钟,最后取出沥干水分、凉干。

9. **检验** 检查杀菌记录表和冷却是否彻底凉透,送样到质检部门按国家有关标准要求进行检验。

10. **外包装** 按批次检验合格后下达检验报告单,打印批号同生产日期必须严格对应,打印的位置应统一,字迹清晰、牢固。

11. **成品入库** 按规格要求定量装箱,外箱注明品、名生产日期,方可进入 0～4℃冷藏成品库。

十一、酱方肉

选用鲜冻猪肋条肉下面的五花肉为原料,经分割、整理、腌制、煮制、包装等工序制成,产品具有色泽酱红、醇香味美、肥而不腻、回味浓郁的特点。

(一) 配方

五花肉 100 千克,豆瓣酱 10 千克,白砂糖 6 千克,食用盐 2 千克,味精 1 千克,白酒 1 千克,D-异抗坏血酸钠 0.15 千克,香兰素 0.1 千克,乙基麦芽酚 0.05 千克,红曲红 0.02 千克,亚硝酸钠 0.015 千克,山梨酸钾 0.007 5 千克。

(二) 工艺流程

原辅料验收→原料解冻→整理切块→配料腌制→烘干→蒸制→冷却称重→真空包装→杀菌→冷却→检验→外包装→成品入库

(三) 加工技术

1. **原辅料验收**　选择产品质量稳定的供应商，向供应商索取每批原料的检疫证明、有效的生产许可证和检验合格证，对每批原料进行感官检验，对原料猪五花肉、白砂糖、食用盐、白酒、味精等原辅料进行验收。

2. **原料解冻**　原料猪五花肉在常温条件下解冻，解冻后在 22℃下存放不超过 2 小时。

3. **整理切块**　清除血伤等杂质，肉用刀或机械切成 15 厘米×15 厘米正方形的块状。中间用刀尖刺 5～6 个小洞，腌制时便于腌透入味。

4. **配料腌制**　按原料重量配制辅料，反复搅拌均匀。

5. **烘干**　放在不锈钢网筛上，进入 55～60℃的烘房中，烘制 24 小时后取出冷却。

6. **蒸制**　放入蒸气锅里蒸 15 分钟，温度为 110℃，取出自然冷却。

7. **冷却包装**　卤煮好的产品摊放在不锈钢工作台上冷却，按不同规格要求准确称重。

8. **真空包装**　抽真空前先预热机器，调整好封口温度、真空度和封口时间，袋口用专用消毒的毛巾擦干（防止袋口有油渍）后封口，结束后逐袋检查封口是否完好，轻拿轻放摆放于杀菌专用周转筐中。

9. **杀菌冷却**　采用微波杀菌，打开微波电源盒按钮，设备自行运转，物料平放在进料平台上，不能重叠，同时调整好温度和加热时间，中心温度为 85～90℃，再用巴氏杀菌，85℃、水浴 40 分钟，流动自来水冷却 30～60 分钟，最后取出沥干水分、凉干。

10. **检验**　检查杀菌记录表和冷却是否彻底凉透，送样到质检部门按国家有关标准进行检验。

11. **外包装**　按批次检验合格后下达检验报告单，打印批号同生产日期必须严格对应，打印的位置应统一，字迹清晰、牢固。

12. **成品入库**　按规格要求定量装箱，外箱注明品名、生产日期，方可进入 0～4℃冷藏成品库。

十二、香卤蒲包肉

本产品选用肥膘和碎精肉为原料，经分割、整理、绞碎、煮制等工序制成，具有色泽美观、造型独特、蒲叶清香、回味浓郁的特点。

（一）配方

精肉 60 千克，猪肥膘肉 40 千克，白砂糖 5 千克，食用盐 3 千克，味精 1 千克，白酒 0.5 千克，生姜 0.5 千克，大葱 0.5 千克，五香粉 0.05 千克，胡椒粉 0.05 千克，乙基麦芽酚 0.1 千克，红曲红 0.02 千克，山梨酸钾 0.007 5 千克。

（二）工艺流程

原辅料验收→原料解冻→清洗整理→分切搅拌→配料腌制→斩拌→称重包装→蒸制→冷却包装→杀菌→冷却→检验→外包装→成品入库

（三）加工技术

1. **原辅料验收** 选择产品质量稳定的供应商，向供应商索取每批原料的检疫证明、有效的生产许可证和检验合格证，对每批原料进行感官检验，对原料肉、白砂糖、食用盐、白酒、味精等原辅料进行验收。

2. **原料解冻** 原料肉在常温条件下解冻，解冻后在 22℃下存放不超过 2 小时。

3. **清洗整理** 去除血伤、淋巴结等杂质。

4. **分切绞碎** 肥肉切成 1 厘米×1 厘米方块，瘦肉用直径为 3 厘米网眼的绞肉机绞成碎肉。

5. **配料腌制** 按规格要求准确称重，配制各种辅料和食品添加剂，放在肉中搅拌均匀，腌制 2 小时左右。

6. **斩拌** 把原料肉投入到斩拌机中，用中速斩 1~2 分钟，取出。

7. **称重包装** 按规格要求称重，每只肉泥包装在蒲草包内；扎紧袋口，摆放在蒸制周转箱中。

8. **蒸制** 蒸制箱排列在不锈钢小车上，进入蒸汽锅中，100℃、30 分钟，蒸熟后取出。

9. **冷却包装** 在常温下自然冷却，两只为一袋进行真空包装。

10. **杀菌冷却** 采用微波杀菌，打开微波电源盒按钮，设备自行运转，物料平放在进料平台上，不能重叠，同时调整好温度和加热时间，中心温度为 85~90℃，再用巴氏杀菌，85℃、水浴 40 分钟，流动自来水冷却 30~60 分钟，最后取出沥干水分、凉干。

11. **检验** 检查杀菌记录表和冷却是否彻底凉透，送样到质检部门按国家有关标准进行检验。

12. 外包装　按批次检验合格后下达检验报告单，打印批号同生产日期必须严格对应，打印的位置应统一，字迹清晰、牢固。

13. 成品入库　按规格要求定量装箱，外箱注明品名、生产日期，方可进入 0～4℃冷藏成品库。

十三、维扬拆烧

本产品是选用猪后腿肉（分割 4 号肉），经腌制，油炸而成，其特点是色泽淡红、切断面整齐、味美鲜嫩、南北皆宜。

（一）配方

猪后腿精肉 100 千克，白砂糖 8 千克，食用盐 3 千克，黄酒 2 千克，味精 0.5 千克，生姜 0.5 千克，大葱 0.5 千克，大茴香 0.1 千克，丁香 0.05 千克，肉豆蔻 0.05 千克，肉桂 0.05 千克，复合磷酸盐 0.3 千克，D-异抗坏血酸钠 0.15 千克，乙基麦芽酚 0.1 千克，亚硝酸钠 0.015 千克。

（二）工艺流程

原辅料验收→原辅料贮存→原料解冻→分割整理→配料腌制→油炸→煮制→收膏→冷却→称重包装→杀菌→冷却→检验→外包装→成品入库

（三）加工技术

1. 原辅料验收　选择产品质量稳定的供应商，对新的供应商进行原料安全评价，向供应商索取每批原料的检疫证明、有效的生产许可证和检验合格证，对每批原料进行感官检查，对原料肉、白砂糖、食用盐、味精等原辅料进行验收。

2. 原辅料的贮存　原料肉在 −18℃贮存条件下贮存，贮存期不超过 6 个月，辅料在干燥、避光、常温条件下贮存。

3. 原料解冻　原料肉在常温条件下解冻，解冻后在 22℃下存放不超过 2 小时。

4. 分割整理　猪后腿肉经去皮等工序整理，肉块切成 6 厘米×12 厘米的长方块。

5. 配料腌制　把肉块投入到腌制缸中，先把香料用文火煮制 60 分钟，用筛网过滤去渣，同原辅料一起充分混合搅拌。腌制 12 小时取出。

6. 油炸　油炸时温度上升到 170℃ 时分批放入锅中炸至表面稍有黄红色时，起锅沥油。

7. 煮制　把清水 120 千克同生姜、大葱和剩余的香料一同在锅中煮开，放入半成品拆烧，大火烧开。改用文火约煮 20 分钟。

8. 收膏　锅中放入白砂糖、卤汁 20 千克，慢慢收膏，卤汁呈稠状，放入煮制的拆烧，不停翻炒，使糖液沾在肉上面为止。

9. 冷却　卤煮好的产品摊放在不锈钢工作台上冷却，按不同规格要求准确称重。

10. 称重包装　按不同规格的要求进行称重，真空包装。

11. 杀菌冷却　采用微波杀菌，打开微波电源盒按钮，设备自行运转，物料平放在进料平台上，不能重叠，同时调整好温度和加热时间，中心温度为 85~90℃，再用巴氏杀菌，85℃、水浴 40 分钟，流动自来水冷却 30~60 分钟，最后取出沥干水分、凉干。

12. 检验　检查杀菌记录表和冷却是否彻底凉透，送样到质检部门按国家有关标准进行检验。

13. 外包装　按批次检验合格后下达检验报告单，打印批号同生产日期必须严格对应，打印的位置应统一，字迹清晰、牢固。

14. 成品入库及贮存　经检验合格的产品，装入彩袋或贴不干胶，封口打印生产日期，放入专用纸箱，标明名称、规格、重量等，包装好的产品及时进入库中存放。

十四、苏式拆烧

选用鲜冻猪肉后腿肌肉（分割 4 号肉）为原料，经分割、整理、腌制、煮制等工序制成。外表呈棕红色，其特点是味美鲜嫩，香甜浓郁。

（一）配方

后腿肌肉（分割 4 号肉）100 千克，白砂糖 10 千克，食用盐 5 千克，黄酒 2 千克，味精 0.5 千克，生姜 0.5 千克，大葱 0.5 千克，红曲米粉 0.4 千克，八角 0.2 千克，肉桂 0.1 千克，D-异抗坏血酸钠 0.15 千克，亚硝酸钠 0.015 千克。

（二）工艺流程

原辅料验收→原辅料贮存→原料解冻→分割整理→配料腌制→煮制→冷却
→称重包装→杀菌→冷却→检验→外包装→成品入库

（三）加工技术

1. **原辅料验收** 选择产品质量稳定的供应商，对新的供应商进行原料安全评价，向供应商索取每批原料的检疫证明、有效的生产许可证和检验合格证，对每批原料进行感官检查，对原料肉、白砂糖、食用盐、味精等原辅料进行验收。

2. **原辅料的贮存** 原料肉在−18℃贮存条件下贮存，贮存期不超过 6 个月。辅料在干燥、避光、常温条件下贮存。

3. **原料解冻** 原料肉在常温条件下解冻，解冻后在 22℃下存放不超过 2 小时。

4. **分割整理** 选择经兽医检验合格的猪腿肌肉，经去皮、去脂肪等，原料肉切成长 15 厘米、宽 5 厘米的长方块。

5. **配料腌制** 把八角、肉桂，用纱布扎紧放在蒸煮锅中煮制 1 小时，待有香味时冷却备用。在锅中放入水和原料，比例是 80:120，放在卤汁中，倒入熬煮的香味料，反复搅均匀，放入原料，进行腌制。15 小时左右出缸。

6. **煮制** 取出后在蒸煮锅里预煮 20 分钟左右，红曲米用白酒溶开，逐步加入调成理想的色泽，煮熟后，出料装盘。

7. **冷却** 卤煮好的产品摊放在不锈钢工作台上进行冷却。

8. **称重包装** 按不同规格的要求进行称重，真空包装。

9. **杀菌冷却** 采用微波杀菌，打开微波电源盒按钮，设备自行运转，物料平放在进料平台上，不能重叠，同时调整好温度和加热时间，中心温度为 85~90℃，再用巴氏杀菌，85℃、水浴 40 分钟，流动自来水冷却 30~60 分钟，最后取出沥干水分、凉干。

10. **检验** 检查杀菌记录表和冷却是否彻底凉透，送样到质检部门按国家有关标准进行检验。

11. **外包装** 按批次检验合格后下达检验报告单，打印批号同生产日期必须严格对应，打印的位置应统一，字迹清晰、牢固。

12. **成品入库及贮存** 经检验合格的产品，装入彩袋或贴不干胶，封口打印生产日期，放入专用纸箱，标明名称、规格、重量等，包装好的产品应及时进入 0～4℃冷藏成品库。

十五、中式拆烧

本产品是在传统产品上用科学的方法结合西式制品的优点，也叫中作西做（加工），在不改变风味的基础上，引进部分西式配方，这样提高了出品率的同时也降低了成本，提高了经济效益。

（一）配方

猪后腿肌肉（分割 4 号肉）100 千克，香料水/冰水 45 千克，白砂糖 6 千克，食用盐 4 千克，大豆分离蛋白 0.5 千克，味精 0.5 千克，白酒 0.5 千克，复合磷酸盐 0.4 千克，卡拉胶 0.4 千克，D-异抗坏血酸钠 0.15 千克，猪肉香精 0.15 千克，亚硝酸钠 0.015 千克。

（二）工艺流程

原辅包装材料验收→原辅包装材料贮存→原料解冻→分割整理→腌制注射→滚揉→预煮切块→煮制→冷却→称重包装→杀菌→冷却→检验→成品入库及贮存

（三）加工技术

1. 原辅包装材料验收　选择产品质量稳定的供应商，对新的供应商进行原料安全评价，向供应商索取每批原料的检疫证明、有效的生产许可证和检验合格证，对每批原料进行感官检查，对原料肉、白砂糖、食用盐、白酒、味精、食品添加剂等原辅料及包装材料进行验收。

2. 原辅料包装材料的贮存　原料肉在−18℃贮存条件下贮存，贮存期不超过 6 个月。辅助材料和包装材料在干燥、避光、常温条件下贮存。

3. 原料解冻　原料肉在常温条件下解冻，解冻后在22℃下存放不超过 2 小时。

4. 分割整理　猪后腿肌肉（分割 4 号肉），去皮、肌腱、血伤、淋巴结等。

5. 腌制注射　取腌制料水，辅料混合后搅拌均匀，用盐水注射机注射，边注射边搅拌，一次不够时注两次。

6. 滚揉　注射完毕后，用小车运输到真空滚揉间。在 0～4℃腌制间滚揉16 小时（启动 20 分钟，停止 30 分钟）。

7. 预煮切块　从滚揉机中取出原料，用蒸汽锅预煮定形，冷却后切成长 15 厘米、宽 6 厘米的肉块。

8. 煮制　锅内放 120 千克清水，烧开放入辅料和原料，煮制 15 分钟左右取出。

9. 冷却　将卤煮好的产品摊放在不锈钢工作台上冷却，在常温下自然冷却。

10. 称重包装　按不同规格的要求称重，用真空包装机进行包装。

11. 杀菌　杀菌公式：15 分钟—20 分钟—15 分钟（升温—恒温—降温）/ 121℃，反压冷却。

12. 冷却　用流动的自来水冷却 60 分钟，上架、沥干水分。

13. 检验　检查杀菌记录表和冷却是否彻底凉透，送样到质检部门按国家有关标准要求进行检验。

14. 成品入库及贮存　经检验合格的产品，装入彩袋或贴不干胶，封口打印生产日期，放入专用纸箱，标明名称、规格、重量等，包装好的产品及时进入库中存放。

十六、水晶肴蹄

本产品选用优质猪爪（脚）为原料，经清洗、腌制、煮制等工序制成，产品具有色泽洁白、晶莹透明、清香爽口、回味悠长的特点。

（一）配方

1. 主料　猪爪 100 千克。

2. 腌制料

（1）香辛料　八角 0.15 千克，花椒 0.01 千克，砂仁 0.01 千克，白芷 0.05 千克，丁香 0.05 千克。

（2）辅料　食用盐 6 千克，D-异抗坏血酸钠 0.15 千克，亚硝酸钠 0.015 千克。

3. 煮制料　食用盐 2 千克，白砂糖 1 千克，味精 1 千克，白酒 0.5 千克，生姜 0.5 千克，香葱 0.5 千克。

（二）工艺流程

原辅包装材料验收→原辅包装材料贮存→原料解冻→清洗整理→配料腌制→焯沸刮黑→煮制→冷却→称重包装→杀菌→冷却→检验→外包装→成品入库

（三）加工技术

1. 原辅包装材料验收　选择产品质量稳定的供应商，对新的供应商进行原料安全评价，向供应商索取每批原料的检疫证明、有效的生产许可证和检验合格证，对每批原料进行感官检查，对原料猪爪（脚）、白砂糖、食用盐、白酒、味精、食品添加剂等原辅料及包装材料进行验收。

2. 原料包装材料的贮存　原料猪爪（脚）在−18℃贮存条件下贮存，贮存期不超过 6 个月。辅助材料和包装材料在干燥、避光、常温条件下贮存。

3. 原料解冻　原料猪爪（脚）在常温条件下解冻，解冻后在 22℃下存放不超过 2 小时。

4. 清洗整理　原料用劈半机或人工从中间用刀劈开，用火焰燎毛，放在清水中刮洗干净，去除表面、脚底部位的黄黑皮及残留的小毛等杂质。

5. 配料腌制　原料和卤液的量按 1∶1 配比，香辛料水熬煮 1 小时左右，放入 100 千克料液中，加入食用盐、亚硝酸钠，调成 10 波美度的盐水液，猪爪放入卤液，在 10℃以下腌制 15 小时左右取出。

6. 焯沸刮黑　锅内烧开水，把猪爪焯沸一下，用清水第二次去残毛，修刮干净。

7. 煮制　把清水 120 千克，连同生姜、大葱和剩余的香料一同在锅中煮开，放入半成品猪爪，大火烧开，改用文火约 20 分钟煮透。

8. 冷却　卤煮好的产品摊放在不锈钢工作台上进行冷却。

9. 称重包装　按不同规格的要求称重，用真空包装机进行包装。

10. 杀菌　杀菌公式：15 分钟—20 分钟—15 分钟（升温—恒温—降温）/121℃，反压冷却。

11. 冷却　在流动水中冷却 1 小时，冷却后上架凉干。

12. 检验　检查杀菌记录表和冷却是否彻底凉透，送样到质检部门按国家有关标准进行检验。

13. 成品入库及贮存　经检验合格的产品，装入彩袋或贴不干胶，封口打印生产日期，放入专用纸箱，标明名称、规格、重量等，包装好的产品及时进入库中存放。

十七、方模盐水蹄

选用猪前腿蹄肉经腌制、灌装、杀菌等工序加工而成。红白分明，肥而不腻，老少皆宜。

（一）配方

猪前腿蹄肉 100 千克，食用盐 3 千克，白砂糖 0.5 千克，大葱 0.5 千克，曲酒 0.5 千克，生姜 0.5 千克，味精 0.5 千克，八角 0.1 千克，花椒 0.1 千克，肉果 0.05 千克，双乙酸钠 0.3 千克，D-异抗坏血酸钠 0.1 千克，乙基麦芽酚 0.1 千克，乳酸链球菌素 0.05 千克，亚硝酸钠 0.015 千克。

（二）工艺流程

原辅料验收→原料解冻→清洗整理→配料腌制→焯沸→煮制→压膜切片→称重包装→成品

（三）加工技术

1. 原辅料验收　选择产品质量稳定的供应商，向供应商索取每批原料的检疫证明、有效的生产许可证和检验合格证，对原料肉、白砂糖、食用盐、味精等原辅料进行验收。

2. 原料解冻　原料肉在常温条件下解冻，解冻后在 22℃ 下存放不超过 2 小时。

3. 清洗整理　原料选用经检验合格的前腿（蹄）肉，经去骨、去毛，清洗干净。用刀反复在皮上面刮洗，沥干水分。

4. 配料腌制　按称重比例，配制辅料（香料要预先用清水熬煮 1 小时）同香料水一起混合均匀，洒在蹄面上反复擦盐后出汗（卤水），在投入腌制缸中干腌 3～5 天。

5. 焯沸　出缸后，用清洗浸泡 1 小时左右，用开水放入原料焯沸到收缩为止。取出用清水冲洗干净，进行第二次清洗去毛。

6. 煮制　煮制时投入原料烧开后，加入生姜、大葱、曲酒、香料煮制约 30 分钟到九成熟。

7. 压膜切片　定量装入不锈钢模具中，压紧后送入 0～4℃ 的冷库中 12～24 小时后脱模，按规格要求切片包装。

8. 称重包装　按不同规格的要求，转入包装间称重，用真空包装机进行包装。

9. 成品　包装完成后即为成品或进入 0～4℃ 的冷库中存放，保质期 30 天。

十八、玛瑙肉

选用猪头肉为原料,经腌制、预煮、炖烧等工序制成,产品具有色泽红润、红白分明、鲜香味美、肥而不腻。

(一)配方

去骨猪头肉 100 千克,食用盐 8 千克,酱油 4 千克,白砂糖 2.5 千克,黄酒 2 千克,生姜 0.5 千克,大葱 0.5 千克,桂皮 0.2 千克,八角 0.15 千克,肉果 0.05 千克,双乙酸钠 0.3 千克,复合磷酸钠 0.3 千克,乙基麦芽酚 0.1 千克,脱氢乙酸钠 0.05 千克,亚硝酸钠 0.015 千克。

(二)工艺流程

原辅料验收→原料解冻→清洗整理→腌制→预煮→配料烧煮→装模冷却→称重包装→杀菌冷却→检验→外包装→成品入库

(三)加工技术

1. 原辅料验收　选择产品质量稳定的供应商,向供应商索取每批原料的检疫证明、有效的生产许可证和检验合格证,对原料猪头肉、白砂糖、食用盐、味精等原辅料进行验收。

2. 原料解冻　原料猪头肉在常温条件下解冻,解冻后在 22℃下存放不超过 2 小时。

3. 清洗整理　选皱纹较少而浅的猪头肉。采用人工拔毛或火焰燎毛,在清水中除去毛、血污和杂质,并除去淋巴结、眼圈毛污,割去耳朵,刮净毛根。

4. 腌制　将洗净的猪头肉放入盐卤缸中浸泡腌制 12 小时后取出。

5. 预煮　然后放入夹层锅中预煮,待水沸后约 10 分钟提出冷却,再仔细检查有无细毛。

6. 配料烧煮　放入锅中加料烧煮(一般老汤)至六成熟时,提锅冷却拆骨,原汤烧煮(至用手指一压就裂开为止),立即提锅冷却。

7. 装模冷却　整修后进行装模,加盖压紧后送入预冷库冷却。

8. 称重包装　经 12 小时后取出整形,切片称重,真空包装。

9. 杀菌冷却　采用微波杀菌,打开微波电源盒按钮,设备自行运转,物料平放在进料平台上，不能重叠，同时调整好温度和加热时间，中心温度为85~90℃，再用巴氏杀菌，85℃、水浴40分钟，流动自来水冷却30~60分钟，最后取出沥干水分、凉干。

10. 检验　检查杀菌记录表和冷却是否彻底凉透，送样到质检部门按国家有关标准进行检验。

11. 外包装　按批次检验合格后下达检验报告单，打印批号同生产日期必须严格对应，打印的位置应统一，字迹清晰、牢固。

12. 成品入库及贮存　经检验合格的产品，装入彩袋或贴不干胶，封口打印生产日期，放入专用纸箱，标明名称、规格、重量等，包装好的产品及时进入0~4℃冷藏成品库。

十九、维扬扣肉

本产品选用猪五花肉为原料，经腌制、油炸等工序制成，特点是色泽红润、香酥可口、肥而不腻、老少皆宜。

(一) 配方

猪五花肉100千克，食用盐3千克，色拉油3千克，曲酒0.5千克，生姜0.5千克，大葱0.5千克，味精0.5千克，八角0.05千克，肉桂0.05千克，肉果0.05千克，香叶0.05千克，双乙酸钠0.3千克，D-异抗坏血酸钠0.15千克，乙基麦芽酚0.1千克，乳酸链球菌素0.05千克，亚硝酸钠0.015千克。

(二) 工艺流程

原辅料验收→原料解冻→分割整理→配料腌制→焯沸清洗→油炸→预煮→称重包装→杀菌→冷却→检验→外包装→成品入库及贮存

(三) 加工技术

1. 原辅料验收　选择产品质量稳定的供应商，向供应商索取每批原料的检疫证明、有效的生产许可证和检验合格证，对原料肉、白砂糖、食用盐、味精等原辅料进行验收。

2. 原料解冻　原料肉在常温条件下解冻，解冻后在22℃下存放不超过2小时。

3. 分割整理　原料经分割，去除明显的脂肪、血伤等杂质。

4. 配料腌制　按规格要求准确称重，配制各种辅料和食品添加剂，放在肉中搅拌均匀，腌制 2～4 小时。

5. 焯沸　锅内烧开水，把原料肉焯沸一下，焯沸后用水洗净，沥干水分待用。

6. 油炸　油炸时温度上升到 170℃时分批放入锅中，炸至表面稍有黄红色时起锅、沥油。

7. 预煮　预煮时放入姜、葱和香料熬煮，再放入原料烧煮 10 分钟取出。

8. 称重包装　按不同规格的要求称重，用真空包装机进行包装。

9. 杀菌冷却　杀菌公式：15 分钟—20 分钟—15 分钟（升温—恒温—降温）/121℃，反压冷却。

10. 检验　检查杀菌记录表和冷却是否彻底凉透，送样到质检部门按国家有关标准进行检验。

11. 外包装　按批次检验合格后下达检验报告单，打印批号同生产日期必须严格对应，打印的位置应统一，字迹清晰、牢固。

12. 成品入库　按规格要求定量装箱，外箱注明品名、生产日期，方可进入 0～4℃冷藏成品库。

二十、家庭肉冻

选用猪碎肉及猪肉皮为原料，经煮制、压膜、冷却等工序制成，产品风味浓郁、物美价廉、适合家庭制作。

（一）配方

猪瘦肉 50 千克，猪肉皮 50 千克，食用盐 3 千克，白砂糖 1 千克，味精 1 千克，鲜姜汁 0.5 千克，大葱 0.5 千克，双乙酸钠 0.3 千克，乙基麦芽酚 0.15 千克，乳酸链球菌素 0.05 千克。

（二）工艺流程

原辅料验收→原料解冻→清洗整理→装模成型→煮制→称重包装→检验→成品入库

（三）加工技术

1. 原辅料验收　选择产品质量稳定的供应商，向供应商索取每批原料的

检疫证明、有效的生产许可证和检验合格证，对原料肉、白砂糖、食用盐、白酒、味精等原辅料进行验收。

2. 原料解冻 原料肉在常温条件下解冻，解冻后在 22℃ 下存放不超过 2 小时。

3. 清洗整理 去除血伤、碎骨、淋巴结等杂质。将猪肉用 3.2 毫米孔板绞肉机绞碎，放在斩拌机中斩 2～3 分钟。

4. 装模成型 将肉馅填进不锈钢模具内。

5. 煮制 放入 80～85℃ 的水温中，预煮 2 小时左右，取出放入预冷库中冷却，12 小时后取出脱模。

6. 称重包装 按不同规格的要求，转入包装间称重，用真空包装机进行包装。

7. 检验 按国家有关标准要求进行检验。

8. 成品入库 按规格要求定量装箱，外箱注明品名、生产日期，方可进入 0～4℃ 冷藏成品库。

二十一、层 层 脆

本品采用新鲜猪耳朵加工制成，切面皮与软骨相间，条纹清晰，香脆可口，是种美味佳肴。

（一）配方

新鲜猪耳朵 100 千克，食用盐 3 千克，白砂糖 1.5 千克，味精 0.5 千克，曲酒 0.5 千克，生姜 0.3 千克，大葱 0.3 千克，八角 0.1 千克，肉果 0.1 千克，肉桂 0.1 千克，砂仁 0.05 千克，丁香 0.05 千克，双乙酸钠 0.3 千克，D-异抗坏血酸钠 0.15 千克，乙基麦芽酚 0.1 千克，乳酸链球菌素 0.05 千克，亚硝酸钠 0.015 千克。

（二）工艺流程

原辅料验收→原辅料贮存→原料解冻→清洗整理→腌制→预煮→装模冷藏→切片→包装→入库

（三）加工技术

1. 原辅料验收 选择产品质量稳定的供应商，向供应商索取每批原料的

检疫证明、有效的生产许可证和检验合格证，对原料猪耳朵、白砂糖、食用盐、味精等原辅料进行验收。

2. 原辅料的贮存 原料猪耳朵在−18℃贮存条件下贮存，贮存期不超过 6 个月。辅助材料在干燥、避光、常温条件下贮存。

3. 原料解冻 原料猪耳朵在常温条件下解冻，解冻后在 22℃下存放不超过 2 小时。

4. 清洗整理 新鲜的猪耳朵经去毛、去血污，整理干净，皮面用刀刮洗，去掉污垢等杂质。

5. 腌制 用盐和香料熬成料液。清洗后沥干水分的原料，投入到腌制缸中腌制 24 小时后取出。锅中烧开水，放入腌制好的耳朵，进行焯沸，提出用清水进一步清洗去小毛。

6. 预煮 预煮时锅中放入辅料（用白纱布扎紧），熬 1 小时左右，把清洗干净的猪耳煮成九成熟后取出。

7. 装模 装入模具中，放入 0～4℃冷藏库内，经 12 小时后，脱模。

8. 包装 转入包装间称重，按不同规格的要求，用真空包装机进行包装。

9. 成品入库 按规格要求定量装箱，外箱注明品名、生产日期，方可进入 0～4℃冷藏成品库。

二十二、节 节 香

本产品选用鲜猪尾为原料，经腌制、预煮等工序制成，特点是表皮红润、烂而不散、香酥可口，是一种上等佳肴。

（一）配方

新鲜猪尾 100 千克，食用盐 4 千克，酱油 4 千克，白砂糖 4 千克，黄酒 2 千克，生姜 1 千克，大葱 1 千克，干辣椒 0.5 千克，八角 0.03 千克，肉桂 0.02 千克，肉果 0.01 千克，丁香 0.01 千克，砂仁 0.01 千克，红曲红 0.02 千克，亚硝酸钠 0.015 千克。

（二）工艺流程

原辅料验收→原辅料贮存→原料解冻→清洗整理→焯沸→煮制→称重包装→杀菌→冷却→检验→外包装→成品入库

（三）加工技术

1. 原辅料验收　选择产品质量稳定的供应商，向供应商索取每批原料的检疫证明、有效的生产许可证和检验合格证，对原料猪尾、白砂糖、食用盐、味精等原辅料进行验收。

2. 原辅料的贮存　原料猪尾在－18℃贮存条件下贮存，辅助材料在干燥、避光、常温条件下贮存。

3. 原料解冻　原料猪尾在常温条件下解冻，解冻后在22℃下存放不超过2小时。

4. 清洗整理　去除小毛，拣去伤尾、破皮等不符合要求的原料，用流动自来水清洗干净。

5. 焯沸　在开水中焯沸5分钟后，取出进行第二次清洗、去毛。

6. 煮制　用刀劈成3厘米长的块状，用不锈钢锅煮制20分钟，取出冷却。

7. 称重包装　按规格要求称重，进行真空包装。

8. 杀菌　杀菌公式：15分钟—25分钟—15分钟（升温—恒温—降温）/121℃，反压冷却。

9. 冷却沥干　用流动自来水冷却1小时，取出，上架沥干。

10. 检验　检出杀菌记录表和冷却是否彻底凉透，送样到质检部门按国家有关标准进行检验。

11. 外包装　沥干水分后装上彩袋，用连动封口机封口，装箱入库。

12. 成品入库　按规格要求定量装箱，外箱注明品名、生产日期，方可进入0~4℃冷藏成品库。

二十三、陈皮酱汁肉

选用猪前腿夹心肉为原料，经腌制、发酵等工序制成，其特点是肉呈酱红色、油而不腻、酥香可口、酱香浓郁。

（一）配方

新鲜猪前腿夹心肉100千克，酱油6千克，白砂糖6千克，食用盐5千克，大曲酒0.5千克，味精0.4千克，大茴香0.15千克，花椒0.15千克，桂皮0.1千克。

（二）工艺流程

原辅料验收→原料解冻→分割整理→腌制→预煮冷却→真空包装→高温杀菌→检验→外包装→成品入库

（三）加工技术

1. 原辅料验收　选择产品质量稳定的供应商，向供应商索取每批原料的检疫证明、有效的生产许可证和检验合格证，对原料猪前腿夹心肉、白砂糖、食用盐、白酒、味精等原辅料及包装材料进行验收。

2. 原料解冻　原料猪前腿夹心肉在常温条件下解冻，解冻后在22℃下存放不超过2小时。

3. 分割整理　将猪前腿夹心肉去血伤、淋巴结等。

4. 腌制　原料称重，按比例配制辅料（香料要先煮好，熬煮1小时），混合一同放入湿腌缸中搅拌均匀（按原料∶卤液＝12∶8配制），腌制12小时后取出。

5. 预煮　预煮时放入姜、葱和香料熬煮。在放入原料烧煮15分钟取出冷却。

6. 称重包装　按规定要求称重，进行真空包装。

7. 杀菌　杀菌公式：15分钟—25分钟—15分钟（升温—恒温—降温）/121℃，反压冷却。

8. 检验　检出杀菌记录表和冷却是否彻底凉透，送样到质检部门按国家有关标准进行检验。

9. 外包装　沥干水分后装上彩袋，用连动封口机封口，装箱入库。

10. 成品入库　按规格要求定量装箱，外箱注明品名、生产日期，方可进入成品库。

二十四、百味扎蹄

本产品选用猪前腿肌肉为原料，经用多种天然香辛料，精心配制而成，其特点是用中草药构成独特的全新复合配方，产品具有味香独特、鲜美爽口、回味浓郁的特点。

（一）配方

新鲜猪前腿（蹄肉）100千克，白砂糖5千克，酱油5千克，食用盐3千克，干辣椒1千克，味精0.5千克，花椒0.5千克，大葱0.5千克，生姜0.5千克，咖喱粉0.3千克，胡椒粉0.2千克，复合磷酸盐0.3千克，D-异抗坏血酸钠0.15千克，乙基麦芽酚0.1千克，亚硝酸钠0.015千克。

（二）工艺流程

原辅料验收→原料解冻→分割整理→配料腌制→焯沸→预煮冷却→称重包装→杀菌→检验→外包装→成品入库及贮存

（三）加工技术

1. 原辅料验收　选择产品质量稳定的供应商，向供应商索取每批原料的检疫证明、有效的生产许可证和检验合格证，对每批原料进行感官检查，对原料肉、白砂糖、食用盐、白酒、味精等原辅料进行验收。

2. 原料解冻　原料肉在常温条件下解冻，解冻后在22℃下存放不超过2小时。

3. 分割整理　原料肉经分割加工处理，去血伤、去淋巴结等杂质，蹄肉经修整，去除多余的边角料。

4. 配料腌制　①香辛料用文火慢慢熬煮，约1小时左右，把所有的辅料混合连同香料水，一起充分搅拌均匀。②取清洗干净的原料肉，用卤液在上面涂擦，使其充分让辅料吸附在上面，通过反复的擦、按摩，加速蹄子的腌制。③通过3～5天的浸泡，肉色呈酱红色，用刀切开里面是否腌透，如有两种色泽，里面还夹生，需反复翻堆，如果切开面颜色一个样，证明已经达到效果。第二次重新找细绒毛，再把皮刮一下，除去部分杂质。

5. 焯沸　锅中水达到95℃时，逐个放入原料，在锅中焯沸，外表变硬时起锅待用。

6. 预煮　预煮时放入姜、葱和香料熬煮。在放入原料烧煮1小时取出冷却。

7. 称重包装　按规定要求，定量进行真空包装。

8. 杀菌　杀菌公式：15分钟—25分钟—15分钟（升温—恒温—降温）/121℃，反压冷却。

9. 检验　检出杀菌记录表和冷却是否彻底凉透，送样到质检部门按国家有关标准进行检验。

10. 外包装　沥干水分后装上彩袋，用连动封口机封口，装箱入库。

11. 成品入库　按规格要求定量装箱，外箱注明品名、生产日期，方可进入成品库。

二十五、风香肉排

本产品是经过选用猪肋排为原料，经腌制、干燥、熟制等工序加工而成，产品回味浓郁、鲜香有嚼劲、固有特殊的腊香味。

（一）配料

猪肋排肉 100 千克，食用盐 4 千克，白砂糖 3 千克，酱油 3 千克，白酒 0.5 千克，生姜 0.5 千克，味精 0.1 千克，五香粉 0.05 千克，D-异抗坏血酸钠 0.1 千克，红曲红 0.02 千克，亚硝酸钠 0.015 千克。

（二）工艺流程

原辅料验收→原辅料贮存→原料解冻→分割整理→配料腌制→烘干→蒸（煮）制→称重包装→杀菌→冷却→检验→成品入库

（三）加工技术

1. 原辅料验收　选择产品质量稳定的供应商，对新的供应商进行原料安全评价，向供应商索取每批原料的检疫证明、有效的生产许可证和检验合格证，对每批原料进行感官检查，对原料猪肋排肉、白砂糖、食用盐、白酒、味精等原辅料进行验收。

2. 原辅料的贮存　原料猪肋排肉在−18℃贮存条件下贮存，贮存期不超过 6 个月，辅助材料在干燥、避光、常温条件下贮存。

3. 原料解冻　原料猪肋排肉在常温条件下解冻，解冻后在 22℃下存放不超过 2 小时。

4. 分割整理　将猪肋排肉除去脂肪，切成长为 5 厘米、宽为 3 厘米的块状，清洗沥干水分。

5. 配料腌制　按原料计算所需的各自不同的配方，用天平和电子秤配制辅料及食品添加剂，加入 60 千克清水和调味料混合均匀，放入肉排反复搅拌，腌制 24 小时，中途翻动 2 次。

6. 烘干　用专用不锈钢筛网平摊肋排，进入 55～60℃ 的烘房内，烘制 15 小时左右，中途翻动 2 次。

7. 蒸（煮）制　把烘干的肋条放入蒸汽锅中，进行 20 分钟蒸制，取出冷却。

8. 称重包装　按不同规格要求，进行定量真空包装。

9. 杀菌　①杀菌操作按压力容器操作要求和工艺规范进行，升温时必须保证有 3 分钟以上的排气时间，排净冷空气。②杀菌公式：10 分钟—20 分钟—10 分钟（升温—恒温—降温）/121℃，反压冷却。

10. 冷却　排净锅内水，剔除破包，出锅后应迅速转入流动自来水池中，强制冷却 1 小时左右，上架、平摊、沥干水分。

11. 检验　检查杀菌记录表和冷却是否彻底凉透，送样到质检部门按国家有关标准进行检验。

12. 外包装　按批次检验合格后下达检验报告单，打印批号同生产日期必须严格对应，打印的位置应统一，字迹清晰、牢固。

13. 成品入库　按规格要求定量装箱，外箱注明品名、生产日期，方可进入成品库。

二十六、酱香大排

选用鲜冻猪大排为原料，经整理、腌制、煮制等工序加工而成，产品具有色泽红润、有光泽、酱香味浓、滋味鲜的特点。

（一）配方

1. 腌制料　猪大排 100 千克，食用盐 3 千克，亚硝酸钠 0.015 千克。

2. 煮制料　酱油 6 千克，白砂糖 5 千克，黄酒 2 千克，食用盐 1 千克，味精 0.8 千克，生姜 0.5 千克，大葱 0.5 千克，肉桂 0.15 千克，八角 0.1 千克，花椒 0.05 千克，丁香 0.03 千克，乙基麦芽酚 0.15 千克，红曲红 0.03 千克，山梨酸钾 0.007 5 千克。

（二）工艺流程

原辅包装材料验收→原辅包装材料贮存→原料肉解冻→清洗整理→配料腌制→焯沸→煮制→冷却称重→真空包装→杀菌→冷却→检验→外包装→成品入库

（三）加工技术

1. 原辅包装材料验收　选择产品质量稳定的供应商，对新的供应商进行原料安全评价，向供应商索取每批原料的检疫证明、有效的生产许可证和检验合格证，对每批原料进行感官检查，对原料猪大排、白砂糖、食用盐、味精、食品添加剂等原辅料及包装材料进行验收。

2. 原辅包装材料的贮存　原料猪大排在−18℃贮存条件下贮存，辅助材料和包装材料在干燥、避光、常温条件下贮存。

3. 原料肉解冻　原料猪大排在常温条件下解冻，解冻后在22℃下存放不超过2小时。

4. 清洗整理　选用猪脊背的大排骨，骨与肉的比例约为1∶4，用刀或切片机切成厚1.5厘米左右、长度为5厘米、宽度为3厘米的扇形块状，用流动的自来水冲洗干净，沥水。

5. 配料腌制　按原料100%计算所需的各自不同的配方，用天平和电子秤配制香辛料和调味料（香辛料用文火煮制30～60分钟）。将亚硝酸钠、食用盐用水溶解、拌和，均匀地洒在排骨上，反复搅拌置于缸内腌制，腌制时间：夏季4小时，春、秋季8小时，冬季为10～24小时。在腌制过程中须上下翻动1～2次，使咸味均匀。

6. 焯沸　锅内用100℃的开水，放入排骨烧煮，上下翻动，撇除血沫，时间为3～5分钟出锅，用流动自来水冲洗干净后沥干。

7. 煮制　将生姜、大葱及香辛料分装布袋，放在锅底，再放入排骨，加上黄酒、酱油、精盐再放入白烧（焯沸）的肉汤，旺火烧开后10分钟，改用文火焖煮1小时左右，加入白砂糖等辅料，再用旺火烧5分钟，待汤汁变浓后，即可出锅。

8. 冷却称重　将产品摊放在不锈钢工作台上冷却，按不同规格要求准确称重（正负在3～5克）。

9. 真空包装　抽真空前先预热机器，调整好封口温度、真空度和封口时间，袋口用专用消毒的毛巾擦干（防止袋口有油渍）后封口，结束后逐袋检查封口是否完好，轻拿轻放摆放于杀菌专用周转筐中。

10. 杀菌冷却　杀菌采用微波杀菌法，打开微波电源盒按钮，让设备自行运转，物料平放在进料平台上，不能重叠，同时调整好温度和加热时间，转速为600转/分，中心温度为85～90℃，再经过温度85℃水浴，巴氏杀菌40分钟，然后用流动自来水冷却30～60分钟，取出后沥干水分，凉干。

11. 检验 检查杀菌记录表和冷却是否彻底凉透，送样到质检部门按国家有关标准进行检验。

12. 外包装 按批次检验合格后下达检验报告单，打印批号同生产日期必须严格对应，打印的位置应统一，字迹清晰、牢固。

13. 成品入库 按规格要求定量装箱，外箱注明品名、生产日期，方可进入 0~4℃冷藏成品库。

二十七、麻辣猪舌

选用鲜冻优质猪舌为原料，经清洗整理、腌制、煮制等工序精制而成，产品具有麻辣味浓、香味浓郁、鲜香味美、回味悠长的特点。

（一）配方

1. 腌制料 猪舌 100 千克，食用盐 4 千克，花椒 0.025 千克，亚硝酸钠 0.015 千克。

2. 煮制料 白砂糖 5 千克，酱油 4 千克，食用盐 1.5 千克，干辣椒 1.5 千克，味精 1 千克，黄酒 1 千克，花椒 1 千克，生姜 0.5 千克，大葱 0.5 千克，乙基麦芽酚 0.1 千克，红曲红 0.03 千克，山梨酸钾 0.007 5 千克。

（二）工艺流程

原辅料验收→原料肉解冻→清洗整理→配料腌制→焯沸→煮制→冷却称重→真空包装→杀菌→冷却→检验→外包装→成品入库

（三）加工技术

1. 原辅料验收 选择产品质量稳定的供应商，向供应商索取每批原料的检疫证明、有效的生产许可证和检验合格证，对原料猪舌、白砂糖、食用盐、味精等原辅料进行验收。

2. 原料肉解冻 原料猪舌在常温条件下解冻，解冻后在 22℃下存放不超过 2 小时。

3. 清洗整理 去除猪舌上的舌皮、血伤等杂质，用清水冲洗干净后沥水。

4. 配料腌制 按原料 100% 计算所需的各自不同的配方，用天平和电子秤配料腌制，食用盐、亚硝酸钠搅拌均匀，撒在猪舌上进行干腌，反复翻动使咸味均匀，腌制 24 小时，中途翻动 2 次。

5. **焯沸** 锅内用 100℃ 的开水，放入猪舌焯沸，上下翻动，撇除血沫，时间为 3～5 分钟出锅，用流动自来水冲洗干净后沥干。

6. **煮制** 将生姜、大葱及香辛料分装布袋中，放在锅底，再放入猪舌，加上黄酒、酱油、精盐再放入肉汤，旺火烧开后 10 分钟，改用文火焖煮 1 小时左右，加入白砂糖等辅料，再用旺火烧 5 分钟，待汤汁变浓后，即可出锅。

7. **冷却称重** 将卤煮好的产品摊放在不锈钢工作台上冷却，按不同规格要求准确称重。

8. **真空包装** 真空前先预热机器，调整好封口温度、真空度和封口时间，袋口用专用消毒的毛巾擦干（防止袋口有油渍）后封口，结束后逐袋检查封口是否完好，轻拿轻放摆放于杀菌专用周转筐中。

9. **杀菌冷却** 采用微波杀菌，打开微波电源盒按钮，设备自行运转，物料平放在进料平台上，不能重叠，同时调整好温度和加热时间，中心温度为 85～90℃，再用巴氏杀菌，85℃、水浴 40 分钟，流动自来水冷却 30～60 分钟，最后取出沥干水分、凉干。

10. **检验** 检查杀菌记录表和冷却是否彻底凉透，送样到质检部门按国家有关标准进行检验。

11. **外包装** 按批次检验合格后下达检验报告单，打印批号同生产日期必须严格对应，打印的位置应统一，字迹清晰、牢固。

12. **成品入库** 按规格要求定量装箱，外箱注明品名、生产日期，方可进入 0～4℃ 冷藏成品库。

二十八、龙 蛋 肉

本产品是用猪通脊肉（分割 3 号肉）为原料，经腌制、发酵、熟制等工序制成，特点是肉质松软而不干燥，回味浓郁，腊香可口。

（一）配方

猪通脊肉（分割 3 号肉）100 千克，白砂糖 5 千克，食用盐 3 千克，味精 0.5 千克，曲酒 0.5 千克，生姜 0.5 千克，胡椒粉 0.2 千克，复合磷酸盐 0.3 千克，D-异抗坏血酸钠 0.1 千克，乙基麦芽酚 0.1 千克，亚硝酸钠 0.015 千克。

（二）工艺流程

原辅包装材料验收→原辅包装材料贮存→原料肉解冻→整理→配料腌制→挂吹→烘干熟制→称重包装→杀菌→冷却→检验→外包装→成品入库

（三）加工技术

1. 原辅包装材料验收　选择产品质量稳定的供应商，对新的供应商进行原料安全评价，向供应商索取每批原料的检疫证明、有效的生产许可证和检验合格证，对每批原料进行感官检查，对原料肉、白砂糖、食用盐、味精、食品添加剂等原辅料及包装材料进行验收。

2. 原辅包装材料的贮存　原料肉在−18℃贮存条件下贮存，贮存期不超过6个月。辅助材料和包装材料在干燥、避光、常温条件下贮存。

3. 原料肉解冻　原料肉在常温条件下解冻，解冻后在22℃下存放不超过2小时。

4. 整理　选用的猪通脊肉（分割3号肉）去除脂肪等，修除部分碎肉。

5. 腌制　腌制时称重配料，把料液拌均匀，洒在原料上反复抹擦，渗透到肉中，腌制2～3天，切开中间色变红为止。

6. 挂吹　取出挂吹，待干燥时用荷叶包紧扎牢。

7. 烘干熟制　入烘房用50～55℃温度慢慢烘干（半干），上架发酵，需煮熟时取出。

8. 称重包装　按不同规格要求，称重后再进行真空包装。

9. 杀菌　①杀菌操作按压力容器操作要求和工艺规范进行，升温时必须保证有3分钟以上的排气时间，排净冷空气。②采用高温杀菌：15分钟—20分钟—15分钟（升温—恒温—降温）/121℃，反压冷却。产品在常温下能保持6个月。另外一种方法，采用巴氏杀菌，水温85～90℃、时间40分钟，取出用冷水快速降温，保质期1个月。如果重复用巴氏杀菌一次，保质期可以达2～3个月。

10. 检验　检查杀菌记录表和冷却是否彻底凉透，送样到质检部门按国家有关标准进行检验。

11. 外包装　按批次检验合格后下达检验报告单，打印批号同生产日期必须严格对应，打印的位置应统一，字迹清晰、牢固。

12. 成品入库　按规格要求定量装箱，外箱注明品名、生产日期，方可进入成品库。

第六节　熏、烧烤肉制品的加工

熏、烧烤类肉制品由于运用了熏、烧烤的特殊加工工艺，所以制品不仅色泽美观悦目，并且肉质嫩脆可口，风味独特，深受广大消费者喜爱。

熏肉制品是以烟熏为主要加工工艺生产的一种肉制品。这一工艺是利用木材、木屑、稻壳、柏枝、蔗糖等材料不完全燃烧而产生的熏烟与肉料发生作用，使制品产生特有的烟熏风味，同时有着脱水、热加工、防腐、改进风味、抗氧化等作用。烟熏通常在烟熏室内进行，温度维持在 25～80℃。烟熏时，木材要选用树脂含量少的树木。因为树脂会发生不良气味并使制品表面发黑。

烧烤制品又称烤制品，是以烤制为主要加工工艺生产的一种肉制品。这一工艺主要是肉料直接在高温条件下干烤，温度一般为 180～250℃，使肉料表面产生一种焦化物，从而使制品香脆可口，风味独特。烤制通常在烤炉中进行，使用的热源有木炭、无烟煤、红外线电热装置等。由于红外线电烤炉清洁卫生，温度易于控制，操作方便，升温快，效率高，产品质量好，故目前多趋于使用电热源。

一、醇香熏肉

选择鲜冻猪前、后腿肌肉为原料，经分割、整理、腌制、烘干、熏制等工序制成。产品具有色泽呈褐黄色、鲜香细腻、熏香味浓、美味可口、风味独特的特点。

（一）配方

猪前、后腿肌肉 100 千克，白砂糖 5 千克，食用盐 3.5 千克，甜面酱 2 千克，味精 1 千克，生姜汁 0.5 千克，白酒 0.5 千克，黑胡椒粉 0.1 千克，D-异抗坏血酸钠 0.15 千克，乙基麦芽酚 0.1 千克，红曲红 0.04 千克，纳他霉素 0.03 千克，亚硝酸钠 0.015 千克。

（二）工艺流程

原辅包装材料验收→原辅包装材料贮存→原料肉解冻→整理分切→配料腌制→熏制→冷却称重→真空包装→杀菌冷却→检验→外包装→成品入库

（三）加工技术

1. **原辅包装材料验收** 选择产品质量稳定的供应商，对新的供应商进行原料安全评价，向供应商索取每批原料的检疫证明、有效的生产许可证和检验合格证，对每批原料进行感官检查，对原料肉、白砂糖、食用盐、白酒、味精、食品添加剂等原辅料及包装材料进行验收。

2. **原辅包装材料的贮存** 原料肉在−18℃贮存条件下贮存，贮存期不超过 6 个月。辅助材料和包装材料在干燥、避光、常温条件下贮存。

3. **原料肉解冻** 原料肉在常温条件下解冻，解冻后在 22℃下存放不超过 2 小时。

4. **整理分切** 原料肉经分割去除血伤、小毛等杂质，切成长 15 厘米、宽 8 厘米的长方形块状。

5. **配料腌制** 按配方规定的要求，用天平和电子秤配制各种调味料和食品添加剂。原料称重后放入不锈钢桶里，清水 70 千克同调味料反复搅拌，使辅料全部溶解后腌制，中途翻动 2 次，腌制 1～2 小时，肉色发红，取出沥卤。

6. **烘干熏制** 肉块平摊在不锈钢筛网上，进入烘房经 15 小时烘干，表面呈黄褐色，取出后进入到熏制烘房中 1～2 小时上色，自然冷却后即为成品。

7. **冷却称重** 产品摊放在不锈钢工作台上冷却，按不同规格要求准确称重。

8. **真空包装** 真空前先预热机器，调整好封口温度、真空度和封口时间，袋口用专用消毒的毛巾擦干（防止袋口有油渍）后封口，结束后逐袋检查封口是否完好，轻拿轻放摆放于杀菌专用周转筐中。

9. **杀菌冷却** 采用微波杀菌，打开微波电源盒按钮，设备自行运转，物料平放在进料平台上，不能重叠，同时调整好温度和加热时间，中心温度为 85～90℃，再用巴氏杀菌，85℃、水浴 40 分钟，流动自来水冷却 30～60 分钟，最后取出沥干水分、凉干。

10. **检验** 检查杀菌记录表和冷却是否彻底凉透，送样到质检部门按国家有关标准进行检验。

11. **外包装** 按批次检验合格后下达检验报告单，打印批号同生产日期必须严格对应，打印的位置应统一，字迹清晰、牢固。

12. **成品入库** 按规格要求定量装箱，外箱注明品名、生产日期，方可进入 0~4℃冷藏成品库。

二、茶香烤猪排

原料选择猪肋排为原料，经分割、整理、腌制、烤制等工序制成，产品具有色泽红润、烤香风味浓郁、固有本产品特有的芳香味、食用方便等特点。

（一）配方

猪排骨（肋排）100 千克，白砂糖 4 千克，食用盐 3.5 千克，红茶叶 2 千克，白酒 1 千克，味精 0.6 千克，生姜汁 0.5 千克，白胡椒 0.1 千克，五香粉 0.05 千克，D-异抗坏血酸钠 0.1 千克，乙基麦芽酚 0.1 千克，红曲红 0.03 千克，茶多酚 0.03 千克，亚硝酸钠 0.015 千克。

（二）工艺流程

原辅料验收→原料肉解冻→分割整理→配料腌制→烤制→冷却称重→真空包装→杀菌冷却→检验→外包装→成品入库

（三）加工技术

1. 原辅料验收　选择产品质量稳定的供应商，向供应商索取每批原料的检疫证明、有效的生产许可证和检验合格证，对原料猪排骨、白砂糖、食用盐、白酒、味精等原辅料进行验收。

2. 原料肉解冻　原料猪排骨在常温条件下解冻，解冻后在 22℃下存放不超过 2 小时。

3. 分割整理　猪排骨去除脂肪等杂质，按骨头每根从中间切开，成长条状，每块长 15 厘米左右。

4. 配料腌制　按配方规定的要求，用天平和电子秤配制各种调味料和食品添加剂，原料称重后放入不锈钢桶里，取清水 70 千克同调味料反复搅拌，使辅料全部溶解后腌制，中途翻动 2 次，腌制 1~2 小时，肉色发红，取出沥卤。

5. 烤制　肋排用烧烤纸包裹，平摊在不锈钢筛网上，放入 175℃的烤制箱中烤制 30~40 分钟，表面收缩出油，取出冷却。

6. 冷却称重　产品摊放在不锈钢工作台上冷却，按不同规格要求准确称重。

7. 真空包装　抽真空前先预热机器，调整好封口温度、真空度和封口时间，袋口用专用消毒的毛巾擦干（防止袋口有油渍）后封口，结束后逐袋检查封口是否完好，轻拿轻放摆放于杀菌专用周转筐中。

8. 杀菌冷却　采用微波杀菌，打开微波电源盒按钮，设备自行运转，物料平放在进料平台上，不能重叠，同时调整好温度和加热时间，中心温度为85～90℃，再用巴氏杀菌，85℃、水浴 40 分钟，流动自来水冷却 30～60 分钟，最后取出沥干水分、凉干。

9. 检验　检查杀菌记录表和冷却是否彻底凉透，送样到质检部门按国家有关标准进行检验。

10. 外包装　按批次检验合格后下达检验报告单，打印批号同生产日期必须严格对应，打印的位置应统一，字迹清晰、牢固。

11. 成品入库　按规格要求定量装箱，外箱注明品名、生产日期，方可进入 0～4℃冷藏成品库。

三、樟茶熏猪柳

本产品选择猪通脊肉（分割 3 号肉）为原料，经整理、分切、腌制、煮制、熏制等工序制成，精选了纯天然中草药构成独特的全新配方，具有色香味浓、鲜嫩味美、回味悠长的特点。

（一）配方

猪通脊肉（分割 3 号肉）100 千克，白砂糖 5 千克，鲜鸡蛋 5 千克，食用盐 3 千克，玉米淀粉 3 千克，淀粉 2 千克，味精 1 千克，黄酒 1 千克，胡椒粉 0.15 千克，五香粉 0.05 千克，复合磷酸盐 0.3 千克，乙基麦芽酚 0.1 千克，D-异抗坏血酸钠 0.1 千克，红曲红 0.03 千克，亚硝酸钠 0.015 千克。

（二）工艺流程

原辅料验收→原料肉解冻→整理分切→配料腌制→成型→蒸制→熏制→冷却称重→真空包装→杀菌冷却→检验→外包装→成品入库

（三）加工技术

1. 原辅料验收　选择产品质量稳定的供应商，向供应商索取每批原料的

检疫证明、有效的生产许可证和检验合格证，对原料肉、白砂糖、食用盐、味精等原辅料进行验收。

2. 原料肉解冻 原料肉在常温条件下解冻，解冻后在 22℃下存放不超过 2 小时。

3. 整理分切 分割 3 号肉去除明显脂肪、筋膜等杂质，用切片机切成长 5 厘米、宽 2 厘米、厚 2 厘米条形状。

4. 配料腌制 按配方要求准确称重辅料和食品添加剂，用清水 20 千克混合后均匀洒在猪柳条上，放入搅拌机中搅拌 2～3 分钟后出料，在腌制盘中浸渍 30 分钟左右。

5. 成型 用竹扦把肉条串在一起，每根约 50 克。

6. 蒸制 放在蒸制周转箱中，平摊均匀，在里面蒸制 10 分钟。

7. 熏制 转入熏制间用樟木屑、红茶叶、红糖拌匀，撒在明火上，使熏料冒烟，熏约 15 分钟左右，肉表面色泽呈淡黄色时停止即可出炉，冷却。

8. 冷却称重 产品摊放在不锈钢工作台上冷却，按不同规格要求准确称重。

9. 真空包装 抽真空前先预热机器，调整好封口温度、真空度和封口时间，袋口用专用消毒的毛巾擦干（防止袋口有油渍）后封口，结束后逐袋检查封口是否完好，轻拿轻放摆放于杀菌专用周转筐中。

10. 杀菌冷却 采用微波杀菌，打开微波电源盒按钮，设备自行运转，物料平放在进料平台上，不能重叠，同时调整好温度和加热时间，中心温度为 85～90℃，再用巴氏杀菌，85℃、水浴 40 分钟，流动自来水冷却 30～60 分钟，最后取出沥干水分、凉干。

11. 检验 检查杀菌记录表和冷却是否彻底凉透，送样到质检部门按国家有关标准进行检验。

12. 外包装 按批次检验合格后下达检验报告单，打印批号同生产日期必须严格对应，打印的位置应统一，字迹清晰、牢固。

13. 成品入库 按规格要求定量装箱，外箱注明品名、生产日期，方可进入 0～4℃冷藏成品库。

四、叉 烧 肉

本产品是选用猪前后腿肉为原料，经切块、整理、腌制、烧烤等工序制成，其特点是色泽红润、有光泽、香酥脆嫩、鲜香味美、回味浓郁。

（一）配方

猪前后腿肌肉 100 千克，白砂糖 6 千克，饴糖 5 千克，白酱油 3 千克，食用盐 2 千克，香油 1.5 千克，味精 0.8 千克，曲酒 0.5 千克，生姜汁 0.5 千克，胡椒粉 0.05 千克，柠檬汁 0.05 千克，复合磷酸盐 0.3 千克，双乙酸钠 0.3 千克，乙基麦芽酚 0.1 千克，红曲红 0.03 千克，纳他霉素 0.03 千克，亚硝酸钠 0.015 千克。

（二）工艺流程

原辅包装材料验收→原辅包装材料贮存→原料肉解冻→整理分切→配料腌制→烤制→冷却称重→真空包装→杀菌冷却→检验→外包装→成品入库

（三）加工技术

1. 原辅包装材料验收 选择产品质量稳定的供应商，对新的供应商进行原料安全评价，向供应商索取每批原料的检疫证明、有效的生产许可证和检验合格证，对每批原料进行感官检查，对原料肉、白砂糖、食用盐、味精、食品添加剂等原辅料及包装材料进行验收。

2. 原辅包装材料的贮存 原料肉在-18℃贮存条件下贮存，贮存期不超过 6 个月，辅助材料和包装材料在干燥、避光、常温条件下贮存。

3. 原料肉解冻 原料肉在常温条件下解冻，解冻后在 22℃下存放不超过 2 小时。

4. 整理分切 经分割去除皮、脂肪、血污等杂质，将肉切成长 45 厘米、宽 4 厘米、厚 1.5 厘米长条形。

5. 配料腌制 按配方规定的要求，用天平和电子秤配制各种调味料和食品添加剂，原料称重后放入不锈钢桶里，清水 70 千克中投入已搅拌好的调味料，反复搅拌，使辅料全部溶解后腌制，中途翻动 2 次，腌制 1～2 小时，肉色发红，取出沥卤。

6. 烤制 将原料肉送进烤炉挂吊，用电烤炉或木炭烧烤，先用中温（150～170℃）烤 15 分钟左右，再上升温度到 210℃左右，烤 30 分钟左右，收缩出油，色泽红润，即可出炉。

7. 冷却称重 产品摊放在不锈钢工作台上冷却，按不同规格要求准确称重。

8. 真空包装 抽真空前先预热机器，调整好封口温度、真空度和封口时间，袋口用专用消毒的毛巾擦干（防止袋口有油渍）后封口，结束后逐袋检查封口是否完好，轻拿轻放摆放于杀菌专用周转筐中。

9. 杀菌冷却　采用微波杀菌，打开微波电源盒按钮，设备自行运转，物料平放在进料平台上，不能重叠，同时调整好温度和加热时间，中心温度为85～90℃，再用巴氏杀菌，85℃、水浴40分钟，流动自来水冷却30～60分钟，最后取出沥干水分、凉干。

10. 检验　检查杀菌记录表和冷却是否彻底凉透，送样到质检部门按国家有关标准进行检验。

11. 外包装　按批次检验合格后下达检验报告单，打印批号同生产日期必须严格对应，打印的位置应统一，字迹清晰、牢固。

12. 成品入库　按规格要求定量装箱，外箱注明品名、生产日期，方可进入 0～4℃冷藏成品库。

五、双色叉烧

本产品选用猪通脊肉（分割 3 号肉）和鸡脯肉为原料，经选料、切块、腌制、烧烤等工序精制而成，具有色泽红黄分明、香酥脆嫩、鲜香爽口、烤香浓郁的特点。

（一）配方

猪通脊肉（分割 3 号肉）60 千克，鸡胸脯肉 40 千克，白砂糖 6 千克，饴糖 5 千克，食用盐 2.5 千克，白酒 0.5 千克，味精 0.5 千克，辣椒粉 0.1 千克，胡椒粉 0.05 千克，复合磷酸盐 0.3 千克，D - 异抗坏血酸钠 0.15 千克，乙基麦芽酚 0.1 千克，红曲红 0.04 千克，纳他霉素 0.03 千克，亚硝酸钠 0.015 千克。

（二）工艺流程

原辅包装材料验收→原辅包装材料贮存→原料肉解冻→整理分切→配料腌制→整型→烤制→冷却称重→真空包装→杀菌冷却→检验→外包装→成品入库

（三）加工技术

1. 原辅包装材料验收　选择产品质量稳定的供应商，对新的供应商进行原料安全评价，向供应商索取每批原料的检疫证明、有效的生产许可证和检验合格证，对每批原料进行感官检查，对原料肉、白砂糖、食用盐、白酒、味精、食品添加剂等原辅料及包装材料进行验收。

2. 原辅包装材料的贮存　原料肉在−18℃贮存条件下贮存，贮存期不超过6个月。辅助材料和包装材料在干燥、避光、常温条件下贮存。

3. 原料肉解冻　原料肉在常温条件下解冻，解冻后在22℃下存放不超过2小时。

4. 整理分切　经分割去除猪通脊肌肉和鸡胸脯肉明显脂肪、血伤等，猪肉、鸡肉分别切成长30厘米、宽2厘米、厚2厘米长方形块状。用刀在猪肉片上每隔4厘米打个小洞，备用。

5. 配料腌制　按配方规定的要求，用天平和电子秤配制各种调味料和食品添加剂，原料称重后放入不锈钢桶里，投入已搅拌好的调味料，反复搅拌，使辅料全部溶解后腌制，中途翻动2次，腌制1～2小时，肉色发红，取出沥卤。

6. 整型　各取腌制后的猪肉条和鸡肉条，拿住鸡肉条的一头穿在猪肉条洞眼中翻转过来再穿，反复操作，使两块肉条成为S形（麻花状）。

7. 烤制　将原料肉送进烤炉挂吊，用电烤炉或木炭烧烤，先用中温（150～170℃）烤15分钟左右，再上升温度到210℃左右，烤30分钟左右，收缩出油，色泽红润，即可出炉。

8. 冷却称重　产品摊放在不锈钢工作台上冷却，按不同规格要求准确称重。

9. 真空包装　抽真空前先预热机器，调整好封口温度、真空度和封口时间，袋口用专用消毒的毛巾擦干（防止袋口有油渍）后封口，结束后逐袋检查封口是否完好，轻拿轻放摆放于杀菌专用周转筐中。

10. 杀菌冷却　采用微波杀菌，打开微波电源盒按钮，设备自行运转，物料平放在进料平台上，不能重叠，同时调整好温度和加热时间，中心温度为85～90℃，再用巴氏杀菌，85℃、水浴40分钟，流动自来水冷却30～60分钟，最后取出沥干水分、凉干。

11. 检验　检查杀菌记录表和冷却是否彻底凉透，送样到质检部门按国家有关标准进行检验。

12. 外包装　按批次检验合格后下达检验报告单，打印批号同生产日期必须严格对应，打印的位置应统一，字迹清晰、牢固。

13. 成品入库　按规格要求定量装箱，外箱注明品名、生产日期，方可进入0～4℃冷藏成品库。

六、肋骨叉烧

选用鲜冻猪肋排为原料，经分割、腌制、烤制等工序制成，具有色泽红润、鲜香酥嫩、醇香浓郁、回味悠长的特点。

（一）配方

猪肋排 100 千克，白砂糖 5 千克，麦芽糖 5 千克，食用盐 3 千克，白酒 1 千克，味精 0.8 千克，五香粉 0.05 千克，山柰粉 0.05 千克，胡椒粉 0.05 千克，乙基麦芽酚 0.15 千克，纳他霉素 0.03 千克，红曲红 0.02 千克，亚硝酸钠 0.015 千克。

（二）工艺流程

原辅料验收→原辅料贮存→原料肉解冻→整理分切→配料腌制→烤制→冷却称重→真空包装→杀菌冷却→检验→外包装→成品入库

（三）加工技术

1. **原辅料验收** 选择产品质量稳定的供应商，对新的供应商进行原料安全评价，向供应商索取每批原料的检疫证明、有效的生产许可证和检验合格证。对原料肋排、白砂糖、食用盐、白酒、味精等原辅料进行验收。

2. **原辅料的贮存** 原料肋排在 −18℃ 贮存条件下贮存，贮存期不超过 6 个月。辅助材料在干燥、避光、常温条件下贮存。

3. **原料肉解冻** 原料肋排在常温条件下解冻，解冻后在 22℃ 下存放不超过 2 小时。

4. **整理分切** 猪肋条方块肉去除明显脂肪，取下整块肋排骨，肉厚占 2/3、骨头占 1/3。

5. **配料腌制** 配料腌制：按配方规定的要求，用天平和电子秤配制各种调味料和食品添加剂，原料称重后放入不锈钢桶里，投入已搅拌好的调味料，反复搅拌，使辅料全部溶解后腌制，中途翻动 2 次，腌制 1～2 小时，肉色发红，取出沥卤。

6. **烤制** 将原料肉送进烤炉挂吊，用电烤炉或木炭烧烤，先用中温（150～170℃）烤 15 分钟左右，再上升温度到 210℃ 左右，烤 30 分钟左右，收缩出油，色泽红润，即可出炉。

7. 冷却称重　产品摊放在不锈钢工作台上冷却，按不同规格要求准确称重。

8. 真空包装　抽真空前先预热机器，调整好封口温度、真空度和封口时间，袋口用专用消毒的毛巾擦干（防止袋口有油渍）后封口，结束后逐袋检查封口是否完好，轻拿轻放摆放于杀菌专用周转筐中。

9. 杀菌冷却　采用微波杀菌，打开微波电源盒按钮，设备自行运转，物料平放在进料平台上，不能重叠，同时调整好温度和加热时间，中心温度为85～90℃，再用巴氏杀菌，85℃、水浴40分钟，流动自来水冷却30～60分钟，最后取出沥干水分、凉干。

10. 检验　检查杀菌记录表和冷却是否彻底凉透，送样到质检部门按国家有关标准进行检验。

11. 外包装　按批次检验合格后下达检验报告单，打印批号同生产日期必须严格对应，打印的位置应统一，字迹清晰、牢固。

12. 成品入库　按规格要求定量装箱，外箱注明品名、生产日期，方可进入0～4℃冷藏成品库。

七、蜜汁叉烧

选用鲜冻猪通脊肉（分割3号肉）为原料，经分割整理、腌制、烤制等工序制成，具有色泽红润、有光泽、烤香味浓、鲜香味美。

（一）配方

猪通脊肉（分割3号肉）100千克，白砂糖8千克，饴糖5千克，食用盐3千克，黄酒2千克，味精1千克，五香粉0.05千克，玉果粉0.03千克，复合磷酸盐0.3千克，双乙酸钠0.3千克，乙基麦芽酚0.15千克，红曲红0.03千克，纳他霉素0.03千克，亚硝酸钠0.0015千克。

（二）工艺流程

原辅料验收→原料肉解冻→整理分切→配料腌制→烤制→冷却称重→真空包装→杀菌冷却→检验→外包装→成品入库

（三）加工技术

1. 原辅料验收　选择产品质量稳定的供应商，对新的供应商进行原料安

全评价，向供应商索取每批原料的检疫证明、有效的生产许可证和检验合格证，对原料肉、白砂糖、食用盐、味精等原辅料进行验收。

2. 原料肉解冻 原料肉在常温条件下解冻，解冻后在22℃下存放不超过2小时。

3. 整理分切 经分割去除脂肪、血污等工序，将肉切成长45厘米、宽4厘米、厚1.5厘米长条形。

4. 配料腌制 按配方规定的要求，用天平和电子秤配制各种调味料和食品添加剂，原料称重后放入不锈钢桶里，投入已搅拌好的调味料，反复搅拌，使辅料全部溶解后腌制，中途翻动2次，腌制1～2小时，肉色发红，取出沥卤。

5. 烤制 将原料肉送进烤炉挂吊，用电烤炉或木炭烧烤，先用中温（150～170℃）烤15分钟左右，再上升温度到210℃左右，烤30分钟左右，收缩出油，色泽红润，即可出炉。

6. 冷却称重 将产品摊放在不锈钢工作台上冷却，按不同规格要求准确称重。

7. 真空包装 抽真空前先预热机器，调整好封口温度、真空度和封口时间，袋口用专用消毒的毛巾擦干（防止袋口有油渍）后封口，结束后逐袋检查封口是否完好，轻拿轻放摆放于杀菌专用周转筐中。

8. 杀菌冷却 采用微波杀菌，打开微波电源盒按钮，设备自行运转，物料平放在进料平台上，不能重叠，同时调整好温度和加热时间，中心温度为85～90℃，再用巴氏杀菌，85℃、水浴40分钟，流动自来水冷却30～60分钟，最后取出沥干水分、凉干。

9. 检验 检查杀菌记录表和冷却是否彻底凉透，送样到质检部门按国家有关标准进行检验。

10. 外包装 按批次检验合格后下达检验报告单，打印批号同生产日期必须严格对应，打印的位置应统一，字迹清晰、牢固。

11. 成品入库 按规格要求定量装箱，外箱注明品名、生产日期，方可进入0～4℃冷藏成品库。

八、美味叉烧

选用鲜冻猪梅条肉为原料，经整理、腌制、烤制等工序精制而成，产品具有色泽红润、外形美观、烤香味浓、鲜香味美、口味香甜等特点。

（一）配方

猪梅条肉 100 千克，麦芽糖 5 千克，食用盐 3 千克，味精 0.6 千克，白酒 0.5 千克，鲜姜汁 0.5 千克，香辣味粉 0.1 千克，复合磷酸盐 0.3 千克，双乙酸钠 0.3 千克，乙基麦芽酚 0.15 千克，纳他霉素 0.03 千克，亚硝酸钠 0.015 千克。

（二）工艺流程

原辅包装材料验收→原辅包装材料贮存→原料肉解冻→整理分切→烤制→冷却称重→真空包装→杀菌冷却→检验→外包装→成品入库

（三）加工技术

1. **原辅包装材料验收**　选择产品质量稳定的供应商，对新的供应商进行原料安全评价，向供应商索取每批原料的检疫证明、有效的生产许可证和检验合格证，对每批原料进行感官检查，对原料肉、白砂糖、食用盐、白酒、味精、食品添加剂等原辅料及包装材料进行验收。

2. **原料包装材料的贮存**　原料肉在－18℃贮存条件下贮存，贮存期不超过 6 个月。辅助材料和包装材料在干燥、避光、常温条件下贮存。

3. **原料肉解冻**　原料肉在常温条件下解冻，解冻后在 22℃下存放不超过 2 小时。

4. **整理分切**　经分割去除脂肪、血污等杂质，将肉切成长 45 厘米、宽 4 厘米、厚 1.5 厘米长条形。

5. **烤制**　将原料肉送进烤炉挂吊，用电烤炉或木炭烧烤，先用中温（150～170℃）烤 15 分钟左右，再上升温度到 210℃左右，烤 30 分钟左右，肉汤收缩出油，色泽红润，即可出炉。

6. **冷却称重**　产品摊放在不锈钢工作台上冷却，按不同规格要求准确称重（正负在 3～5 克）。

7. **真空包装**　真空前先预热机器，调整好封口温度、真空度和封口时间，袋口用专用消毒的毛巾擦干（防止袋口有油渍）后封口，结束后逐袋检查封口是否完好，轻拿轻放摆放于杀菌专用周转筐中。

8. **杀菌冷却**　采用微波杀菌，打开微波电源盒按钮，设备自行运转，物料平放在进料平台上，不能重叠，同时调整好温度和加热时间，中心温度为 85～90℃，再用巴氏杀菌，85℃、水浴 40 分钟，流动自来水冷却 30～60 分钟，最后取出沥干水分、凉干。

9. 检验　检查杀菌记录表和冷却是否彻底凉透，送样到质检部门按国家有关标准进行检验。

10. 外包装　按批次检验合格后下达检验报告单，打印批号同生产日期必须严格对应，打印的位置应统一，字迹清晰、牢固。

11. 成品入库　按规格要求定量装箱，外箱注明品名、生产日期，方可进入 0～4℃冷藏成品库。

九、扬州烧猪头

本产品选用鲜冻猪头为原料，经清洗、整理、煮制等工序精制而成，产品具有猪头肉固有的醇香味、色泽褐红、香味浓郁、肥而不腻、回味悠长。

（一）配方

猪头肉 100 千克，酱油 8 千克，白砂糖 5 千克，食用盐 2.5 千克，黄酒 2 千克，味精 1 千克，生姜 0.5 千克，大葱 0.5 千克，八角 0.15 千克，桂皮 0.1 千克，花椒 0.05 千克，陈皮 0.05 千克，肉果 0.05 千克，白芷 0.05 千克，乙基麦芽酚 0.15 千克，红曲红 0.04 千克，亚硝酸钠 0.015 千克。

（二）工艺流程

原辅料验收→原料肉解冻→清洗整理→焯沸→烧制→冷却称重→真空包装→杀菌冷却→检验→外包装→成品入库

（三）加工技术

1. 原辅料验收　经兽医宰前检疫、宰后检验合格的猪头为原料。向供应商索取每批原料的检疫证明、有效的生产许可证和检验合格证。

2. 原料解冻　原料在常温条件下解冻，解冻后在 22℃下存放不超过 2 小时。

3. 清洗整理　用清水浸泡去除血污、淋巴结、血伤等杂质，沥水后用火焰燎毛，放入清水中刮洗干净，猪头面朝下，用机械在后脑中间劈开（不可切破皮面），剔去骨头，挖出猪脑，刮去舌膜。

4. 焯沸　用 100℃开水，放入猪头肉，浸烫 3～5 分钟，用清水冲洗干净，第二次刮洗去小毛等杂质。

5. 烧制 锅内放入 100 千克清水，再放入香辛料包、姜葱包及辅料和食品添加剂，用大火烧开，放入去骨猪头肉及耳、舌等，再次烧开，改用文火焖煮 2 小时左右，待肉烂时即可出锅，冷却。

6. 冷却称重 产品摊放在不锈钢工作台上冷却，按不同规格要求准确称重。

7. 真空包装 抽真空前先预热机器，调整好封口温度、真空度和封口时间，袋口用专用消毒的毛巾擦干（防止袋口有油渍）后封口，结束后逐袋检查封口是否完好，轻拿轻放摆放于杀菌专用周转筐中。

8. 杀菌冷却 采用微波杀菌，打开微波电源盒按钮，设备自行运转，物料平放在进料平台上，不能重叠，同时调整好温度和加热时间，中心温度为 85～90℃，再用巴氏杀菌，85℃、水浴 40 分钟，流动自来水冷却 30～60 分钟，最后取出沥干水分、凉干。

9. 检验 检查杀菌记录表和冷却是否彻底凉透，送样到质检部门按国家有关标准进行检验。

10. 外包装 按批次检验合格后下达检验报告单，打印批号同生产日期必须严格对应，打印的位置应统一，字迹清晰、牢固。

11. 成品入库 按规格要求定量装箱，外箱注明品名、生产日期，方可进入 0～4℃冷藏成品库。

十、碳烤仔排

选用鲜冻猪肋排为原料，经分割、腌制、烤制等工序精制而成，具有色泽红润、有光泽、烤香味浓、美味可口的特点。

（一）配方

猪肋排 100 千克，白砂糖 5 千克，麦芽糖 5 千克，食用盐 2 千克，黄酒 2 千克，香酥料 2 千克，味精 0.8 千克，D-异抗坏血酸钠 0.15 千克，乙基麦芽酚 0.1 千克，红曲红 0.03 千克，纳他霉素 0.03 千克，亚硝酸钠 0.015 千克。

（二）工艺流程

原料验收→原料肉解冻→分割整理→配料腌制→烤制→冷却称重→真空包装→杀菌冷却→检验→外包装→成品入库

（三）加工技术

1. 原料验收　经兽医宰前检疫、宰后检验合格的猪肋排为原料，向供应商索取每批原料的检疫证明、有效的生产许可证和检验合格证。

2. 原料肉解冻　原料肋排在常温条件下解冻，解冻后在 22℃下存放不超过 2 小时。

3. 分割整理　去除明显脂肪等杂质，肉厚 2/3，分切两根肋骨一块。

4. 配料腌制　按配方规定的要求，用天平和电子秤配制各种调味料和食品添加剂，原料称重后放入不锈钢桶里，投入已搅拌好的调味料，反复搅拌，使辅料全部溶解后腌制，中途翻动 2 次，腌制 1～2 小时，肉色发红，取出沥卤。

5. 烤制　将原料肉送进烤炉挂吊，用电烤炉或木炭烧烤，先用中温（150～170℃）烤 15 分钟左右，再上升温度到 210℃左右，烤 30 分钟左右，肉汤收缩出油，色泽红润，即可出炉。

6. 冷却称重　将产品摊放在不锈钢工作台上冷却，按不同规格要求准确称重。

7. 真空包装　抽真空前先预热机器，调整好封口温度、真空度和封口时间，袋口用专用消毒的毛巾擦干（防止袋口有油渍）后封口，结束后逐袋检查封口是否完好，轻拿轻放摆放于杀菌专用周转筐中。

8. 杀菌冷却　采用微波杀菌，打开微波电源盒按钮，设备自行运转，物料平放在进料平台上，不能重叠，同时调整好温度和加热时间，中心温度为 85～90℃，再用巴氏杀菌，85℃、水浴 40 分钟，流动自来水冷却 30～60 分钟，最后取出沥干水分、凉干。

9. 检验　检查杀菌记录表和冷却是否彻底凉透，送样到质检部门按国家有关标准进行检验。

10. 外包装　按批次检验合格后下达检验报告单，打印批号同生产日期必须严格对应，打印的位置应统一，字迹清晰、牢固。

11. 成品入库　按规格要求定量装箱，外箱注明品名、生产日期，方可进入 0～4℃冷藏成品库。

十一、烤乳猪

选用鲜冻乳猪为原料，经整理、腌制、烤制等传统工艺结合现代食品加工技术精制而成，产品具有色泽金黄、造型完整、外皮酥脆、肉质鲜嫩、爽口不腻的特点。

(一) 配方

全净膛白条乳猪 100 千克，白砂糖 4 千克，食用盐 3 千克，饴糖 3 千克，蜂蜜 2 千克，大红浙醋 2 千克，甜面酱 2 千克，味精 1 千克，酱油 1 千克，白兰地酒 0.5 千克，五香粉 0.1 千克，大茴香 0.1 千克，花椒 0.1 千克，荜拨 0.1 千克，胡椒粉 0.05 千克，丁香 0.03 千克，砂仁 0.03 千克，乙基麦芽酚 0.15 千克，纳他霉素 0.03 千克，迷迭香提取物 0.03 千克，亚硝酸钠 0.015 千克。

(二) 工艺流程

原辅料验收→原辅料贮存→原料肉解冻→清洗整理→配料腌制→烫皮上色→烤制→冷却称重→真空包装→杀菌冷却→检验→外包装→成品入库

(三) 加工技术

1. 原辅料验收　选择产品质量稳定的供应商，对新的供应商进行原料安全评价，向供应商索取每批原料的检疫证明、有效的生产许可证和检验合格证，对每批原料进行感官检查，对原料乳猪、白砂糖、食用盐、味精等原辅料进行验收。

2. 原辅料的贮存　原料乳猪在−18℃贮存条件下贮存，辅助材料在干燥、避光、常温条件下贮存。

3. 原料肉解冻　原料乳猪在常温条件下解冻，解冻后在 22℃下存放不超过 2 小时。

4. 清洗整理　用刀从猪头下颌的位置斩开呈扁平形状，去除猪脑，从脊骨中间剖开，将猪身摊平，取出左右肩膀骨及头部排骨，肚肉纵横剖开成十字纹（不要剖到肥肉），逐只挂在流水生产线上，将乳猪皮上的毛刮洗干净，去除腹腔内明显脂肪等杂质，冲洗干净，沥干水分。

5. 配料腌制　①按配方规定的要求用天平和电子秤配制各种调味料、上色涂料及食品添加剂。②沥干后的原料进入到 0～4℃腌制间里预冷 1 小时左右，待胴体温度达 8℃以下备用。③香辛料放入 5 千克清水中煮制 30 分钟后冷却备用。④用不锈钢腌制桶放入原料、辅料、香料水混合均匀、反复搅拌，使辅料全部溶解，腌制 12 小时，中途翻动一次，出料或进入−18℃冷库中存放，烘烤时取出解冻。

6. 烫皮上色　锅内放入蜂蜜、饴糖、大红浙醋，用100℃的脆皮水逐只放入乳猪浸烫3～5分钟，使猪皮略为收紧后，挂在风干流水线上吹干。

7. 烤制

（1）烘干　用烧腊钩（挂钩）钩在猪后腿骨处，挂入全自动烤炉内，用中火烘干（约40～45分钟）后取出，挂在风口处，吹凉至干，身硬。

（2）烧烤　将已吹干的乳猪放在炉内用文火（150～170℃）先烤腹腔，后烤表皮约40分钟，待全身表皮变色均匀后，温度上升至210℃，烤至猪身由白色转为嫣红色，在猪身表皮搽上少许色拉油，反复几次。猪身两边尾部和腩部开始爆皮，待猪身爆皮均匀后，烤到整个猪身色泽均匀为止，即可出炉。

8. 冷却称重　产品摊放在不锈钢工作台上冷却，按不同规格要求准确称重。

9. 真空包装　真空前先预热机器，调整好封口温度、真空度和封口时间，袋口用专用消毒的毛巾擦干（防止袋口有油渍）后封口，结束后逐袋检查封口是否完好，轻拿轻放摆放于杀菌专用周转筐中。

10. 杀菌冷却　采用微波杀菌，打开微波电源盒按钮，设备自行运转，物料平放在进料平台上，不能重叠，同时调整好温度和加热时间，中心温度为85～90℃，再用巴氏杀菌，85℃、水浴40分钟，流动自来水冷却30～60分钟，最后取出沥干水分、凉干。

11. 检验　检查杀菌记录表和冷却是否彻底凉透，送样到质检部门按国家有关标准进行检验。

12. 外包装　按批次检验合格后下达检验报告单，打印批号同生产日期必须严格对应，打印的位置应统一，字迹清晰、牢固。

13. 成品入库　按规格要求定量装箱，外箱注明品名、生产日期，方可进入0～4℃冷藏成品库。

十二、酱汁烤猪颈肉

选择猪颈部肌肉（分割1号肉）为原料，经分割、腌制、烤制等工序精制而成，产品具有色泽红润、有光泽、酱香味浓、鲜香味美、风味独特、回味悠长的特点。

（一）配方

猪颈部肌肉 100 千克，酱油 6 千克，白砂糖 5 千克，麦芽糖 5 千克，大红浙醋 2 千克，食用盐 2 千克，味精 1 千克，白酒 1 千克，鲜姜汁 0.5 千克，五香粉 0.1 千克，复合磷酸盐 0.3 千克，D-异抗坏血酸钠 0.15 千克，红曲红 0.03 千克，纳他霉素 0.03 千克，亚硝酸钠 0.015 千克。

（二）工艺流程

原辅料验收→原料肉解冻→整理分切→配料腌制→上色风干→烤制→冷却称重→真空包装→杀菌冷却→检验→外包装→成品入库

（三）加工技术

1. 原辅包装材料验收　经兽医宰前检疫、宰后检验合格的猪头为原料，选择产品质量稳定的供应商，向供应商索取每批原料的检疫证明、有效的生产许可证和检验合格证。

2. 原料肉解冻　原料肉在常温条件下解冻，解冻后在 22℃下存放不超过 2 小时。

3. 整理分切　原料去除皮、明显脂肪、血伤等杂质，切成长 40 厘米、宽 6 厘米、厚 3 厘米的长条。

4. 配料腌制　按配方规定的要求，用天平和电子秤配制各种调味料和食品添加剂，原料称重后放入不锈钢桶里，投入已搅拌好的调味料，反复搅拌，使辅料全部溶解后腌制，中途翻动 2 次，腌制 2 小时，肉色发红，取出沥卤。

5. 上色风干　锅内放入麦芽糖、大红浙醋，用 100℃的脆皮水逐只放入浸烫 3～5 分钟，使猪肉略有收紧后，挂在风干流水线上吹干。

6. 烤制　将原料肉送进烤炉挂吊，用电烤炉或木炭烧烤，先用中温（150～170℃）烤 15 分钟左右，再上升温度到 210℃左右，烤 30 分钟左右，收缩出油，色泽红润，即可出炉。

7. 冷却称重　产品摊放在不锈钢工作台上冷却，按不同规格要求准确称重。

8. 真空包装　抽真空前先预热机器，调整好封口温度、真空度和封口时间，袋口用专用消毒的毛巾擦干（防止袋口有油渍）后封口，结束后逐袋检查封口是否完好，轻拿轻放摆放于杀菌专用周转筐中。

9. 杀菌冷却　采用微波杀菌，打开微波电源盒按钮，设备自行运转，物料平放在进料平台上，不能重叠，同时调整好温度和加热时间，中心温度为85～90℃，再用巴氏杀菌，85℃、水浴40分钟，流动自来水冷却30～60分钟，最后取出沥干水分、凉干。

10. 检验　检查杀菌记录表和冷却是否彻底凉透，送样到质检部门按国家有关标准进行检验。

11. 外包装　按批次检验合格后下达检验报告单，打印批号同生产日期必须严格对应，打印的位置应统一，字迹清晰、牢固。

12. 成品入库　按规格要求定量装箱，外箱注明品名、生产日期，方可进入0～4℃冷藏成品库。

十三、烧烤松板肉

选用猪颈部肌肉（分割1号肉）为原料，经分切、整理、腌制、熟制等工序精制而成，具有色泽红润、鲜香味美、烤香酥嫩、咸淡适中等特点。

（一）配方

猪颈部肌肉100千克，白砂糖5千克，饴糖5千克，食用盐3千克，味精1千克，白酒1千克，胡椒粉0.1千克，五香粉0.05千克，复合磷酸盐0.3千克，双乙酸钠0.3千克，D-异抗坏血酸钠0.15千克，乙基麦芽酚0.1千克，纳他霉素0.03千克，红曲红0.03千克，亚硝酸钠0.015千克。

（二）工艺流程

原辅料验收→原料肉解冻→清洗整理→配料腌制→分切定型→烤制→冷却称重→真空包装→杀菌冷却→检验→外包装→成品入库

（三）加工技术

1. 原辅料验收　选择产品质量稳定的供应商，向供应商索取每批原料的检疫证明、有效的生产许可证和检验合格证，对原料肉、白砂糖、食用盐、白酒、味精等原辅料进行验收。

2. 原料肉解冻　原料肉在常温条件下解冻，解冻后在22℃下存放不超过2小时。

3. 清洗整理　用清水浸泡去除血污、淋巴结、血伤等杂质。

4. 配料腌制　按配方规定的要求，用天平和电子秤配制各种调味料和食品添加剂，原料称重后放入不锈钢桶里，投入已搅拌好的调味料，反复搅拌，使辅料全部溶解后腌制，中途翻动 2 次，腌制 2 小时，肉色发红，取出沥卤。

5. 分切定型 腌制后的原料，用切片机切成肉块厚度为 3 厘米、长度为 5 厘米的长方形状。在厚度为 3 厘米的肉中间，用刀分成两段，一段为 2 厘米，呈切断状；一段为 1 厘米，呈不切断状。

6. 烤制 将原料肉送进烤炉挂吊，用电烤炉或木炭烧烤，先用中温（150～170℃）烤 15 分钟左右，再上升温度到 210℃ 左右，烤 30 分钟左右，收缩出油，色泽红润，即可出炉。

7. 冷却称重 产品摊放在不锈钢工作台上冷却，按不同规格要求准确称重。

8. 真空包装 抽真空前先预热机器，调整好封口温度、真空度和封口时间，袋口用专用消毒的毛巾擦干（防止袋口有油渍）后封口，结束后逐袋检查封口是否完好，轻拿轻放摆放于杀菌专用周转筐中。

9. 杀菌冷却 采用微波杀菌，打开微波电源盒按钮，设备自行运转，物料平放在进料平台上，不能重叠，同时调整好温度和加热时间，中心温度为 85～90℃，再用巴氏杀菌，85℃、水浴 40 分钟，流动自来水冷却 30～60 分钟，最后取出沥干水分、凉干。

10. 检验 检查杀菌记录表和冷却是否彻底凉透，送样到质检部门按国家有关标准进行检验。

11. 外包装 按批次检验合格后下达检验报告单，打印批号同生产日期必须严格对应，打印的位置应统一，字迹清晰、牢固。

12. 成品入库 按规格要求定量装箱，外箱注明品名、生产日期，方可进入 0～4℃冷藏成品库。

十四、爆烤骨肉相连

选用猪前腿夹心月牙脆骨为原料，经分割、腌制、烤制、分切等工序精制而成，产品具有色泽红润、红白分明、香脆有韧性、骨酥肉嫩等特点。

（一）配方

猪月牙脆骨 100 千克，白砂糖 5 千克，麦芽糖 3 千克，蜂蜜 2 千克，食用盐 2.5 千克，黄酒 2 千克，胡椒粉 0.15 千克，山奈粉 0.05 千克，丁香粉 0.03

千克，复合磷酸盐 0.3 千克，双乙酸钠 0.3 千克，D-异抗坏血酸钠 0.15 千克，乙基麦芽酚 0.1 千克，红曲红 0.03 千克，纳他霉素 0.03 千克，亚硝酸钠 0.015 千克。

（二）工艺流程

原辅料验收→原辅料贮存→原料肉解冻→清洗整理→配料腌制→烤制→冷却称重→真空包装→杀菌冷却→检验→外包装→成品入库

（三）加工技术

1. **原辅料验收** 选择产品质量稳定的供应商，向供应商索取每批原料的检疫证明、有效的生产许可证和检验合格证，对原料猪月牙脆骨、白砂糖、食用盐、味精等原辅料进行验收。

2. **原辅料的贮存** 原料猪月牙脆骨在−18℃贮存条件下贮存，贮存期不超过 6 个月。辅助材料在干燥、避光、常温条件下贮存。

3. **原料肉解冻** 原料猪月牙脆骨在常温条件下解冻，解冻后在 22℃下存放不超过 2 小时。

4. **清洗整理** 去除明显脂肪及筋膜等杂质，清洗干净后沥干水分。

5. **配料腌制** 按配方规定的要求，用天平和电子秤配制各种调味料和食品添加剂，原料称重后放入不锈钢桶里，投入已搅拌好的调味料，反复搅拌，使辅料全部溶解后腌制，中途翻动 2 次，腌制 1～2 小时，肉色发红，取出沥卤。

6. **烤制** 将原料肉送进烤炉挂吊，用电烤炉或木炭烧烤，先用中温（150～170℃）烤 15 分钟左右，再上升温度到 210℃ 左右，烤 30 分钟左右，收缩出油，色泽红润，即可出炉。

7. **冷却称重** 产品摊放在不锈钢工作台上冷却，按不同规格要求准确称重。

8. **真空包装** 抽真空前先预热机器，调整好封口温度、真空度和封口时间，袋口用专用消毒的毛巾擦干（防止袋口有油渍）后封口，结束后逐袋检查封口是否完好，轻拿轻放摆放于杀菌专用周转筐中。

9. **杀菌冷却** 采用微波杀菌，打开微波电源盒按钮，设备自行运转，物料平放在进料平台上，不能重叠，同时调整好温度和加热时间，中心温度为 85～90℃，再用巴氏杀菌，85℃、水浴 40 分钟，流动自来水冷却 30～60 分钟，最后取出沥干水分、凉干。

10. 检验 检查杀菌记录表和冷却是否彻底凉透，送样到质检部门按国家有关标准进行检验。

11. 外包装 按批次检验合格后下达检验报告单，打印批号同生产日期必须严格对应，打印的位置应统一，字迹清晰、牢固。

12. 成品入库 按规格要求定量装箱，外箱注明品名、生产日期，方可进入 0~4℃冷藏成品库。

十五、叉烧酥方

选择猪前腿（分割 2 号肉）为原料，经分割、整理、腌制、烤制等工序精制而成，产品具有色泽红润、有光泽、香酥脆嫩、肥而不腻、美味可口的特点。

（一）配方

猪前腿肉 100 千克，白砂糖 6 千克，饴糖 5 千克，香酥腌制料 3 千克，大红浙醋 3 千克，食用盐 1.5 千克，味精 1 千克，白酒 1 千克，D-异抗坏血酸钠 0.15 千克，乙基麦芽酚 0.1 千克，红曲红 0.04 千克，纳他霉素 0.03 千克，亚硝酸钠 0.015 千克。

（二）工艺流程

原料验收→原料肉解冻→整理分切→配料腌制→上色风干→烤制→冷却称重→真空包装→杀菌冷却→检验→外包装→成品入库

（三）加工技术

1. 原料验收 选择经兽医检验合格的肉味原料，向供应商索取每批原料的检疫证明、有效的生产许可证和检验合格证。

2. 原料肉解冻 原料肉在常温条件下解冻，解冻后在 22℃下存放不超过 2 小时。

3. 整理分切 前腿肉去除皮、脂肪、肌腱、筋膜等杂质，切成 25 厘米×25 厘米正方形块状。

4. 配料腌制 按配方规定的要求，用天平和电子秤配制各种调味料和食品添加剂，原料称重后放入不锈钢桶里，投入已搅拌好的调味料，反复搅拌，使辅料全部溶解后腌制，中途翻动 2 次，腌制 1~2 小时，肉色发红，取出沥卤。

5. 上色风干 锅内放入麦芽糖、大红浙醋，用100℃的脆皮水逐只放入浸烫3～5分钟，使猪肉略为收紧后，挂在风干流水线上吹干。

6. 烤制 将原料肉送进烤炉挂吊，用电烤炉或木炭烧烤，先用中温（150～170℃）烤15分钟左右，再上升温度到210℃左右，烤30分钟左右，收缩出油，色泽红润，即可出炉。

7. 冷却称重 产品摊放在不锈钢工作台上冷却，按不同规格要求准确称重。

8. 真空包装 抽真空前先预热机器，调整好封口温度、真空度和封口时间，袋口用专用消毒的毛巾擦干（防止袋口有油渍）后封口，结束后逐袋检查封口是否完好，轻拿轻放摆放于杀菌专用周转筐中。

9. 杀菌冷却 采用微波杀菌，打开微波电源盒按钮，设备自行运转，物料平放在进料平台上，不能重叠，同时调整好温度和加热时间，中心温度为85～90℃，再用巴氏杀菌，85℃、水浴40分钟，流动自来水冷却30～60分钟，最后取出沥干水分、凉干。

10. 检验 检查杀菌记录表和冷却是否彻底凉透，送样到质检部门按国家有关标准进行检验。

11. 外包装 按批次检验合格后下达检验报告单，打印批号同生产日期必须严格对应，打印的位置应统一，字迹清晰、牢固。

12. 成品入库 按规格要求定量装箱，外箱注明品名、生产日期，方可进入0～4℃冷藏成品库。

十六、熏烤头面

选用鲜冻去骨猪脸面为原料，经清洗、整理、腌制、烤制等精制而成，具有风味独特、肥而不腻、香酥味美、回味悠长的特点。

（一）配方

无骨猪脸面100千克，食用盐4千克，白砂糖4千克，饴糖4千克，大曲酒1千克，味精1千克，五香粉0.1千克，胡椒粉0.1千克，花椒粉0.1千克，D-异抗坏血酸钠0.15千克，乙基麦芽酚0.1千克，红曲红0.03千克，纳他霉素0.03千克，亚硝酸钠0.015千克。

（二）工艺流程

原辅料验收→原料肉解冻→清洗整理→配料腌制→烘干→熏制→冷却称重→真空包装→杀菌冷却→检验→外包装→成品入库

（三）加工技术

1. 原辅料验收　选择产品质量稳定的供应商，向供应商索取每批原料的检疫证明、有效的生产许可证和检验合格证，对原料肉、白砂糖、食用盐、味精等原辅料进行验收。

2. 原料肉解冻　原料肉在常温条件下解冻，解冻后在22℃下存放不超过2小时。

3. 清洗整理　经清洗去毛、脂肪、血伤等杂质，沥干水分。

4. 配料腌制　按配方规定的要求，用天平和电子秤配制各种调味料和食品添加剂。原料称重后放入不锈钢桶里，取清水70千克，同调味料，反复搅拌，使辅料全部溶解后腌制，中途翻动2次，腌制2小时、肉色发红时取出沥卤。

5. 烘干熏制　原料平摊在不锈钢筛网上，进入烘房经15小时干爽，表面呈黄褐色，取出后进入到熏制烘房中1~2小时上色，自然冷却后即为成品。

6. 冷却称重　将产品摊放在不锈钢工作台上冷却，按不同规格要求准确称重。

7. 真空包装　抽真空前先预热机器，调整好封口温度、真空度和封口时间，袋口用专用消毒的毛巾擦干（防止袋口有油渍）后封口，结束后逐袋检查封口是否完好，轻拿轻放摆放于杀菌专用周转筐中。

8. 杀菌冷却　采用微波杀菌，打开微波电源盒按钮，设备自行运转，物料平放在进料平台上，不能重叠，同时调整好温度和加热时间，中心温度为85~90℃，再用巴氏杀菌，85℃、水浴40分钟，流动自来水冷却30~60分钟，最后取出沥干水分、凉干。

9. 检验　检查杀菌记录表和冷却是否彻底凉透，送样到质检部门按国家有关标准进行检验。

10. 外包装　按批次检验合格后下达检验报告单，打印批号同生产日期必须严格对应，打印的位置应统一，字迹清晰、牢固。

11. 成品入库　按规格要求定量装箱，外箱注明品名、生产日期，方可进入0~4℃冷藏成品库。

十七、糟汁烤猪舌

选择鲜冻猪舌为原料，经清洗、整理、腌制、烤制等工序精制而成，具有糟烤舌固有的独特风味及色泽红润、组织紧密、鲜嫩爽口、回味悠长的特点。

（一）配方

猪舌 100 千克，香糟卤 10 千克，白砂糖 5 千克，食用盐 2.5 千克，糖色 2 千克，黄酒 2 千克，味精 0.6 千克，生姜汁 0.5 千克，D-异抗坏血酸钠 0.15 千克，乙基麦芽酚 0.1 千克，红曲红 0.03 千克，纳他霉素 0.03 千克，亚硝酸钠 0.015 千克。

（二）工艺流程

原料选择→原料肉解冻→清洗整理→配料腌制→烤制→冷却称重→真空包装→杀菌冷却→检验→外包装→成品入库

（三）加工技术

1. **原料选择** 选用经兽医检验合格的猪舌为原料，选择产品质量稳定的供应商，向供应商索取每批原料的检疫证明、有效的生产许可证和检验合格证。

2. **原料肉解冻** 原料猪舌在常温条件下解冻，解冻后在 22℃ 下存放不超过 2 小时。

3. **清洗整理** 用流动自来水清洗，去除猪舌表面残留的明显脂肪、刮掉舌皮及淋巴结等杂质。

4. **配料腌制** 按配方规定的要求，用天平和电子秤配制各种调味料和食品添加剂，原料称重后放入不锈钢桶里，投入已搅拌好的调味料，反复搅拌使辅料全部溶解后腌制，中途翻动 2 次，腌制 1～2 小时、肉色发红后取出沥卤。

5. **烤制** 将原料肉送进烤炉挂吊，用电烤炉或木炭烧烤，先用中温（150～170℃）烤 15 分钟左右，再上升温度到 210℃ 左右，烤 30 分钟左右，收缩出油，色泽红润，即可出炉。

6. **冷却称重** 产品摊放在不锈钢工作台上冷却，按不同规格要求准确称重。

7. 真空包装 抽真空前先预热机器，调整好封口温度、真空度和封口时间，袋口用专用消毒的毛巾擦干（防止袋口有油渍）后封口，结束后逐袋检查封口是否完好，轻拿轻放摆放于杀菌专用周转筐中。

8. 杀菌冷却 采用微波杀菌，打开微波电源盒按钮，设备自行运转，物料平放在进料平台上，不能重叠，同时调整好温度和加热时间，中心温度为85～90℃，再用巴氏杀菌，85℃、水浴40分钟，流动自来水冷却30～60分钟，最后取出沥干水分、凉干。

9. 检验 检查杀菌记录表和冷却是否彻底凉透，送样到质检部门按国家有关标准进行检验。

10. 外包装 按批次检验合格后下达检验报告单，打印批号同生产日期必须严格对应，打印的位置应统一，字迹清晰、牢固。

11. 成品入库 按规格要求定量装箱，外箱注明品名、生产日期，方可进入0～4℃冷藏成品库。

十八、烤猪肉串

选用猪通脊肉（分割3号肉）或后腿肉（分割4号肉）为原料，经分割、切块、腌制、烤制等工序精制而成，产品具有色泽红润、有光泽、香酥鲜嫩、鲜香味美、回味浓郁等特点。

（一）配方

猪通脊肉（分割3号肉）或后腿肉（分割4号肉）100千克，白砂糖4千克，食用盐2.5千克，玉米淀粉2.5千克，大豆分离蛋白2.5千克，味精1千克，白酒1千克，鲜姜汁0.5千克，胡椒粉0.1千克，复合磷酸盐0.3千克，D-异抗坏血酸钠0.15千克，乙基麦芽酚0.1千克，红曲红0.03千克，纳他霉素0.03千克，亚硝酸钠0.015千克。

（二）工艺流程

原辅料验收→原辅料贮存→原料肉解冻→整理分切→配料搅拌→腌制→成型→烤制→冷却称重→真空包装→杀菌冷却→检验→外包装→成品入库

（三）加工技术

1. 原辅料验收 选择产品质量稳定的供应商，对新的供应商进行原料安

全评价，向供应商索取每批原料的检疫证明、有效的生产许可证和检验合格证，对原料肉、白砂糖、食用盐、白酒、味精等原辅料进行验收。

2. 原辅料的贮存 原料肉在−18℃贮存条件下贮存，贮存期不超过 6 个月。辅助材料在干燥、避光、常温条件下贮存。

3. 原料肉解冻 原料肉在常温条件下解冻，解冻后在 22℃下存放不超过 2 小时。

4. 整理分切 去除明显脂肪和筋膜等杂质，将原料肉送入切丁机切成 3 厘米见方的肉丁。

5. 配料搅拌 按原料肉 100％计算所生产品种的各自不同的配方配料，用天平和电子秤配制各种调味料及食品添加剂，严格按配方配料，混合均匀后，原料、配料和 20 千克水放入搅拌机中搅拌 2～3 分钟。

6. 腌制 搅拌后的原料分别倒入不锈钢周转箱中腌制 10 小时左右。

7. 成型 用不同规格的竹签，分别穿肉块。

8. 烤制 将原料肉送进烤炉挂吊，用电烤炉或木炭烧烤，先用中温（150～170℃）烤 15 分钟左右，再上升温度到 210℃左右，烤 30 分钟左右，肉汤收缩出油，色泽红润，即可出炉。

9. 冷却称重 将产品摊放在不锈钢工作台上进行冷却，按不同规格要求准确称重。

10. 真空包装 抽真空前先预热机器，调整好封口温度、真空度和封口时间，袋口用专用消毒的毛巾擦干（防止袋口有油渍）后封口，结束后逐袋检查封口是否完好，轻拿轻放摆放于杀菌专用周转筐中。

11. 杀菌冷却 采用微波杀菌，打开微波电源盒按钮，设备自行运转，物料平放在进料平台上，不能重叠，同时调整好温度和加热时间，中心温度为 85～90℃，再用巴氏杀菌，85℃、水浴 40 分钟，流动自来水冷却 30～60 分钟，最后取出沥干水分、凉干。

12. 检验 检查杀菌记录表和冷却是否彻底凉透，送样到质检部门按国家有关标准进行检验。

13. 外包装 按批次检验合格后下达检验报告单，打印批号同生产日期必须严格对应，打印的位置应统一，字迹清晰、牢固。

14. 成品入库 按规格要求定量装箱，外箱注明品名、生产日期，方可进入 0～4℃冷藏成品库。

第七节　油炸肉制品的加工

　　油炸制品，在油炸前需对原料肉进行修整、清洗、切割成形等，同时根据不同品种选择不同的配料进行调味，或腌制或挂糊，然后入油炸制。油炸的技术关键是控制好油温和油炸时间，如操作不当，极易造成外熟里生，或炸焦、炸老现象。

　　根据成品的质地、风味不同分为清炸、干炸、松炸、软炸、卷包炸、纸包炸、酥炸。也可根据油炸时的油温不同分为：温油炸、热油炸、旺油炸、高压油炸。

　　1. 温油炸　油炸时油温维持在70～120℃，俗称二成至五成热。温油炸适用于质地较嫩的肉类，如里脊肉等。原料肉水分含量高，整理时通常切成薄片或斩碎，调味后再挂全蛋糊或用糯米纸、包裹粉。由于油温较低，油炸后肉料脱水较少，色泽较淡。成品外松软，内鲜嫩多汁。通常软炸和纸包炸技法即采用温油炸制。此类制品有清炸肉脯、炸双色肉丸、软炸宝塔肉等。

　　2. 热油炸　油炸时油温控制在120～180℃，俗称五成至七成熟。油温较高，油炸时间较短。原料肉通常需切成小的丁、条、片等形状，挂糊时标明挂全蛋糊或淀粉、面粉糊糊，有的挂糊后再蘸一层粉碎的面包渣或馒头渣，然后入油炸制。由于油温较高，一般要重炸2次。成品淡黄色或金黄色，外松脆、内软嫩。松炸、酥炸、卷包炸均采用热油炸制，这类产品较多，如酥炸肉卷、清炸猪肝、炸猪排等。

　　3. 旺油炸　油炸时油温维持在180～220℃，俗称七成至九成熟。油温高，肉料脱水快。原料肉表面需挂糊或蘸干淀粉，炸制时急火高温。为了防止外层焦煳，须浸炸（浸油）。产品表面红黄色，里外酥透。干炸、脆炸技法均用旺油炸制，这类产品有干炸里脊、香脆咕噜肉等。

　　4. 高压油炸　高压油炸是利用高压油炸锅进行炸制的一种方法。肉料在比较高的压力条件下炸制为成品。原料肉经调味、腌制、挂糊等工艺处理后，经高压油炸为成品。制品松脆，色泽金黄。这类制品有脆浆裹肉、裹炸金银条等。

一、油炸双色肉丸

　　选用猪五花肉及碎精肉为原料，经分割、整理、切碎、搅拌、腌制等工序制成，具有色泽美观、红白分明、颗粒整齐、香酥可口、口感细腻等特点。

（一）配料

猪五花肉 70 千克，碎精肉 30 千克（肥瘦比为 40∶60），蔬菜 20 千克，鲜鸡蛋 5 千克，食用盐 3.5 千克，白砂糖 3 千克，玉米淀粉 3 千克，木薯淀粉 3 千克，生姜 2 千克，味精 1 千克，白酒 1 千克，大葱 1 千克，复合磷酸盐 0.3 千克，乙基麦芽酚 0.1 千克。

（二）工艺流程

原料验收→原料解冻→整理分切→配料腌制→绞碎→斩拌制馅→制丸→油炸→冷却→速冻→检验→称重包装→成品入库及贮存

（三）加工技术

1. 原料验收　选自经兽医宰前检疫、宰后检验合格的猪肉，肉质新鲜，富有弹性，表面有光泽，具有鲜冻肉固有气味，不黏手、无血伤、不混有其他杂质。

2. 原料解冻　去除外包装，入池加满自来水，用流动自来水进行解冻。依池容量大小确定解冻时间，夏季解冻时间 2～4 小时，春、秋季解冻时间 4～6 小时，冬季解冻时间 8～10 小时。

3. 整理分切　解冻后沥干水分，放在不锈钢工作台上用刀逐块进行整理，去除肌腱、筋膜、血伤、淋巴结等杂质。

4. 腌制　将修整好的原料，用切肉机分切条状，装入不锈钢盘内，按 100 千克肉块加食盐 3.5 千克，力求拌匀，这样才能咸淡一致，置于 0～4℃的冷库内，腌制 48 小时。

5. 绞碎　用绞肉机（3 厘米直径、圆眼的筛板）进行绞碎。

6. 斩拌制馅　把绞碎腌制好的肉糜，置于斩拌机内剁斩 3 分钟，将调制好的辅料、蔬菜和 30 千克清水混合均匀后加入肉馅内，再继续斩拌 1 分钟，肉馅具有相当的黏稠性和弹性，即可停机出料。

7. 制丸　锅内水温达到 85～90℃时，制丸机内装入肉馅，根据规格要求，调节机器模具，肉丸成型 1～2 分钟浮起后，再浸 2～3 分钟捞出。

8. 油炸　用油水分离油炸机，锅内放油加温至 170℃时，分批放入肉丸稍炸 2～3 分钟，色泽呈金黄色时捞起沥油。

9. 冷却　油炸完工后，用不锈钢网筛在常温中进行冷却。

10. **速冻**　冷却后,进入全自动速冻流水生产线 45~60 分钟,速冻成型;或进入 -23℃ 左右的速冻冷库中,时间 12 小时左右。

11. **称重包装**　按不同包装规格的要求准确计量称重,整齐排列在塑料袋或盒中,进行包装封口。

12. **检验**　按国家有关标准的要求检验,合格后方可出厂。

13. **产品入库及贮存**　经检验合格的产品,装入彩袋或贴不干胶,封口打印生产日期,放入专用纸箱,标明名称、规格、重量等。包装好的产品转入 -18℃ 冷冻库中存放,保质期 6 个月。运输车辆必须进行消毒和配备冷藏设施。

二、溜炸狮子头

本产品选用猪五花肉及精肉为原料,经分割、整理、绞碎、腌制等工序制成,产品具有色泽金黄、酥香味美、咸淡适中、肥而不腻的特点。

(一) 配料

猪五花肉 60 千克,碎精肉 40 千克 (肥瘦比为 40∶60),鲜鸡蛋 5 千克,食用盐 3.5 千克,白砂糖 3 千克,玉米淀粉 3 千克,木薯淀粉 3 千克,米粉 2 千克,黄酒 2 千克,味精 1 千克,生姜 1 千克,大葱 1 千克,复合磷酸盐 0.3 千克,D-异抗坏血酸钠 0.15 千克,乙基麦芽酚 0.1 千克,纳他霉素 0.03 千克。

(二) 工艺流程

原料验收→原料解冻→预整理→配料腌制→绞碎→斩拌制馅→制丸→油炸→冷却→速冻→称重包装→检验→成品入库及贮存

(三) 加工技术

1. **原料验收**　选自经兽医宰前检疫、宰后检验合格的猪肉,肉质新鲜,富有弹性,表面有光泽,具有鲜冻肉固有气味,不黏手、无血伤、不混有其他杂质。

2. **原料解冻**　去除外包装,入池加满自来水,用流动自来水进行解冻。依池容量大小确定解冻时间,夏季解冻时间 2~4 小时,春、秋季解冻时间 4~6 小时,冬季解冻时间 8~10 小时。

3. **预整理** 解冻后沥干水分，放在不锈钢工作台上用刀逐块进行整理，去除肌腱、筋膜、血伤、淋巴结等杂质。

4. **腌制** 将修整好的原料，用切肉机分切条状，装入不锈钢盘内，按 100 千克肉块加食用盐 3.5 千克，拌匀，置于 0～4℃ 的冷库内，冷藏腌制 48 小时。

5. **绞碎** 用绞肉机（3 厘米直径、圆眼的筛板）进行绞碎。

6. **斩拌制馅** 把绞碎腌制好的肉糜，置于斩拌机内，剁斩 3 分钟将调制好的辅料和 30 千克清水混合均匀后加入肉馅内，再继续斩拌 1～2 分钟，原料辅料充分拌匀，肉馅具有相当的黏稠性和弹性，即可停机出料。

7. **制丸** 待水锅内水温达到 85～90℃ 时，制丸机内装入肉馅，根据规格要求，调节机器模具，肉丸成型 1～2 分钟浮起，再浸 2～3 分钟捞出。

8. **油炸** 用油水分离油炸机，锅内放油加温至 170℃ 时，分批放入肉丸稍炸 2～3 分钟，色泽呈金黄色时捞起沥油。

9. **冷却** 油炸后，用不锈钢网筛在常温中进行冷却。

10. **速冻** 冷却后，进入全自动速冻流水生产线 45～60 分钟速冻成型，或进入 −23℃ 左右的速冻冷库中，时间 8 小时左右。

11. **称重包装** 按不同包装规格的要求准确计量称重，整齐排列在塑料袋或盒中，进行包装封口。

12. **检验** 按国家有关标准的要求进行检验，合格后方可出厂。

13. **产品入库及贮存** 经检验合格的产品，装入彩袋或贴不干胶，封口打印生产日期，放入专用纸箱，标明名称、规格、重量等。包装好的产品转入 −18℃ 冷冻库中存放，保质期 6 个月。运输车辆必须进行消毒和配备冷藏设施。

三、软炸里脊肉

本产品选用猪通脊肉（分割 3 号肉）为原料，经清洗、整理、分割、分切、腌制、油炸等工序精制而成，具有色泽红润、有光泽、里嫩外酥、鲜味美、回味悠长的特点。

（一）配料

猪通脊肉（分割 3 号肉）100 千克，裹粉 15 千克，鲜鸡蛋 5 千克，食用盐 3.5 千克，白砂糖 3 千克，玉米淀粉 3 千克，马铃薯淀粉 2 千克，味精 1 千克，白酒 1 千克，生姜汁 0.5 千克，胡椒粉 0.2 千克，复合磷酸盐 0.3 千克，D-异抗坏血酸钠 0.15 千克，红曲红 0.03 千克，纳他霉素 0.03 千克，亚硝酸钠 0.015 千克。

（二）工艺流程

原料验收→原料解冻→预整理→分切→搅拌腌制→上裹料→油炸→冷却→速冻→称重包装→检验→成品入库及贮存

（三）加工技术

1. 原料验收　选自经兽医宰前检疫、宰后检验合格的猪肉，肉质新鲜，富有弹性，表面有光泽，具有鲜冻肉固有气味，不黏手、无血伤、不混有其他杂质。

2. 原料解冻　去除外包装，入池加满自来水，用流动自来水进行解冻。依池容量大小确定解冻时间，夏季解冻时间 2~4 小时，春、秋季解冻时间 4~6 小时，冬季解冻时间 8~10 小时。

3. 预整理　解冻后沥干水分，放在不锈钢工作台上用刀逐块进行整理，去除肌腱、筋膜、血伤、淋巴结等杂质。

4. 分切　用全自动切条机，把精肉切成长 5 厘米、宽 3 厘米、厚 3 厘米长条状。

5. 搅拌腌制　将修整好的原料，用切肉机分切条状，装入不锈钢盘内，按 100 千克肉块加食用盐 3.5 千克，力求拌匀，这样才能咸淡一致，置于 0~4℃的冷库内，腌制 48 小时。

6. 上裹料　把裹粉放在工作台上，腌制的原料肉分撒在上面，反复翻动，使每块肉条均匀沾上粉料，放在不锈钢网筛中抖动，去掉剩余的粉料。

7. 油炸　油炸用油水分离油炸机，锅内放油加温至 170℃时，分批放入稍炸 2~3 分钟，色泽呈金黄色时捞起沥油。

8. 冷却　油炸后，用不锈钢网筛在常温中进行冷却。

9. 速冻　冷却后，进入全自动速冻流水生产线 45~60 分钟速冻成型，或进入−23℃左右的速冻冷库中，时间 12 小时左右。

10. 称重包装　按不同包装规格的要求准确计量称重，整齐排列在塑料袋或盒中，进行包装封口。

11. 检验　按国家有关标准的要求进行检验，合格后方可出厂。

12. 产品入库及贮存　经检验合格的产品，装入彩袋或贴不干胶，封口打印生产日期，放入专用纸箱，标明名称、规格、重量等。包装好的产品及时进入不高于－23℃速冻库中存放 8 小时，再转入－18℃冷冻库中存放，保质期 6 个月。运输车辆必须进行消毒和配备冷藏设施。

四、酥炸肉卷

本产品选用猪通脊肉和火腿肌肉为原料，经分割、切片、腌制、油炸等工序精制而成，具有色泽金黄色、香酥脆嫩、美味可口、香味浓郁的特点。

（一）配料

猪通脊肉或精肉 100 千克，蔬菜 20 千克，面包糠粉 10 千克，白砂糖 4 千克，食用盐 3.5 千克，香菇 3 千克，玉米淀粉 3 千克，木薯淀粉 3 千克，大豆分离蛋白 1 千克，味精 1 千克，生姜汁 0.5 千克，胡椒粉 0.15 千克，复合磷酸盐 0.3 千克，乙基麦芽酚 0.1 千克，迷迭香提取物 0.03 千克，纳他霉素 0.03 千克，亚硝酸钠 0.015 千克。

（二）工艺流程

原料验收→原料解冻→预整理→分切→搅拌腌制→成型→油炸→冷却→称重包装→速冻→检验→成品入库及贮存

（三）加工技术

1. 原料验收 选自经兽医宰前检疫、宰后检验合格的猪肉，肉质新鲜，富有弹性，表面有光泽，具有鲜冻肉固有气味，不黏手、无血伤、不混有其他杂质。

2. 原料解冻 去除外包装，入池加满自来水，用流动自来水进行解冻。依池容量大小确定解冻时间，夏季解冻时间 2～4 小时，春、秋季解冻时间4～6 小时，冬季解冻时间 8～10 小时。

3. 预整理 解冻后沥干水分，放在不锈钢工作台上用刀逐块进行整理，去除肌腱、筋膜、血伤、淋巴结等杂质。

4. 分切 原料肉切成长 25 厘米、宽 15 厘米、厚 2 厘米左右的肉片。

5. 搅拌腌制 将肉片放入搅拌机中，加入清水 20 千克，辅料与食品添加剂等混合，搅拌 10 分钟左右后取出，在腌制盘中腌制 30 分钟左右。

6. 成型 肉片平摊在工作台上，香菇末和蔬菜放在上面，从一端卷起肉卷，放在面包糠粉的盘中沾均匀。

7. 油炸 选用油水分离油炸机来油炸，锅内放油加温至170℃时，分批放入稍炸1～2分钟，色泽呈金黄色时捞起沥油。

8. 冷却 油炸完工后，用不锈钢网筛进行冷却。

9. 速冻 冷却后，进入全自动速冻流水生产线45～60分钟速冻成型，或进入－23℃左右的速冻冷库中，时间12小时左右。

10. 称重包装 按不同包装规格的要求准确计量称重，整齐排列在塑料袋或盒中，进行包装封口。

11. 检验 按国家有关标准的要求进行检验，合格后方可出厂。

12. 产品入库及贮存 经检验合格的产品，装入彩袋或贴不干胶，封口打印生产日期，放入专用纸箱，标明名称、规格、重量等。包装好的产品转入－18℃冷冻库中存放，保质期6个月。运输车辆必须进行消毒和配备冷藏设施。

五、裹炸金银条

本产品选用猪通脊肉（分割3号肉）和猪肥膘肉为原料，经分割、整理、分切、腌制、油炸等工序精制而成，具有色泽金黄、酥嫩爽口、香脆味美、肥而不腻等特点。

（一）配料

猪通脊肉50千克，猪肥膘肉50千克，面包糠裹粉15千克，马铃薯淀粉6千克，鲜鸡蛋5千克，食用盐3.5千克，白砂糖2.5千克，味精1千克，白酒0.5千克，生姜汁0.5千克，胡椒粉0.1千克，复合磷酸盐0.3千克，乙基麦芽酚0.1千克，茶多酚0.03千克，纳他霉素0.03千克，红曲红0.03千克，亚硝酸钠0.01千克。

（二）工艺流程

原料验收→原料解冻→整理分切→搅拌腌制→预煮→成型→油炸→冷却→速冻→称重包装→检验→成品入库及贮存

（三）加工技术

1. 原料验收 选自经兽医宰前检疫、宰后检验合格的猪肉，肉质新鲜，富有弹性，表面有光泽，具有鲜冻肉固有气味，不黏手、无血伤、不混有其他杂质。

2. **原料解冻** 去除外包装，入池加满自来水，用流动自来水进行解冻。依池容量大小确定解冻时间，夏季解冻时间 2～4 小时，春、秋季解冻时间 4～6 小时，冬季解冻时间 8～10 小时。

3. **整理分切** 去除筋膜、明显脂肪、血伤等杂质，切成长 15 厘米、宽 15 厘米、厚 2 厘米薄片待用。

4. **搅拌腌制** 精肉片倒入搅拌机内，放入辅料，用中速搅拌 16 分钟，倒出在盆中浸渍 30 分钟。

5. **预煮** 肥膘肉切成长 10 厘米、宽 2 厘米、厚 2 厘米长条，放入 100℃开水中预煮 15～20 分钟。

6. **成型** 将精肉片平放在工作台上，中间放肥膘肉长条，从一端卷起成圆桶形，放在装有面包糠裹粉盘中沾均匀。

7. **油炸** 油炸用油水分离油炸机，锅内放油加温至 170℃时，分批放入稍炸，色泽呈金黄色时捞起沥油。

8. **冷却** 油炸后用不锈钢网筛进行冷却。

9. **速冻** 冷却后进入全自动速冻流水生产线 45～60 分钟速冻成型，或进入−23℃左右的速冻冷库中，时间 12 小时左右。

10. **称重包装** 按不同包装规格的要求准确计量称重，整齐排列在塑料袋或盒中，进行包装封口。

11. **检验** 按国家有关标准的要求进行检验，合格后方可出厂。

12. **产品入库及贮存** 经检验合格的产品，装入彩袋或贴不干胶，封口打印生产日期，放入专用纸箱，标明名称、规格、重量等。包装好的产品及时进入不高于−23℃速冻库中存放 8 小时，再转入−18℃冷冻库中存放，保质期 6 个月。运输车辆必须进行消毒和配备冷藏设施。

六、炸 猪 排

选用猪肋排为原料，经分割、整理、腌制、油炸等工序制成，产品具有色泽红润、香酥脆嫩、美味可口的特点。

（一）配料

猪肋排 100 千克，香酥裹粉 15 千克，鸡蛋 5 千克，玉米淀粉 3 千克，食用盐 3 千克，白砂糖 2 千克，味精 1 千克，白酒 0.5 千克，胡椒粉 0.15 千克，复合磷酸盐 0.3 千克，D-异抗坏血酸钠 0.15 千克，红曲红 0.03 千克，纳他霉素 0.03 千克，亚硝酸钠 0.015 千克。

（二）工艺流程

原料验收→原料解冻→整理分切→搅拌腌制→上裹料→油炸→冷却→速冻→称重包装→检验→成品入库及贮存

（三）加工技术

1. 原料验收　选自经兽医宰前检疫、宰后检验合格的猪肉，肉质新鲜，富有弹性，表面有光泽，具有鲜冻肉固有气味，不黏手、无血伤、不混有其他杂质。

2. 原料解冻　去除外包装，入池加满自来水，用流动自来水进行解冻。

3. 整理分切　去除明显脂肪，肉厚 2/3，骨 1/3，每根肋骨分切成条状。

4. 配料腌制　腌制桶中放入原料，清水 20 千克加入各种辅料，搅拌均匀，投入肉料中，反复搅拌，腌制 12 小时，中途翻动一次。

5. 上裹料　排骨浸入到鸡蛋、玉米淀粉糊中（清水 5 千克、鸡蛋、淀粉）逐只取出，放在香酥裹粉中沾均匀即可。

6. 油炸　油炸用油水分离油炸机，锅内放油加温至 170℃时，分批放入稍炸，色泽呈金黄色时捞起沥油。

7. 冷却　油炸完工后，用不锈钢网筛在常温中进行冷却。

8. 速冻　冷却后进入全自动速冻流水生产线 45～60 分钟速冻成型，或进入 -23℃ 左右的速冻冷库中，时间 8 小时左右。

9. 称重包装　按不同包装规格的要求准确计量称重，整齐排列在塑料袋或盒中，进行包装封口。

10. 检验　按国家有关标准的要求进行检验，合格后方可出厂。

11. 产品入库及贮存　经检验合格的产品，装入彩袋或贴不干胶，封口打印生产日期，放入专用纸箱，标明名称、规格、重量等。包装好的产品转入 -18℃ 冷冻库中存放，保质期 6 个月。运输车辆必须进行消毒和配备冷藏设施。

七、软炸宝塔肉

本产品选用猪五花肋条肉为原料，经分割、整理、腌制、油炸等工序精制而成，具有色泽红白分明、金黄灿烂、形如宝塔、香脆可口、回味悠长的特点。

（一）配方

猪五花肋条肉 100 千克，香酥裹粉 15 千克，糯米 10 千克，白砂糖 5 千克，莲子 3 千克，酱油 3 千克，食用盐 3 千克，水发香菇 2 千克，红枣 2 千克，黄酒 2 千克，梅干菜 2 千克，味精 1 千克，生姜汁 0.5 千克，乙基麦芽酚 0.1 千克，D-异抗坏血酸钠 0.1 千克。

（二）工艺流程

原料验收→原料解冻→整理分切→配料腌制→成型→油炸→冷却包装→检验→速冻→成品入库及贮存

（三）加工技术

1. 原料验收　选自经兽医宰前检疫、宰后检验合格的猪肉，肉质新鲜，富有弹性，表面有光泽，具有鲜冻肉固有气味，不黏手、无血伤、不混有其他杂质。

2. 原料解冻　去除外包装，入池加满自来水，用流动自来水进行解冻。依池容量大小确定解冻时间，夏季解冻时间 2～4 小时，春、秋季解冻时间4～6 小时，冬季解冻时间 8～10 小时。

3. 整理分切　肋条肉去皮、骨、血伤等杂质，切成长 40 厘米、宽 10 厘米、厚 2 厘米的长条，糯米洗净泡 12 小时，梅干菜、莲子、红枣、香菇发泡洗干净，切碎后和糯米拌匀，加入 0.25 千克盐、白砂糖 2 千克，上笼蒸 20 分钟左右。

4. 配料腌制　将修整好的原料肉，用切肉机分切条状，装入不锈钢盘内，按 100 千克肉块加食用盐 2.75 千克，力求拌匀，这样才能咸淡一致，置于0～4℃的冷库内，腌制 24 小时。

5. 成型　用不锈钢宝塔模型盒，四周用五花肉摊平，中间装入糯米馅料压紧填实，放在蒸汽箱蒸熟定型，脱模后撒上裹粉。

6. 油炸　油炸用油水分离油炸机，锅内放油加温至 170℃时，分批放入稍炸，色泽呈金黄色时捞起沥油。

7. 冷却　油炸后，用不锈钢网筛在常温中进行冷却。

8. 称重包装　按不同包装规格的要求准确计量称重，整齐排列在塑料袋或盒中，进行包装封口。

9. 速冻　冷却后进入全自动速冻流水生产线 45～60 分钟速冻成型，或进入−23℃左右的速冻冷库中，时间 12 小时左右。

10. 检验　按国家有关标准的要求进行检验，合格后方可出厂。

11. 产品入库及贮存　经检验合格的产品，装入彩袋或贴不干胶，封口打印生产日期，放入专用纸箱，标明名称、规格、重量等。包装好的产品转入−18℃冷冻库中存放，保质期 6 个月。运输车辆必须进行消毒和配备冷藏设施。

八、清炸肉脯

本产品选用猪后腿肉（分割 4 号肉）为原料，经分割、整理、绞碎、烘干、油炸等工序精制而成，具有色泽红润、有光泽、香脆可口、鲜香味美、回味浓郁等特点。

（一）配方

猪后腿精肉 100 千克，白砂糖 12 千克，鱼露 8 千克，玉米淀粉 3 千克，鸡蛋 3 千克，生姜汁 0.5 千克，味精 0.5 千克，白酒 0.5 千克，胡椒粉 0.15 千克，双乙酸钠 0.3 千克，D-异抗坏血酸钠 0.1 千克，纳他霉素 0.03 千克，红曲红 0.03 千克，亚硝酸钠 0.015 千克。

（二）工艺流程

原料验收→原料解冻→整理分切→绞碎→搅拌腌制→摊筛成型→烘干切片→油炸→冷却包装→检验→成品入库及贮存

（三）加工技术

1. 原料验收　选自经兽医宰前检疫、宰后检验合格的猪肉，肉质新鲜，富有弹性，表面有光泽，具有鲜冻肉固有气味，不黏手、无血伤、不混有其他杂质。

2. 原料解冻　去除外包装，入池加满自来水，用流动自来水进行解冻。依池容量大小确定解冻时间，夏季解冻时间 2～4 小时，春、秋季解冻时间 4～6 小时，冬季解冻时间 8～10 小时。

3. 整理分切　解冻后沥干水分，放在不锈钢工作台上用刀逐块进行整理，去除肌腱、筋膜、血伤、淋巴结等杂质。

4. 绞碎 用绞肉机（3厘米直径、圆眼的筛板）进行绞碎。

5. 搅拌腌制 肉糜放入搅拌机中，投入辅料，反复搅拌均匀，在不锈钢盘中腌制30分钟左右。

6. 摊筛成型 竹筛的表面涂少部分色拉油，将肉糜均匀涂抹在竹筛上，厚度为1.5～2厘米，要求均匀一致。

7. 烘干 摊平的肉脯进入到60～65℃的烘房中，经3～4小时干燥，从竹筛上取下肉脯，用刀和机械切成长4厘米、宽2厘米长方形块状。

8. 油炸 待油炸锅油温达到70～120℃时，放入肉脯稍炸1～2分钟，表面色泽红润，收缩时即可出锅沥油。

9. 冷却 油炸完工后，进入到常温不锈钢网筛中进行冷却。

10. 称重包装 按不同包装规格的要求准确计量称重，整齐排列在塑料袋或盒中，进行包装封口。

11. 检验 按国家有关标准的要求进行检验，合格后方可出厂。

12. 产品入库及贮存 经检验合格的产品，装入彩袋或贴不干胶，封口打印生产日期，放入专用纸箱，标明名称、规格、重量等，包装好的产品进入成品库。

九、脆浆裹肉

本产品选用猪五花肉为原料，经整理、分切、腌制、油炸等工序制成，具有香脆里嫩、鲜香味美、肥而不腻等特点。

（一）配方

猪五花肉100千克，香酥裹粉15千克，鸡蛋5千克，玉米淀粉5千克，白砂糖3千克，食用盐3千克，味精1千克，白酒1千克，五香粉0.01千克，复合磷酸盐0.3千克，红曲红0.03千克，纳他霉素0.03千克，亚硝酸钠0.015千克。

（二）工艺流程

原料验收→原料解冻→整理分块→搅拌腌制→成型→油炸→冷却→速冻→称重包装→检验→成品入库及贮存

（三）加工技术

1. 原料验收　选自经兽医宰前检疫、宰后检验合格的猪肉，肉质新鲜，富有弹性，表面有光泽，具有鲜冻肉固有气味，不黏手、无血伤、不混有其他杂质。

2. 原料解冻　去除外包装，入池加满自来水，用流动自来水进行解冻。依池容量大小确定解冻时间，夏季解冻时间 2~4 小时，春、秋季解冻时间4~6 小时，冬季解冻时间 8~10 小时。

3. 整理分块　解冻后沥干水分，放在不锈钢工作台上用刀逐块进行整理，去除肌腱、筋膜、血伤、淋巴结等杂质。

4. 搅拌腌制　将修整好的原料，用切肉机分切条状，装入不锈钢盛盘内，按 100 千克肉块加食用盐 3 千克，力求拌匀，这样才能咸淡一致，置于 0~4℃的冷库内，腌制 48 小时。

5. 成型　香酥裹粉放在工作台的盘中，取部分腌制的肉条在上面搅拌，使裹粉均匀沾在上面。

6. 油炸　油炸用油水分离油炸机，锅内放油加温至170℃时，分批放入稍炸，色泽呈金黄色时捞起沥油。

7. 冷却　油炸后，在不锈钢网筛中进行冷却。

8. 称重包装　按不同包装规格的要求，准确计量称重，整齐排列在塑料袋或盒中，进行包装封口。

9. 速冻　冷却后进入全自动速冻流水生产线 45~60 分钟速冻成型，或进入−23℃左右的速冻冷库中，时间 12 小时左右。

10. 检验　按国家有关标准的要求进行检验，合格后方可出厂。

11. 产品入库及贮存　经检验合格的产品，装入彩袋或贴不干胶，封口打印生产日期，放入专用纸箱，标明名称、规格、重量等。包装好的产品转入−18℃冷冻库中存放，保质期 6 个月。运输车辆必须进行消毒和配备冷藏设施。

十、拔丝樱桃肉

本产品选用猪通脊肉（分割 3 号肉）为原料，经整理、分切、腌制、油炸等工序制成，具有色泽红润、有光泽、外脆里嫩、香甜可口等特点。

（一）配方

猪通脊肉 100 千克，白砂糖 15 千克，食用盐 3 千克，味精 1 千克，黄酒 1 千克，生姜汁 0.5 千克，五香粉 0.05 千克，复合磷酸盐 0.3 千克，D-异抗坏血酸钠 0.15 千克，红曲红 0.04 千克，纳他霉素 0.03 千克，亚硝酸钠 0.015 千克。

（二）工艺流程

原料验收→原料解冻→整理分切→搅拌腌制→成型→油炸→冷却→速冻→称重包装→检验→成品入库及贮存

（三）加工技术

1. 原料验收　选自经兽医宰前检疫、宰后检验合格的猪肉，肉质新鲜，富有弹性，表面有光泽，具有鲜冻肉固有气味，不黏手、无血伤、不混有其他杂质。

2. 原料解冻　去除外包装，入池加满自来水，用流动自来水进行解冻。依池容量大小确定解冻时间，夏季解冻时间 2～4 小时，春、秋季解冻时间 4～6 小时，冬季解冻时间 8～10 小时。

3. 整理分切　解冻后沥干水分，放在不锈钢工作台上用刀逐块进行整理，去除肌腱、筋膜、血伤、淋巴结等杂质。

4. 搅拌腌制　将修整好的原料，用切肉机分切条状，装入不锈钢盘内，按 100 千克肉块加食用盐 3 千克，力求拌匀，这样才能咸淡一致，置于 0～4℃的冷库内，腌制 12 小时。

5. 成型　香酥裹粉放在工作台的盘中，取部分腌制的肉条在上面搅拌，使裹粉均匀沾在上面。

6. 油炸　油炸选用油水分离油炸机，锅内放油加温至 170℃时，分批放入稍炸，色泽呈金黄色时捞起沥油。

7. 上糖浆　白砂糖放入锅中，加 5 千克清水溶解，用文火慢慢收膏，再投入油炸的肉粒，反复搅拌均匀，使肉粒沾满糖浆为止。

8. 冷却　油炸完工后，用不锈钢网筛在常温中进行冷却。

9. 速冻　进入全自动速冻流水生产线 45～60 分钟速冻成型，或进入 -23℃左右的速冻冷库中，时间 8 小时左右。

10. 称重包装　按不同包装规格的要求准确计量称重，整齐排列在塑料袋或盒中，进行包装封口。

11. 检验　按国家有关标准的要求进行检验，合格后方可出厂。

12. 产品入库及贮存　经检验合格的产品，装入彩袋或贴不干胶，封口打印生产日期，放入专用纸箱，标明名称、规格、重量等。包装好的产品转入－18℃冷冻库中存放，保质期 6 个月。运输车辆必须进行消毒和配备冷藏设施。

十一、香脆咕噜肉

本产品选用猪后腿精肉为原料，经整理、分切、腌制、油炸等工序精制而成，具有色泽红润、有光泽、香脆嫩滑、鲜香味美、回味浓郁的特点。

(一) 配方

猪后腿精肉 100 千克，香酥裹料粉 15 千克，玉米淀粉 6 千克，白砂糖 5 千克，食用盐 3 千克，黄酒 2 千克，味精 1 千克，生姜汁 0.5 千克，胡椒粉 0.15 千克，双乙酸钠 0.3 千克，复合磷酸盐 0.3 千克，红曲红 0.04 千克，迷迭香提取物 0.03 千克，纳他霉素 0.03 千克，亚硝酸钠 0.015 千克。

(二) 工艺流程

原料验收→原料解冻→整理分切→搅拌腌制→成型→油炸→冷却→速冻→称重包装→检验→成品入库及贮存

(三) 加工技术

1. 原料验收　选自经兽医宰前检疫、宰后检验合格的猪肉，肉质新鲜，富有弹性，表面有光泽，具有鲜冻肉固有气味，不黏手、无血伤、不混有其他杂质。

2. 原料解冻　去除外包装，入池加满自来水，用流动自来水进行解冻。

3. 整理分块　解冻后沥干水分，放在不锈钢工作台上用刀逐块进行整理，去除肌腱、筋膜、血伤、淋巴结等杂质，肉切成小块条形状。

4. 搅拌腌制　将修整好的原料，用切肉机分切条状，装入不锈钢盛盘内，按 100 千克肉块加食用盐 3 千克，力求拌匀，这样才能咸淡一致，置于 0～4℃的冷库内，腌制 12 小时。

5. 成型　香酥裹粉放在工作台的盘中，取部分腌制的肉条在上面搅拌，使裹粉均匀沾在上面。

6. 油炸 油炸用油水分离油炸机，锅内放油加温至 170℃时，分批放入稍炸，色泽呈金黄色时捞起沥油。

7. 冷却 油炸完工后，用不锈钢网筛在常温中进行冷却。

8. 速冻 冷却后进入全自动速冻流水生产线 45～60 分钟速冻成型，或进入−23℃左右的速冻冷库中，时间 8 小时左右。

9. 称重包装 按不同包装规格的要求准确计量称重，整齐排列在塑料袋或盒中，进行包装封口。

10. 检验 按国家有关标准的要求进行检验，合格后方可出厂。

11. 产品入库及贮存 经检验合格的产品，装入彩袋或贴不干胶，封口打印生产日期，放入专用纸箱，标明名称、规格、重量等。包装好的产品转入−18℃冷冻库中存放，保质期 6 个月。运输车辆必须进行消毒和配备冷藏设施。

十二、冰糖圆蹄

本产品选用猪前后蹄膀为原料，经清洗、整理、腌制、油炸、煮制等工序精制而成，具有色泽红润、香甜酥烂、肥而不腻、回味悠长的特点。

（一）配方

1. 腌制料 猪前后蹄膀肉 100 千克，食用盐 5 千克，五香粉 0.1 千克，D-异抗坏血酸钠 0.1 千克，亚硝酸钠 0.015 千克。

2. 煮制料 冰糖 6 千克，酱油 5 千克，黄酒 2 千克，食用盐 1 千克，味精 0.5 千克，生姜 0.5 千克，大葱 0.5 千克，八角 0.1 千克，花椒 0.1 千克，肉桂 0.1 千克，砂仁 0.1 千克，丁香 0.05 千克，白芷 0.05 千克，双乙酸钠 0.3 千克，乙基麦芽酚 0.15 千克，红曲红 0.03 千克，纳他霉素 0.03 千克。

（二）工艺流程

原料验收→原料解冻→清洗整理→配料腌制→上色沥干→油炸→煮制→冷却→称重包装→速冻→检验→成品入库及贮存

（三）加工技术

1. 原料验收 选自经兽医宰前检疫、宰后检验合格的猪肉，肉质新鲜，富有弹性，表面有光泽，具有鲜冻肉固有气味，不黏手、无血伤、不混有其他杂质。

2. 原料解冻　去除外包装，入池加满自来水，用流动自来水进行解冻。依池容量大小确定解冻时间，夏季解冻时间 2～4 小时，春、秋季解冻时间4～6 小时，冬季解冻时间 8～10 小时。

3. 整理分切　解冻后沥干水分，放在不锈钢工作台上用刀逐块进行整理，去除肌腱、筋膜、血伤、淋巴结等杂质。

4. 腌制　将修整好的原料，装入不锈钢盘内，按 100 千克肉块加食用盐 5千克，拌匀，置于 0～4℃的冷库内，腌制 48 小时。

5. 上色沥干　饴糖、大红浙醋加入 7 千克清水，搅拌均匀，蹄膀在里面浸一下，取出沥干。

6. 油炸　锅内油温上升到 175℃时，放入里面稍炸大约 3～5 分钟，呈金黄色时取出。

7. 煮制　锅内加入 120 千克清水，香辛料和姜、葱分别用料袋装好、扎紧，放入锅内预煮 10 分钟左右，再放入蹄膀大火烧沸，投入辅料，用文火焖煮 1 小时左右，肉烂时取出沥卤。

8. 冷却称重　冷却后，按不同包装规格的要求准确计量称重，进行真空包装。

9. 真空包装　抽真空前先预热机器，调整好封口温度、真空度和封口时间，袋口用专用消毒的毛巾擦干（防止袋口有油渍）后封口，结束后逐袋检查封口是否完好，轻拿轻放摆放于冷冻专用周转筐中。

10. 速冻　进入全自动速冻流水生产线 45～60 分钟速冻成型，或进入－23℃左右的速冻冷库中，时间 12 小时左右。

11. 检验　按国家有关标准的要求进行检验，合格后方可出厂。

12. 产品入库及贮存　经检验合格的产品，装入彩袋或贴不干胶，封口打印生产日期，放入专用纸箱，标明名称、规格、重量等。包装好的产品转入－18℃冷冻库中存放，保质期 6 个月。运输车辆必须进行消毒和配备冷藏设施。

第八节　猪肉干制品的加工

肉的干制就是将肉中一部分水分排除的过程，因此又称其为脱水。肉制品干制的目的：一是抑制微生物和酶的活性，提高肉制品的保藏性。二是减轻肉制品的重量，缩小体积，便于运输。三是改善肉制品的风味，适合消费者的嗜好。

一、猪肉松的加工

肉松是指猪肉经煮制、调味、炒松、干燥或加入食用动植物油炒制而成的肌纤维疏松成絮状或团粒状的干熟肉制品，有太仓式猪肉松和福建式猪肉松两大类。

（一）太仓式猪肉松

太仓肉松创始于江苏省太仓县，有 100 多年的历史。传统的太仓肉松以猪肉为原料，成品呈金黄色，带有光泽，纤维成蓬松的絮状，滋味鲜美。

1. 配方 猪肉 100 千克，白砂糖 11 千克，酱油 7 千克，精盐 1.67 千克，白酒 1 千克，大茴香 0.38 千克，生姜 0.28 千克，味精 0.17 千克。

2. 工艺流程

原料肉的选择与整理→配料→煮制→炒压→炒松→搓松→跳松→拣松→包装

3. 加工技术

（1）原料肉与整理 原料肉剔除皮、脂肪、腱等结缔组织。结缔组织的剔除一定要彻底，否则加热过程中胶原蛋白水解，导致成品黏结成团块而不能呈良好的蓬松状。将修整好的原料肉切成 1.0～1.5 千克的肉块。切块时尽可能避免切断肌纤维，以免成品中短绒过多。

（2）煮制 将香辛料用纱布包好后和肉一起入锅（夹层锅、电热锅等），加入与肉等量的水加热煮制。煮沸后撇去油沫，这对保证产品质量至关重要。若不撇尽浮油，则肉松不易炒干，成品容易氧化，贮藏性能差而且炒松时易焦锅，成品颜色发黑。煮制的时间和加水量应根据肉质老嫩决定。肉不能煮得过烂，否则成品绒丝短碎。用力夹肉块时，肌肉纤维能分散，说明肉已煮好。煮肉时间为 3～4 小时。

（3）炒压 肉块煮烂后，改用中火，加入酱油、酒，一边炒一边压碎肉块。然后加入白砂糖、味精，减小火力，收干肉汤，并用小火炒压肉至肌纤维松散时即可进行炒松。

（4）炒松 肉松中由于糖较多，容易锅底起焦，要注意掌握炒松的火力，且勤炒勤翻。炒松有人工炒和机炒两种。在实际生产中可人工炒和机炒结合使用。当汤汁全部收干后，用小火炒至肉略干，转入炒松机内继续炒至水分含量小于20％，颜色由灰棕色变成黄色，具有特殊香味即可。

（5）擦松 利用滚筒式擦松机擦松，使肌纤维成绒丝状态即可。

（6）跳松 利用机器跳动，使肉松从跳松机上面跳出，而肉粒则从下面落下，使肉松与肉粒分开。

（7）拣松 跳松后的肉松送入包装车间凉松，肉松凉透后便可拣松，即将肉松中焦块、肉块、粉粒等拣出，提高成品质量。

（8）包装贮藏 肉松吸水性很强，不宜散装。短期贮藏可选用复合膜包装，贮藏期6个月。长期贮藏多选用马口铁罐，可贮藏12个月。

（二）福建式猪肉松

福建式肉松也称油酥肉松，是由瘦肉经煮制、调味、炒松后，再加食用动物油炒制而成的肌纤维呈团粒状的肉制品。特点：色泽红润、香气浓郁、质地酥松、入口即化。

1. 配方 猪肉100千克，精炼猪油25千克，白酱油10千克，白砂糖10千克，红糖5千克。

2. 工艺流程

原料肉选择与整理→配料整理→煮制→炒松→油酥→包装

3. 加工技术

（1）原料修整 猪肉去皮，除去结缔组织，切成10厘米长，宽、厚各3厘米的肉块。

（2）煮制 加入与肉等量的水将肉煮烂，撇尽浮油，最后加入白酱油、白砂糖和红糖混匀。

（3）炒松 肉块与配料混合后边加热边翻炒，并且用铁勺压散肉块。炒至汤干时，分小锅炒压，使肉中水分压出。肌纤维松散后，再改用小火炒成半成品。

（4）油酥 将半成品用小火继续炒至80％的肉纤维呈酥脆粉状时，用筛除去小颗粒，再按比例加入融化猪油，用铁铲翻拌，使其结成球形颗粒即为成品。

（5）包装与保藏 真空白铁罐装可保存1年，普通罐装可保存半年，听装要热装后抽真空密封。塑料袋装保藏期3～6个月。

（三）台湾风味猪肉松

台湾风味猪肉松属福建式肉松，但又自成一格，成品色、香、味、形俱佳。

1. 配方　瘦肉 100 千克，白砂糖 16～18 千克，谷物粉 14～16 千克，植物油 13 千克，芝麻 6～8 千克，精盐 2.5～3 千克，生姜 1 千克，葱 1 千克，味精 0.3 千克，混合香料 0.15 千克。

2. 工艺流程

原料选择和整理→煮制→拌料→拉丝→炒松→油酥→冷却→包装

3. 加工技术

（1）原料选择整理　后腿剔去皮及粗大的筋腱等结缔组织，顺着肌纤维方向切成重约 0.25 千克左右的长方形肉块。

（2）煮制　将切好的肉块放入锅中，按 1：1.5 量加水，再将混合香料、生姜、葱用纱布包扎好入锅与肉同煮。煮沸后小火慢煮一直至肉纤维能自行分离为止，时间 3～4 小时。

（3）拌料　待肉煮烂后，汤汁收干时将糖、盐、味精混匀，加热溶化后拌入肉料中，微火加热，边拌合边收汤汁，冷却后将谷物粉均匀拌撒至肉粒中。

（4）拉丝　用专用拉丝机将肉料拉成松散的丝状，拉丝的次数与肉煮制程度有关，一般 3～5 次。

（5）炒松　将拉成丝的肉松加入专用机械炒锅中，边炒边手工辅助翻动，炒至色呈浅黄色，水分含量低于 10% 时加入脱皮熟芝麻，再用漏勺向锅中喷洒 150℃的热油，边洒边快速翻动拌炒 5～10 分钟，至肉纤维呈蓬松的团状，色泽呈橘黄色或棕红色为止，炒制时间 1～2 小时。视加料量的多少而定。

（6）冷却与包装　出锅的肉松放入成品冷却间冷却。冷却间要求有排湿系统及良好的卫生状况，以减少二次污染。冷却后立即包装，以防肉松吸潮、回软，影响产品质量，缩短保质期，包装用复合透明袋或铝箔包装。

二、猪肉干的加工

肉干是指瘦肉经预煮、切丁（条片）、调味、浸煮、干燥等工艺制成的干熟肉制品，由于原辅料、加工工艺、形状、产地等的不同，肉干的种类很多，但按加工工艺分为传统工艺和改进工艺两种。

（一）猪肉干的传统加工工艺

1. 配方

（1）五香猪肉干　以江苏猪肉干为例，每 100 千克猪肉需白砂糖 5 千克，食用盐2千克，酱油2千克，白酒0.5千克，生姜0.5千克，味精0.5千克，五香粉0.2千克。

（2）咖喱猪肉干 每100千克鲜猪肉需白砂糖12千克，精盐3千克，酱油3千克，白酒2千克，葱1千克，姜1千克，咖喱粉0.5千克，味精0.5千克。

（3）麻辣猪肉干 每100千克鲜肉需菜油5千克，酱油4千克，精盐3.5千克，白砂糖3千克，海椒粉1.5千克，花椒粉1千克，老姜0.5千克，味精0.5千克，酒0.5千克，胡椒粉0.2千克。

（4）果汁猪肉干 每100千克鲜肉需白砂糖10千克，食用盐2.5千克，葡萄糖1千克，酱油0.5千克，姜0.5千克，辣酱0.38千克，味精0.3千克，大茴香0.2千克，果汁露0.2千克。

2. 工艺流程

原料预处理→初煮→切坯→复煮→收汁→脱水→冷却→包装

3. 加工技术

（1）原料预处理 将原料猪肉剔去皮、筋腱及肌腱后，顺着肌纤维切成0.5～1千克的肉块，用清水浸泡1小时左右除去血水污物，沥干水分。

（2）初煮 将清洗、沥干的肉块放在沸水中煮制，煮制时以水盖过肉面为原则。一般初煮时不加任何辅料，但有时为了除异味，可加1%～2%的鲜姜，初煮时水温保持在90℃以上，并即时撇去汤面污物，初煮时间随肉的嫩度及肉块大小而异，以切面呈粉红色、无血水为宜，通常初煮1小时左右，肉块捞出后，汤汁过滤待用。

（3）切坯 经初煮后的肉块冷却后，按不同规格要求切成块、片、条、丁，但不管是何种形状，都力求大小均匀一致。

（4）复煮 复煮是将切好的肉坯放在调味汤中煮制，取肉坯重20%～40%的过滤初煮汤，将配方中不溶解的辅料装纱布袋入锅煮沸后，加入其他辅料及肉坯。用大火煮制30分左右后，随着剩余汤料的减少，应减小火力以防焦锅，用小火煨1～2小时，待卤汁收干即可起锅。

（5）脱水 猪肉干常规的脱水方法有三种。

①烘烤法 将收汁后的肉坯铺在竹筛或铁丝网上，放置于烘房或远红外烘箱烘烤。烘烤温度前期可控制在60～70℃，后期可控制在50℃左右，一般需要5～6小时，即可使含水量下降到20%以下。在烘烤过程中要注意定时翻动。

②炒干法 收汁结束后，肉坯在原锅中文火加温，并不停搅翻，炒至肉块

表面微微出现蓬松茸毛时，即可出锅，冷却后即为成品。

③油炸法 先将肉切条后，用 2/3 的辅料（其中白酒、白砂糖、味精后放）与肉条拌匀，腌渍 10～20 分钟后，投入 135～150℃ 的菜油锅中油炸，油炸时要控制好肉坯量与油温之间的关系，如油温高，火力大，应多投入肉坯，反之则少投入肉坯，宜选用恒温油炸锅，成品质量易控制，炸到肉块呈微黄色后，捞出并滤净油，再将酒、白砂糖、味精和剩余的 1/3 辅料混入拌匀即可。在实际生产中，亦可先烘干再上油衣，参照四川丰都生产的麻辣牛肉干，在烘干后用菜油或麻油炸酥起锅。

（6）冷却与包装 冷却以在清洁室内摊晾自然冷却较为常用。必要时可用机械排风，但不宜在冷库中冷却，否则易吸水返潮。包装以复合膜为好，尽量选用阻气、阻湿性能好的材料。

（二）猪肉干生产新工艺

随着肉类加工业的发展和生活水平的提高，消费者要求干肉制品向着组织较软、色淡、低甜方向发展。在中式干肉制品的配方、加工和质量的基础上，对传统中式肉干的加工方法提出了改进，并把这种改进工艺生产的肉干称之为莎脯。这种新产品既保持了传统肉干的特色，无需质轻、方便和富于地方风味，但感官品质如色泽、结构和风味又不完全与传统肉干相同。

1. 配方 原料肉 100 千克，食用盐 3 千克，蔗糖 2 千克，酱油 2 千克，黄酒 1.5 千克，姜汁 1 千克，味精 0.2 千克，五香浸出液 9 千克，D-异抗坏血酸钠 0.05 千克，亚硝酸钠 0.01 千克。

2. 工艺流程
原料肉修整→切块→腌制→熟化→切条→脱水→包装

3. 加工技术 莎脯的原料与传统肉干一样，瘦肉最好用腰肌或后腿肉的热剔骨肉，冷却肉也可以。剔除脂肪和结缔组织，再切成 4 厘米的肉块，每块约 200 克。然后按配方要求加入辅料，在 4～8℃ 下腌制 48～56 小时，腌制结束后，在 100℃ 蒸汽下加热 40 分钟，肉表面呈褐色。最后真空包装，成品无需冷藏。

三、猪肉脯的加工

肉脯是指瘦肉经切片、调味、摊筛、烘干、烤制等工艺制成的干、熟薄片型的肉制品。成品特点：干爽薄脆，红润透明。与肉干加工方法不同的是肉脯不经水煮，直接烘干而制成。按加工工艺有传统的肉脯和新型的肉糜脯两大类。

（一）猪肉脯

1. 配方　原料猪肉 100 千克，白砂糖 15 千克，食用盐 2.5 千克，高粱酒 2.5 千克，白酱油 1 千克，味精 0.3 千克，小苏打 0.01 千克，硝酸钠 0.05 千克。

2. 工艺流程

原料选择整理→冷冻→切片→解冻→腌制→摊筛→烘烤、烧烤→压平→切片→成型→加工

3. 加工技术

（1）原料选择和整理　选用新鲜的猪肉，顺肌纤维切成 1 千克大小肉块。要求肉块外形规则，边缘整齐，无碎肉、淤血。

（2）冷冻　将修割整齐的肉块装入模内，移入速冻冷库中速冻，至肉块深层温度达−2～−4℃出库。

（3）切片　将冻结后的肉块放入切片机中切片或手工切片。切片时顺肌肉纤维切片，以保证成品不易破碎。切片厚度一般控制在 1～2 毫米。国外肉脯有向超薄型发展的趋势，一般在 0.2 毫米左右。超薄肉脯透明度、柔软性、贮存性很好，但加工技术难度较大，对原料肉及加工设备要求较高。

（4）拌料腌制　将辅料混匀后，与切好的肉片拌匀，在不超过 10℃的冷库中腌制 2 小时左右。腌制的目的一是入味，二是使肉中盐溶性蛋白溶出，有助于摊筛时使肉片粘连。

（5）摊筛　在竹筛上涂刷食用植物油，将腌制好的肉片平铺在竹筛上，肉片之间彼此靠溶出蛋白粘连成片。

（6）烘烤　烘烤的主要目的是促使发色和脱水熟化。将摊放肉片的竹筛上架晾干水分后，进入远红外烘箱中或烘房中脱水熟化。其烘烤温度控制在 55～70℃，前期烘烤温度可稍高。肉片厚度为 2～3 毫米时，烘烤时间 2～3 小时。

（7）烧烤　烧烤是将成品放在高温下进一步熟化并使质地柔软，产生良好的烧烤味和油润的外观。烧烤时可把半成品放在远红外空心烘炉的转动铁丝网上，用 200～220℃温度烧烤 1～2 分钟，至表面油润，色泽深红为止。

（8）压平成型　包装烧烤结束后趁热用压平机压平，按规格要求切成一定的长方形。冷却后及时包装。塑料袋或复合袋须真空包装。马口铁听装加盖后

锡焊封口。

（二）肉糜脯

肉糜脯是由猪瘦肉经斩拌、腌制、抹片、烘烤成熟的干薄型肉制品。与传统肉脯生产相比，其原料来源更为广泛，可充分利用小块肉、碎肉，且克服了传统工艺生产中存在的切片、手工摊筛困难，实现了肉脯的机械化生产。

1. 配方　猪肉 100 千克，白砂糖 10～12 千克，鱼露 8 千克，鸡蛋 3 千克，黄酒 1 千克，白胡椒 0.2 千克，味精 0.2 千克，亚硝酸钠 0.015 千克。

2. 工艺流程

原料肉处理→斩拌→腌制→抹片→烘烤→烧烤→压平成型→包装

3. 加工技术

（1）原料肉处理　选用健康猪各部位肌肉，经去除结缔组织等杂质，切成小块。

（2）斩拌　将经预处理的原料肉和辅料入斩拌机斩成肉糜，这是影响肉糜脯品质的关键工艺。肉糜斩得越细，腌制剂渗透越快、越充分，盐溶性蛋白质和肌纤维蛋白质也越容易充分延伸，成为高黏度的网状结构，网络各种成分使成品具有韧性和弹性。在斩拌过程中，需加入适量的冷开水，一方面可增加肉糜的黏着性和调节肉馅的硬度，另一方面可降低肉糜的温度，防止肉糜因高温而发生变质。

（3）腌制　10℃以下腌制 1～2 小时为宜，如果在腌制料中添加适量的复合磷酸盐，则有助于改善猪肉脯的质地和口感。

（4）抹片　竹筛的表面涂油后，将腌制好的肉糜均匀涂抹于竹筛上，厚度 1.5～2 毫米，要求均匀一致。

（5）烘烤和烧烤　同传统工艺。

（6）压平、切块、包装　经压平机压平后，按成品规格要求，切片，包装。

第九节　其他猪肉制品的加工

一、米粉蒸肉

选用鲜冻猪五花肋条肉为原料，经整理、分切、绞碎、蒸制等工序制成，具有荷香味浓、鲜香味美、咸淡适中、肥而不腻等特点。

(一) 配方

猪五花肉 100 千克，粗粒米粉（炒熟）30 千克，白砂糖 5 千克，食用盐 3.5 千克，味精 1 千克，生姜 0.5 千克，白酒 0.5 千克，D-异抗坏血酸钠 0.15 千克，乙基麦芽酚 0.1 千克，山梨酸钾 0.007 5 千克。

(二) 工艺流程

原料验收→原料肉解冻→整理分切→搅拌腌制→蒸煮成型→脱模冷却→冷却称重→真空称重→杀菌冷却→检验→外包装→成品入库

(三) 加工技术

1. 原料验收 选用经兽医检验合格的肉味原料，向供应商索取每批原料的检疫证明、有效的生产许可证和检验合格证。

2. 原料肉解冻 原料肉在常温条件下解冻，解冻后在 22℃ 下存放不超过 2 小时。

3. 整理分切 原料肉去除血伤等杂质，用切肉机切成 2 厘米×3 厘米的小块。

4. 搅拌腌制 按配方要求配制各种辅料和食品添加剂，腌制桶内放入原辅料，再加入 30 千克清水，混合均匀进行 15 分钟搅拌，取出放入腌制盆中腌制 1～2 小时入味。

5. 蒸制成型 用不同规格的塑料模型（碗、盒），装入定量的原料（肉、米粉），在蒸锅中蒸制 2 小时左右。

6. 脱模冷却 从蒸制锅中取出，热脱模后，在常温下或 18℃ 左右的空调间冷却。

7. 冷却称重 将产品摊放在不锈钢工作台上冷却，按不同规格要求准确称重（正负在 3～5 克）。

8. 真空包装 抽真空前先预热机器，调整好封口温度、真空度和封口时间，袋口用专用消毒的毛巾擦干（防止袋口有油渍）后封口，结束后逐袋检查封口是否完好，轻拿轻放摆放于杀菌专用周转筐中。

9. 杀菌冷却 采用微波杀菌，打开微波电源盒按钮，设备自行运转，物料平放在进料平台上，不能重叠，同时调整好温度和加热时间，中心温度为 85～90℃，再用巴氏杀菌，85℃、水浴 40 分钟，流动自来水冷却 30～60 分钟，最后取出沥干水分、凉干。

10. 检验　检查杀菌记录表和冷却是否彻底凉透，送样到质检部门按国家有关标准进行检验。

11. 外包装　按批次检验合格后下达检验报告单，打印批号同生产日期必须严格对应，打印的位置应统一，字迹清晰、牢固。

12. 成品入库　按规格要求定量装箱，外箱注明品名、生产日期，方可进入 0～4℃冷藏成品库。

二、梅干菜虎皮肉

选用鲜冻猪五花肋条肉为原料，经整理、去骨、分切、腌制、油炸、煮制等工序制成，具有色泽红润、表面皱纹清晰、干菜味醇、肥而不腻、回味浓郁的特点。

（一）配方

1. 腌制料　猪五花肋条肉 100 千克，食用盐 5 千克，亚硝酸钠 0.015 千克。

2. 煮制料　梅干菜 50 千克，白砂糖 8 千克，饴糖 5 千克，酱油 5 千克，食用盐 3 千克，黄酒 2 千克，味精 1 千克，生姜 0.5 千克，大葱 0.5 千克，八角 0.15 千克，肉桂 0.15 千克，丁香 0.05 千克，白芷 0.05 千克，乙基麦芽酚 0.15 千克，山梨酸钾 0.007 5 千克。

（二）工艺流程

原辅包装材料验收→原辅包装材料贮存→原料肉解冻→整理分切→配料腌制→油炸上色→煮制→冷却称重→真空包装→杀菌→冷却→检验→外包装→成品入库

（三）加工技术

1. 原辅包装材料验收　选择产品质量稳定的供应商，对新的供应商进行原料安全评价，向供应商索取每批原料的检疫证明、有效的生产许可证和检验合格证，对每批原料进行感官检查，对原料肉、白砂糖、食用盐、味精、食品添加剂等原辅料及包装材料进行验收。

2. 原料包装材料的贮存　原料肉在－18℃贮存条件下贮存，贮存期不超过 6 个月。辅助材料和包装材料在干燥、避光、常温条件下贮存。

3. 原料肉解冻 原料肉在常温条件下解冻，解冻后在 22℃下存放不超过 2 小时。

4. 整理分切 用清水刮洗去除血伤等杂质，分切成 20 厘米×25 厘米长方形肉块。

5. 配料腌制 按配方要求，用天平和电子秤准确称重（香辛料用文火煮 30 分钟左右）。辅料和食品添加剂分别加入到原料中，搅拌均匀，在 0～4℃腌制间腌制 24 小时左右，中途翻动 2 次，使咸味均匀。

6. 油炸上色 饴糖加入 10 千克清水搅拌均匀，肉块在里面浸下取出沥干，待油炸锅里温度达到 175℃时，分批放入肉块进行 2～3 分钟油炸，表皮有皱纹、色泽红褐色时出锅沥油。

7. 煮制 ①按原料的重量配制各种辅料，锅内放入 120 千克清水，大火烧开投入肉块，烧开后改用文火焖煮 20～30 分钟，取出沥卤冷却。②梅干菜用清水浸泡 2 小时左右，清洗干净沥水，放在煮制卤中，浸泡 20 分钟入味，取出沥卤。

8. 冷却称重 产品摊放在不锈钢工作台上冷却，按不同规格要求准确称重。

9. 真空包装 抽真空前先预热机器，调整好封口温度、真空度和封口时间，袋口用专用消毒的毛巾擦干（防止袋口有油渍）后封口，结束后逐袋检查封口是否完好，轻拿轻放摆放于杀菌专用周转筐中。

10. 杀菌 杀菌公式：15 分钟—25 分钟—15 分钟（升温—恒温—降温）/ 121℃，反压冷却。

11. 冷却 在流动自来水中冷却 1 小时。

12. 检验 检查杀菌记录表和冷却是否彻底凉透，送样到质检部门按国家有关标准进行检验。

13. 外包装 按批次检验合格后下达检验报告单，打印批号同生产日期必须严格对应，打印的位置应统一，字迹清晰、牢固。

14. 成品入库 按规格要求定量装箱，外箱注明品名、生产日期，方可进入 0～4℃冷藏成品库。

三、荷叶粉蒸肉

选用鲜冻猪五花肋条肉为原料，经整理、分切、腌制、蒸制等工序制成，具有鲜香味美、咸淡适中、肥而不腻等特点。

（一）配方

猪五花肋条肉 100 千克，粗粒米粉 30 千克，鲜荷叶 15 千克，白砂糖 5 千克，食用盐 3.5 千克，黄酒 2 千克，味精 1 千克，生姜 0.5 千克，五香粉 0.01 千克，胡椒粉 0.01 千克，乙基麦芽酚 0.1 千克，D-异抗坏血酸钠 0.1 千克，亚硝酸钠 0.015 千克，山梨酸钾 0.007 5 千克。

（二）工艺流程

原辅料验收→原料肉解冻→整理分切→搅拌腌制→成型→煮制→冷却称重→真空包装→杀菌冷却→检验→外包装→成品入库

（三）加工技术

1. 原辅料验收　选择产品质量稳定的供应商，向供应商索取每批原料的检疫证明、有效的生产许可证和检验合格证，对原料肉、白砂糖、食用盐、味精等原辅料进行验收。

2. 原料肉解冻　原料肉在常温条件下解冻，解冻后在 22℃下存放不超过 2 小时。

3. 整理分切　用清水刮洗去除血伤等杂质，分切成 15 厘米×15 厘米正方形肉块。

4. 配料腌制　按配方要求，用天平和电子秤准确称重。辅料和食品添加剂分别加入到原料中，搅拌均匀，在 0~4℃腌制间腌制 12 小时左右，中途翻动 2 次，使咸味均匀。

5. 成型　鲜荷叶平摊在工作台上，每只米粉肉重 400 克，包裹成正方形。

6. 真空包装　抽真空前先预热机器，调整好封口温度、真空度和封口时间，袋口用专用消毒的毛巾擦干（防止袋口有油渍）后封口，结束后逐袋检查封口是否完好，轻拿轻放摆放于杀菌专用周转筐中。

7. 杀菌　杀菌公式：15 分钟—25 分钟—15 分钟（升温—恒温—降温）/121℃，反压冷却。

8. 冷却　用流动自来水进行 1 小时冷却，冷却后取出沥干水分。

9. 检验　检查杀菌记录表和冷却是否彻底凉透，送样到质检部门按国家有关标准进行检验。

10. 外包装　按批次检验合格后下达检验报告单，打印批号同生产日期必须严格对应，打印的位置应统一，字迹清晰、牢固。

11. 成品入库　按规格要求定量装箱，外箱注明品名、生产日期，方可进入 0～4℃冷藏成品库。

四、香糟蹄髈

选用猪鲜冻前后蹄髈为原料，经清洗、整理、熟制、糟制等工序制成，具有色泽洁白、香酥肉嫩、酒香浓郁、肥而不腻等特点。

（一）配方

1. 腌制料　猪前后蹄髈肉 100 千克，食用盐 5 千克。

2. 煮制料　食用盐 2 千克，白砂糖 1 千克，生姜 1 千克，大葱 0.5 千克，白酒 0.5 千克，八角 0.1 千克，肉桂 0.1 千克，乙基麦芽酚 0.1 千克，山梨酸钾 0.007 5 千克。

3. 糟制料　香糟卤 30 千克，黄酒 5 千克，白砂糖 2 千克，食用盐 1 千克，味精 0.5 千克。

（二）工艺流程

原辅料验收→原料肉解冻→清洗整理→焯沸→煮制→糟制→称重包装→杀菌冷却→检验→外包装→成品入库

（三）加工技术

1. 原辅料验收　选择产品质量稳定的供应商，向供应商索取每批原料的检疫证明、有效的生产许可证和检验合格证，对原料肉、白砂糖、食用盐、白酒、味精等原辅料进行验收。

2. 原料肉解冻　原料肉在常温条件下解冻，解冻后在 22℃下存放不超过 2 小时。

3. 清洗整理　用流动自来水刮洗表皮上的小毛，去血伤等杂质。

4. 焯沸　锅内放入 150 千克清水，大火烧沸，投入猪蹄髈，预煮 5 分钟左右，取出用清水再次刮洗干净。

5. 煮制　清水 120 千克大火烧沸，放入香辛料包和生姜、大葱料包，煮 10 分钟左右，原辅料入锅，再投入清洗干净的猪蹄髈，大火煮沸后改用文火焖煮 30 分钟左右，七成熟取出。

6. 糟制　取 30～40 千克煮制汤加入糟制料混合均匀，缸中放入预煮蹄膀，再放入混合糟制卤液，上面用重物压紧，盖口密封，约7天左右，中途上下翻动2次，糟制成熟即可出缸。

7. 称重包装　按不同规格要求切块，准确称重。

8. 真空包装　抽真空前先预热机器，调整好封口温度、真空度和封口时间，袋口用专用消毒的毛巾擦干（防止袋口有油渍）后封口，结束后逐袋检查封口是否完好，轻拿轻放摆放于杀菌专用周转筐中。

9. 杀菌冷却　采用微波杀菌，打开微波电源盒按钮，设备自行运转，物料平放在进料平台上，不能重叠，同时调整好温度和加热时间，中心温度为85~90℃，再用巴氏杀菌，85℃、水浴40分钟，流动自来水冷却30~60分钟，最后取出沥干水分、凉干。

10. 检验　检查杀菌记录表和冷却是否彻底凉透，送样到质检部门按国家有关标准进行检验。

11. 外包装　按批次检验合格后下达检验报告单，打印批号同生产日期必须严格对应，打印的位置应统一，字迹清晰、牢固。

12. 成品入库　按规格要求定量装箱，外箱注明品名、生产日期，方可进入0~4℃冷藏成品库。

五、腐乳扣肉

选用鲜冻猪五花肋条肉为原料，经整理、分切、腌制、油炸、煮制等工序制成，具有色泽红润、乳香味醇、肥而不腻等特点。

（一）配方

1. 腌制料　猪五花肋条肉100千克，食用盐5千克，亚硝酸钠0.015千克。

2. 煮制料　红腐乳10千克，白砂糖3千克，食用盐1千克，味精1千克，白酒1千克，生姜1千克，大葱0.5千克，八角0.15千克，桂皮0.1千克，D-异抗坏血酸钠0.15千克，乙基麦芽酚0.1千克，红曲红0.03千克，山梨酸钾0.007 5千克。

（二）工艺流程

原料验收→原料肉解冻→整理分切→配料腌制→油炸上色→煮制→冷却称重→真空包装→杀菌冷却→检验→外包装→成品入库

（三）加工技术

1. **原料验收**　选用兽医检验合格的猪肉为原料，向供应商索取每批原料的检疫证明、有效的生产许可证和检验合格证。

2. **原料肉解冻**　原料肉在常温条件下解冻，解冻后在 22℃下存放不超过 2 小时。

3. **整理分切**　用流动自来水清洗刮去肉表面杂物，分切成 25 厘米×25 厘米的方形肉块。

4. **配料腌制**　按配方要求，用天平和电子秤准确称重（香辛料用文火煮 30 分钟左右）。辅料和食品添加剂分别加入到原料中，搅拌均匀，在 0～4℃腌制间腌制 24 小时左右，中途翻动 2 次，使咸味均匀。

5. **油炸上色**　饴糖加入 10 千克清水搅拌均匀，肉块在里面浸下、取出沥干，待油炸锅里温度达到 175℃时，分批放入肉块进行 2～3 分钟油炸，表皮有皱纹、色泽红褐色时出锅沥油。

6. **煮制**　①按原料的重量配制各种辅料，锅内放入 120 千克清水，大火烧开投入肉块，烧开后改用文火焖煮 20～30 分钟，取出沥卤冷却。②腐乳放在熟制肉中和肉块一起搅拌均匀。

7. **冷却称重**　产品摊放在不锈钢工作台上冷却，按不同规格要求准确称重。

8. **真空包装**　抽真空前先预热机器，调整好封口温度、真空度和封口时间，袋口用专用消毒的毛巾擦干（防止袋口有油渍）后封口，结束后逐袋检查封口是否完好，轻拿轻放摆放于杀菌专用周转筐中。

9. **杀菌**　杀菌公式：15 分钟—25 分钟—15 分钟（升温—恒温—降温）/ 121℃，反压冷却。

10. **冷却**　用流动自来水冷却 1 小时后取出沥干。

11. **检验**　检查杀菌记录表和冷却是否彻底凉透，送样到质检部门按国家有关标准进行检验。

12. **外包装**　按批次检验合格后下达检验报告单，打印批号同生产日期必须严格对应，打印的位置应统一，字迹清晰、牢固。

13. **成品入库**　按规格要求定量装箱，外箱注明品名、生产日期，方可进入成品库。

六、家制糟八件

选用鲜冻猪前后腿肉、蹄膀、猪头、耳、舌、肚、尾等为原料，经清洗、整理、熟制、糟制等工序制成，具有色泽洁白、糟香浓郁、回味悠长的特点。

（一）配方

1. 腌制料　原料猪前后腿肉、蹄膀、猪头、耳、舌、肚、尾共计100千克，食用盐5千克。

2. 煮制料　食用盐2千克，白砂糖1.5千克，生姜1千克，大葱0.5千克，白酒0.5千克，八角0.15千克，肉桂0.1千克，双乙酸钠0.3千克，乙基麦芽酚0.1千克，脱氢乙酸钠0.05千克，山梨酸钾0.007 5千克。

3. 糟制料　香糟卤35千克，黄酒5千克，白砂糖2千克，食用盐1千克，味精0.5千克，生姜汁0.5千克。

（二）工艺流程

原料验收→原料肉解冻→清洗整理→焯沸→煮制→糟制→称重包装→杀菌冷却→检验→外包装→成品入库

（三）加工技术

1. 原料验收　选用经兽医检验合格的原料，向供应商索取每批原料的检疫证明、有效的生产许可证和检验合格证。

2. 原料肉解冻　原料在常温条件下解冻，解冻后在22℃下存放不超过2小时。

3. 清洗整理　用流动自来水刮洗表皮上的小毛，去骨、血伤等杂质。

4. 焯沸　锅内放入150千克清水，大火烧沸，投入猪八件等原料，预煮5分钟左右，取出用清水再次刮洗干净。

5. 煮制　清水120千克大火烧沸，放入香辛料包和生姜、大葱料包，煮10分钟左右，原辅料入锅，再投入清洗干净的原料，大火煮沸后改用文火焖煮30分钟左右，八成熟取出。

6. 糟制　取30～40千克煮制清汤加入糟制料混合均匀，缸中放入预煮原料，再放入混合糟制卤液，上面用重物压紧，盖口密封，约7天左右，中途上下翻动2次，糟制成熟即可出缸。

7. 称重包装　按不同规格要求切块，准确称重。

8. 真空包装　抽真空前先预热机器，调整好封口温度、真空度和封口时间，袋口用专用消毒的毛巾擦干（防止袋口有油渍）后封口，结束后逐袋检查封口是否完好，轻拿轻放摆放于杀菌专用周转筐中。

9. 杀菌冷却　采用微波杀菌，打开微波电源盒按钮，设备自行运转，物料平放在进料平台上，不能重叠，同时调整好温度和加热时间，中心温度为85～90℃，再用巴氏杀菌，85℃、水浴 40 分钟，流动自来水冷却 30～60 分钟，最后取出沥干水分、凉干。

10. 检验　检查杀菌记录表和冷却是否彻底凉透，送样到质检部门按国家有关标准进行检验。

11. 外包装　按批次检验合格后下达检验报告单，打印批号同生产日期必须严格对应，打印的位置应统一，字迹清晰、牢固。

12. 成品入库　按规格要求定量装箱，外箱注明品名、生产日期，方可进入 0～4℃冷藏成品库。

七、醇香顺风

选用鲜冻猪耳为原料，经清洗、整理、腌制、杀菌等工序制成，产品具有色泽红润、香脆爽口、回味浓郁等特点。

（一）配方

猪耳 100 千克，白砂糖 3 千克，食用盐 2 千克，酱油 1.5 千克，味精 1 千克，白酒 0.5 千克，生姜汁 0.15 千克，复合磷酸盐 0.3 千克，D-异抗坏血酸钠 0.15 千克，乙基麦芽酚 0.1 千克，红曲红 0.02 千克，亚硝酸钠 0.015 千克，山梨酸钾 0.007 5 千克。

（二）工艺流程

原辅料验收→原料肉解冻→清洗整理→配料→腌制滚揉→称重→真空包装→杀菌→冷却→检验→外包装→成品入库

（三）加工技术

1. 原辅料验收　选择产品质量稳定的供应商，向供应商索取每批原料的检疫证明、有效的生产许可证和检验合格证，对每批原料进行感官检查，对原料猪耳、白砂糖、食用盐、白酒、味精等原辅料进行验收。

2. 原料肉解冻 原料猪耳在常温条件下解冻，解冻后在 22℃ 下存放不超过 2 小时。

3. 清洗整理 猪耳平摊在工作台上，用火焰燎毛，在用清水刮洗干净，去除血伤等杂质。

4. 配料 按原料 100％ 计算所需的各种不同的配料，用天平和电子秤准确称重，配制调味料和食品添加剂。

5. 滚揉腌制 滚揉机内投入原料和配制的各种辅料，盖上桶盖，启动电源，按运行真空键，真空度达 0.08 兆帕，再按滚揉键进行工作（滚揉总时间为 24 小时，中途每滚揉 20 分钟，间歇 10 分钟）。

6. 称重包装 按不同规格要求切块，准确称重。

7. 真空包装 抽真空前先预热机器，调整好封口温度、真空度和封口时间，袋口用专用消毒的毛巾擦干（防止袋口有油渍）后封口，结束后逐袋检查封口是否完好，轻拿轻放摆放于杀菌专用周转筐中。

8. 杀菌 ①杀菌操作按压力容器操作要求和工艺规范进行，升温时必须保证有 3 分钟以上的排气时间，排净冷空气。②采用高温杀菌：10 分钟—20 分钟—10 分钟（升温—恒温—降温）/121℃，反压冷却。

9. 冷却 排净锅内水，剔除破包，出锅后应迅速转入流动自来水池中，强制冷却 1 小时左右，上架、平摊、沥干水分。

10. 检验 检查杀菌记录表和冷却是否彻底凉透，送样到质检部门按国家有关标准进行检验。

11. 外包装 按批次检验合格后下达检验报告单，打印批号同生产日期必须严格对应，打印的位置应统一，字迹清晰、牢固。

12. 成品入库 按规格要求定量装箱，外箱注明品名、生产日期，方可进入成品库。

八、酱汁猪下水

选用鲜冻猪下水（肚、肺、肝、肠等）为原料，经清洗、整理、煮制等工序制成，具有各种品种的不同风味、色泽酱红、鲜香味美、回味浓郁等特点。

（一）配方

猪下水（肚、肺、肝、肠等）100 千克，酱油 6 千克，白砂糖 5 千克，食用盐 2 千克，味精 1 千克，白酒 0.5 千克，生姜 0.5 千克，大葱 0.5 千克，八角 0.15 千克，桂皮 0.15 千克，肉果 0.1 千克，良姜 0.05 千克，香叶 0.05 千克，白芷 0.05 千克，双乙酸钠 0.3 千克，乙基麦芽酚 0.1 千克，红曲红 0.05 千克，脱氢乙酸钠 0.05 千克，乳酸链球菌素 0.05 千克。

（二）工艺流程

原辅料验收→原辅料贮存→原料肉解冻→清洗整理→焯沸→煮制→冷却称重→真空包装→杀菌→冷却→检验→外包装→成品入库

（三）加工技术

1. 原辅包装材料验收　选择产品质量稳定的供应商，向供应商索取每批原料的检疫证明、有效的生产许可证和检验合格证，对每批原料进行感官检查，对原料、白砂糖、食用盐、白酒、味精等原辅料进行验收。

2. 原辅料的贮存　原料在−18℃贮存条件下贮存，贮存期不超过 6 个月。辅助材料在干燥、避光、常温条件下贮存。

3. 原料解冻　原料在常温条件下解冻，解冻后在 22℃下存放不超过 2 小时。

4. 清洗整理　原料清洗时，应去除明显的脂肪，再放入食用盐、白醋反复搅拌，去掉外面杂质，用 40℃的温水洗 2 次。

5. 焯沸　烧开 100℃的开水，然后再锅中放入原料浸泡 3～5 分钟捞出，用流动的自来水冲洗干净。

6. 煮制　按原料的重量配制各种辅料，锅内放入 120 千克清水加入调料，大火烧开，投入原料烧开后改用文火焖煮 20～30 分钟，起锅冷却。

7. 冷却称重　将产品摊放在不锈钢工作台上冷却，按不同规格要求准确称重。

8. 真空包装　抽真空前先预热机器，调整好封口温度、真空度和封口时间，袋口用专用消毒的毛巾擦干（防止袋口有油渍）后封口，结束后逐袋检查封口是否完好，轻拿轻放摆放于杀菌专用周转筐中。

9. 杀菌　①杀菌操作按压力容器操作要求和工艺规范进行，升温时必须保证有 3 分钟以上的排气时间，排净冷空气。②采用高温杀菌：10 分钟—20 分钟—10 分钟（升温—恒温—降温）/121℃，反压冷却。

10. 冷却　排净锅内水，剔除破包，出锅后应迅速转入流动自来水池中，强制冷却 1 小时左右，上架、平摊、沥干水分。

11. 检验　检查杀菌记录表和冷却是否彻底凉透，送样到质检部门按国家有关标准进行检验。

12. 外包装　按批次检验合格后下达检验报告单，打印批号同生产日期必须严格对应，打印的位置应统一，字迹清晰、牢固。

13. 成品入库　按规格要求定量装箱，外箱注明品名、生产日期，方可进入成品库。

九、清香蹄肚汤

选用鲜冻猪前后蹄膀和猪肚为原料，经清洗、整理、焯沸、煮制等工序制成，产品具有色泽洁白、鲜香脆骨、肥而不腻等特点。

（一）配方

猪前后蹄膀 60 千克，猪肚 40 千克，食用盐 3 千克，味精 1 千克，白酒 0.5 千克，生姜 0.5 千克，大葱 0.5 千克，胡椒粉 0.1 千克，党参 0.1 千克，白芷 0.03 千克，乙基麦芽酚 0.1 千克，纳他霉素 0.03 千克。

（二）工艺流程

原辅料验收→原辅料贮存→原料肉解冻→清洗整理→焯沸→煮制→冷却称重→真空包装→杀菌→冷却→检验→外包装→成品入库

（三）加工技术

1. 原辅料验收　选择产品质量稳定的供应商，向供应商索取每批原料的检疫证明、有效的生产许可证和检验合格证，对每批原料进行感官检查，对原料、白砂糖、食用盐、白酒、味精等原辅料进行验收。

2. 原辅料的贮存　原料在 −18℃贮存条件下贮存，辅助材料在干燥、避光、常温条件下贮存。

3. 原料解冻　原料在常温条件下解冻，解冻后在 22℃下存放不超过 2 小时。

4. 清洗整理　将 1% 的白醋和 2% 的盐放在猪肚里，反复擦揉 5 分钟左右，再用 80℃的温水清洗 2 次，去掉杂物。蹄膀用镊子去掉小毛，在清水中用刀刮掉表皮的污物等。

5. 焯沸　用 100℃开水，放进蹄膀和猪肚浸烫 3～5 分钟取出，清洗干净后沥水。

6. 煮制　按原料的重量配制各种辅料，锅内放入 120 千克清水加入调料，大火烧开，投入原料烧开，改用文火焖煮 20～30 分钟，起锅冷却。

7. 冷却称重　将产品摊放在不锈钢工作台上冷却，按不同规格要求准确称重，另外每袋加入 50% 的煮制老汤。

8. 真空包装　真空前先预热机器，调整好封口温度、真空度和封口时间，袋口用专用消毒的毛巾擦干（防止袋口有油渍）后封口，结束后逐袋检查封口是否完好，轻拿轻放摆放于杀菌专用周转筐中。

9. 杀菌　①杀菌操作按压力容器操作要求和工艺规范进行，升温时必须保证有 3 分钟以上的排气时间，排净冷空气。②采用高温杀菌：10 分钟—20 分钟—10 分钟（升温—恒温—降温）/121℃，反压冷却。

10. 冷却　排净锅内水，剔除破包，出锅后应迅速转入流动自来水池中，强制冷却 1 小时左右，上架、平摊、沥干水分。

11. 检验　检查杀菌记录表和冷却是否彻底凉透，送样到质检部门按国家有关标准进行检验。

12. 外包装　按批次检验合格后下达检验报告单，打印批号同生产日期必须严格对应，打印的位置应统一，字迹清晰、牢固。

13. 成品入库　按规格要求定量装箱，外箱注明品名、生产日期，方可进入成品库。

十、京酱猪心

选用鲜冻猪心为原料，经清洗、整理、焯沸、煮制等工序制成，产品具有色泽酱红、酱香浓郁、风味独特、回味悠长的特点。

（一）配方

猪心 100 千克，酱油 6 千克，白砂糖 5 千克，食用盐 2.5 千克，味精 0.5 千克，白酒 0.5 千克，生姜 0.5 千克，大葱 0.5 千克，八角 0.15 千克，桂皮 0.15 千克，草果 0.1 千克，陈皮 0.1 千克，白芷 0.05 千克，乙基麦芽酚 0.15 千克，山梨酸钾 0.007 5 千克。

（二）工艺流程

原料选择→原料肉解冻→清洗整理→焯沸→煮制→冷却称重→真空包装→

杀菌→冷却→检验→外包装→成品入库

（三）加工技术

1. 原料选择　选择经兽医检验合格的猪心为原料，向供应商索取每批原料的检疫证明、有效的生产许可证和检验合格证。

2. 原料解冻　原料猪心在常温条件下解冻，解冻后在22℃下存放不超过2小时。

3. 清洗整理　猪心用刀从中间剖开，去除血污等杂质，用流动自来水冲洗干净，浸泡30分钟左右，沥干水分。

4. 焯沸　烧开100℃的开水，然后在锅中放入原料浸泡3～5分钟捞出，用流动的自来水冲洗干净。

5. 煮制　按原料的重量配制各种辅料，锅内放入120千克清水加入调料，大火烧开，投入原料烧开，改用文火焖煮20～30分钟，起锅冷却。

6. 冷却称重　将产品摊放在不锈钢工作台上冷却，按不同规格要求准确称重。

7. 真空包装　抽真空前先预热机器，调整好封口温度、真空度和封口时间，袋口用专用消毒的毛巾擦干（防止袋口有油渍）后封口，结束后逐袋检查封口是否完好，轻拿轻放摆放于杀菌专用周转筐中。

8. 杀菌　①杀菌操作按压力容器操作要求和工艺规范进行，升温时必须保证有3分钟以上的排气时间，排净冷空气。②采用高温杀菌：10分钟—20分钟—10分钟（升温—恒温—降温）/121℃，反压冷却。

9. 冷却　排净锅内水，剔除破包，出锅后应迅速转入流动自来水池中，强制冷却1小时左右，上架、平摊、沥干水分。

10. 检验　检查杀菌记录表和冷却是否彻底凉透，送样到质检部门按国家有关标准进行检验。

11. 外包装　按批次检验合格后下达检验报告单，打印批号同生产日期必须严格对应，打印的位置应统一，字迹清晰、牢固。

12. 成品入库　按规格要求定量装箱，外箱注明品名、生产日期，方可进入成品库。

十一、上海白肚

选择鲜冻猪肚为原料，经清洗、整理、焯沸、煮制等工序制成，产品具有色泽洁白、无异味、鲜香可口等特点。

（一）配方

猪肚 100 千克，食用盐 4 千克，白砂糖 3 千克，白醋 2 千克，味精 1 千克，生姜 1 千克，大葱 0.5 千克，八角 0.1 千克，花椒 0.05 千克，香叶 0.05 千克，白蔻仁 0.05 千克，白芷 0.05 千克，小茴香 0.03 千克，双乙酸钠 0.3 千克，D-异抗坏血酸钠 0.15 千克，乳酸链球菌素 0.05 千克，纳他霉素 0.03 千克。

（二）工艺流程

原辅料验收→原辅料贮存→原料肉解冻→清洗整理→焯沸→煮制→浸泡→冷却称重→真空包装→杀菌冷却→检验→外包装→成品入库

（三）加工技术

1. 原辅料验收　选择产品质量稳定的供应商，向供应商索取每批原料的检疫证明、有效的生产许可证和检验合格证，对原料猪肚、白砂糖、食用盐、白酒、味精等原辅料进行验收。

2. 原辅料的贮存　原料猪肚在 -18℃ 贮存条件下贮存，辅助材料在干燥、避光、常温条件下贮存。

3. 原料解冻　原料猪肚在常温条件下解冻，解冻后在 22℃ 下存放不超过 2 小时。

4. 清洗整理　解冻后，在猪肚洒上 2 千克食用盐，边擦边揉，清洗干净后用 80~90℃ 温水烫洗 2 次，猪肚转硬后取出，用刀刮掉内部一层白色的黏膜，去除明显脂肪等杂质。

5. 焯沸　锅内放入 150 千克清水，大火烧沸，投入原料等原料，预煮 5 分钟左右，取出用清水再次刮洗干净。

6. 煮制　清水 120 千克大火烧沸，放入香辛料包和生姜、大葱料包，煮 10 分钟左右，原辅料入锅，再投入清洗干净的原料，大火煮沸后改用文火焖煮 30 分钟左右，八成熟取出。

7. 浸泡　煮制八成熟的猪肚，从锅中取出。煮制卤放入不锈钢桶内，放入猪肚浸泡 1 小时左右，熟烂时取出沥卤。

8. 冷却称重　卤煮好的产品摊放在不锈钢工作台上冷却，按不同规格要求准确称重。

9. 真空包装　抽真空前先预热机器，调整好封口温度、真空度和封口时间，袋口用专用消毒的毛巾擦干（防止袋口有油渍）后封口，结束后逐袋检查封口是否完好，轻拿轻放摆放于杀菌专用周转筐中。

10. 杀菌冷却　采用微波杀菌，打开微波电源盒按钮，设备自行运转，物料平放在进料平台上，不能重叠，同时调整好温度和加热时间，中心温度为85~90℃，再用巴氏杀菌，85℃、水浴40分钟，流动自来水冷却30~60分钟，最后取出沥干水分、凉干。

11. 检验　检查杀菌记录表和冷却是否彻底凉透，送样到质检部门按国家有关标准进行检验。

12. 外包装　按批次检验合格后下达检验报告单，打印批号同生产日期必须严格对应，打印的位置应统一，字迹清晰、牢固。

13. 成品入库　按规格要求定量装箱，外箱注明品名、生产日期，方可进入0~4℃冷藏成品库。

十二、五彩卤肚

选用鲜冻猪肚为原料，经清洗、整理、焯沸、蒸制等工序制成，产品具有色泽洁白、切面美观、营养丰富、口感有韧性、鲜香味美、回味悠长等特点。

（一）配方

猪肚100千克，鸡蛋20千克，食用盐4千克，香菇3千克，莲子3千克，火腿肉3千克，豌豆3千克，白砂糖1千克，生姜粒1千克，香葱粒1千克，味精1千克，胡椒粉0.15千克，双乙酸钠0.3千克，乙基麦芽酚0.1千克，乳酸链球菌素0.05千克，山梨酸钾0.0075千克。

（二）工艺流程

原辅包装材料验收→原辅包装材料贮存→原料肉解冻→清洗整理→焯沸→灌装成型→蒸制→冷却称重→真空包装→杀菌→冷却→检验→外包装→成品入库

（三）加工技术

1. 原辅包装材料验收　选择产品质量稳定的供应商，对新的供应商进行原料安全评价，向供应商索取每批原料的检疫证明、有效的生产许可证和检验合格证，对原料猪肚、白砂糖、食用盐、味精、食品添加剂等原辅料及包装材料进行验收。

2. 原辅包装材料的贮存　原料猪肚在－18℃贮存条件下贮存，贮存期不超过 6 个月。辅助材料和包装材料在干燥、避光、常温条件下贮存。

3. 原料解冻　原料猪肚在常温条件下解冻，解冻后在 22℃下存放不超过 2 小时。

4. 清洗整理　解冻后干净的猪肚撒上 2 千克食用盐，边擦边揉，清洗干净后用 80～90℃温水烫洗 2 次，猪肚转硬后取出，用刀刮掉内部一层白色的黏膜，去除明显脂肪等杂质。

5. 焯沸　锅内放入 150 千克清水，大火烧沸，投入原料等原料，预煮 5 分钟左右，取出用清水再次刮洗干净。

6. 灌装成型　按配方要求准确称重配料和食品添加剂，鸡蛋打开放入搅拌机内，香菇、莲子泡发清洗干净，同火腿肉一同切小颗粒状，和豌豆一起放入蛋液中，加入辅料和食品添加剂，搅拌 2～3 分钟。用漏斗灌入猪肚内，每只小猪肚灌 300 克左右，大猪肚灌 400 克左右，开口处用针穿麻线扎紧。

7. 蒸制　猪肚平放在蒸制周转盘中，蒸煮 1～1.5 小时，取出立刻用平板机压平，冷却至常温。

8. 冷却称重　将卤煮好的产品摊放在不锈钢工作台上冷却，按不同规格要求准确称重。

9. 真空包装　抽真空前先预热机器，调整好封口温度、真空度和封口时间，袋口用专用消毒的毛巾擦干（防止袋口有油渍）后封口，结束后逐袋检查封口是否完好，轻拿轻放摆放于杀菌专用周转筐中。

10. 杀菌　①杀菌操作按压力容器操作要求和工艺规范进行，升温时必须保证有 3 分钟以上的排气时间，排净冷空气。②采用高温杀菌：10 分钟—20 分钟—10 分钟（升温—恒温—降温）/121℃，反压冷却。

11. 冷却　排净锅内水，剔除破包，出锅后应迅速转入流动自来水池中，强制冷却 1 小时左右，上架、平摊、沥干水分。

12. 检验　检查杀菌记录表和冷却是否彻底凉透，送样到质检部门按国家有关标准进行检验。

13. 外包装　按批次检验合格后下达检验报告单，打印批号同生产日期必须严格对应，打印的位置应统一，字迹清晰、牢固。

14. 成品入库　按规格要求定量装箱，外箱注明品名、生产日期，方可进入成品库。

十三、芳香呼啦圈

选用鲜冻猪大肠为原料，经清洗、整理、焯沸、煮制等工序制成，产品具有色泽黄褐色、有光泽、芳香味浓、有滋味、口感滑嫩、鲜香味美的特点。

（一）配方

猪大肠 100 千克，酱油 4 千克，白砂糖 3 千克，食用盐 3 千克，干辣椒 1 千克，白醋 1 千克，味精 0.5 千克，白酒 0.5 千克，生姜 0.5 千克，香葱 0.5 千克，八角 0.1 千克，桂皮 0.1 千克，乙基麦芽酚 0.1 千克，红曲红 0.02 千克，山梨酸钾 0.007 5 千克。

（二）工艺流程

原辅料验收→原辅料贮存→原料肉解冻→清洗整理→焯沸→煮制→冷却称重→真空包装→杀菌→冷却→检验→外包装→成品入库

（三）加工技术

1. 原辅料验收　选择产品质量稳定的供应商，向供应商索取每批原料的检疫证明、有效的生产许可证和检验合格证，对原料猪大肠、白砂糖、食用盐、白酒、味精等原辅料进行验收。

2. 原辅料的贮存　原料猪大肠在−18℃贮存条件下贮存，贮存期不超过 6 个月。辅助材料在干燥、避光、常温条件下贮存。

3. 原料解冻　原料猪大肠在常温条件下解冻，解冻后在 22℃下存放不超过 2 小时。

4. 清洗整理　解冻后的猪大肠用 40℃温水浸泡翻套里面，去除明显油脂和杂质，再翻转过来，沥干水分。放入 1% 的盐反复擦揉 5 分钟，清洗干净后用 80℃左右的温水烫洗 2 次，再次沥干水分。

5. 焯沸　锅内放入 150 千克清水，大火烧沸，投入猪大肠等原料，预煮 5 分钟左右，取出用清水再次刮洗干净。

6. 煮制　清水 120 千克大火烧沸，放入香辛料包和生姜、大葱料包，煮 10 分钟左右，原辅料入锅，投入清洗干净的原料，大火煮沸后改用文火焖煮 30 分钟左右，七成熟取出。

7. 冷却称重　将卤煮好的产品摊放在不锈钢工作台上冷却，按不同规格要求准确称重。

8. 真空包装　抽真空前先预热机器，调整好封口温度、真空度和封口时间，袋口用专用消毒的毛巾擦干（防止袋口有油渍）后封口，结束后逐袋检查封口是否完好，轻拿轻放摆放于杀菌专用周转筐中。

9. 杀菌　①杀菌操作按压力容器操作要求和工艺规范进行，升温时必须保证有 3 分钟以上的排气时间，排净冷空气。②采用高温杀菌：10 分钟—20 分钟—10 分钟（升温—恒温—降温）/121℃，反压冷却。

10. 冷却　排净锅内水，剔除破包，出锅后应迅速转入流动自来水池中，强制冷却 1 小时左右，上架平摊沥干水分。

11. 检验　检查杀菌记录表和冷却是否彻底凉透，送样到质检部门按国家有关标准进行检验。

12. 外包装　按批次检验合格后下达检验报告单，打印批号同生产日期必须严格对应，打印的位置应统一，字迹清晰、牢固。

13. 成品入库　按规格要求定量装箱，外箱注明品名、生产日期，方可进入 0~4℃冷藏成品库。

十四、清蒸酱猪脑

选用鲜冻猪脑为原料，经清洗、整理、焯沸、酱制、蒸制等工序制成，具有本产品固有的特色，酱香味浓、嫩滑爽口、鲜香味美。

（一）配方

猪脑 100 千克，酱油 12 千克，白砂糖 5 千克，食用盐 2 千克，黄酒 2 千克，味精 1 千克，生姜 1 千克，大葱 0.5 千克，五香粉 0.1 千克，胡椒粉 0.05 千克，乙基麦芽酚 0.1 千克，红曲红 0.02 千克，山梨酸钾 0.007 5 千克。

（二）工艺流程

原料验收→原料解冻→预整理→焯沸→酱制→蒸制→冷却称重→真空包装→杀菌→冷却→检验→外包装→成品入库

（三）加工技术

1. 原料验收　选自经兽医宰前检疫、宰后检验合格的猪脑，肉质新鲜富有弹性，表面有光泽，具有鲜冻原料固有气味，不黏手，无血伤，不混有其他杂质，质量符合国家有关标准的要求。

2. 原料解冻 去除外包装，入池加满自来水，用流动自来水进行解冻。

3. 预整理 解冻后沥干水分，放在不锈钢工作台上用刀逐块进行整理，去除杂质。

4. 焯沸 锅内放入清水，大火烧开至 90～95℃时放入猪脑，浸烫 3～5 分钟取出，进入清水中冷却后沥干水分。

5. 酱制 腌制桶里放入 50 千克冷开水，再投入上述辅料及食品添加剂搅拌均匀，放入猪脑经 24 小时酱制，中途翻动 2 次。

6. 蒸制 放入蒸制周转箱中，上锅蒸 30 分钟左右，取出冷却。

7. 冷却 在不锈钢工作台上，自然冷却到常温。

8. 称重 按不同规格要求准确称重。

9. 真空包装 抽真空前先预热机器，调整好封口温度、真空度和封口时间，袋口用专用消毒的毛巾擦干（防止袋口有油渍）后封口，结束后逐袋检查封口是否完好，轻拿轻放摆放于杀菌专用周转筐中。

10. 杀菌冷却 采用微波杀菌，打开微波电源盒按钮，设备自行运转，物料平放在进料平台上，不能重叠，同时调整好温度和加热时间，中心温度在 85～90℃，再用巴氏杀菌，85℃、水浴 40 分钟，流动自来水冷却 30～60 分钟，最后取出沥干水分、凉干。

11. 检验 检查杀菌记录表和冷却是否彻底凉透，送样到质检部门按国家有关标准进行检验。

12. 外包装 按批次检验合格后下达检验报告单，打印批号同生产日期必须严格对应，打印的位置应统一，字迹清晰、牢固。

13. 成品入库 按规格要求定量装箱，外箱注明品名、生产日期，方可进入 0～4℃冷藏成品库。

十五、蜜汁猪肝

选用鲜冻猪肝为原料，经清洗、整理、分切、腌制、煮制等工序制成，产品具有香蜜嫩滑、鲜香味浓、回味浓郁的特点。

（一）配方

1. 煮制料 猪肝 100 千克，食用盐 4 千克，白砂糖 3 千克，白酒 0.5 千克，生姜 0.5 千克，大葱 0.5 千克，味精 0.5 千克，复合磷酸盐 0.3 千克，葡萄糖酸-δ-内酯 0.15 千克。

2. 浸泡料　食用盐 4 千克，冰糖 4 千克，麦芽糖 4 千克，味精 0.5 千克，生姜汁 0.5 千克，白酒 0.5 千克，牛肉浸膏 4 千克，猪肉浸膏 4 千克，鸡肉浸膏 2 千克，β-环状糊精 0.5 千克，双乙酸钠 0.3 千克，乳酸链球菌素 0.05 千克，脱氢乙酸钠 0.05 千克，山梨酸钾 0.007 5 千克。

（二）工艺流程

原辅料验收→原辅料贮存→原料肉解冻→清洗沥干→焯沸→煮制→浸泡→沥卤→冷却称重→真空包装→杀菌冷却→沥干→检验→外包装→成品入库

（三）加工技术

1. 原辅料验收　选择产品质量稳定的供应商，向供应商索取每批原料的检疫证明、有效的生产许可证和检验合格证。对原料猪肝、白砂糖、食用盐、白酒、味精等原辅料进行验收。

2. 原辅料的贮存　原料猪肝在-18℃贮存条件下贮存，辅助材料在干燥、避光、常温条件下贮存。

3. 原料解冻　原料猪肝在常温条件下解冻，解冻后在 22℃下存放不超过 2 小时。

4. 清洗沥干　去除胆等杂质，用刀切成长度为 5 厘米、宽度为 3 厘米的长条状，用流动水浸泡 1 小时左右，去血水。

5. 焯沸　用 100℃沸水，把猪肝放入锅内不停搅动，使肝受热均匀，3~5 分钟后取出浸泡在流动自来水中，冷却 15 分钟左右。

6. 煮制　用天平和电子秤按比例配制辅料，放入 120 千克水中，加温至 95℃时投入猪肝，保持水温在 85℃，时间 45 分钟，中途每 5 分钟上下提取一次，使猪肝在卤液中保持里外温度一致。

7. 浸泡　用天平和电子秤配制所需的辅料和食品添加剂，搅拌均匀后放入 100 千克开水中，搅拌均匀，放在 0~4℃冷藏库中冷却。把煮熟的猪肝在卤液中浸泡 3 小时左右。

8. 沥卤称重　用不锈钢周转箱把浸泡后的猪肝沥卤 30 分钟左右，取出按不同规格要求进行称重、包装。

9. 真空包装　抽真空前先预热机器，调整好封口温度、真空度和封口时间，袋口用专用消毒的毛巾擦干（防止袋口有油渍）后封口，结束后逐袋检查封口是否完好，轻拿轻放摆放于杀菌专用周转筐中。

10. 微波杀菌 采用微波杀菌，打开微波电源盒按钮，设备自行运转，物料平放在进料平台上，不能重叠，同时调整好温度和加热时间，中心温度在85℃~90℃，再用巴氏杀菌，85℃、水浴40分钟，流动自来水冷却30~60分钟，最后取出沥干水分、凉干。

11. 检验 检查杀菌记录表和冷却是否彻底凉透，送样到质检部门按国家有关标准进行检验。

12. 外包装 按批次检验合格后下达检验报告单，打印批号同生产日期必须严格对应，打印的位置应统一，字迹清晰、牢固。

13. 成品入库 按规格要求定量装箱，外箱注明品名、生产日期，方可进入0~4℃冷藏成品库。

十六、醉炝猪蹄

选用鲜冻猪前后蹄膀为原料，经清洗、整理、腌制、焯沸、煮制等工序制成，产品具有醉香味浓、清香爽口、回味浓郁等特点。

（一）配方

1. **原料** 猪蹄膀100千克。
2. **腌制料** 食用盐5千克，花椒0.03千克，亚硝酸钠0.015千克。
3. **煮制料** 食用盐2千克，白砂糖1.5千克，生姜0.5千克，大葱0.5千克，白酒0.5千克，味精0.5千克，八角0.1千克，肉桂0.1千克，丁香0.03千克，白芷0.03千克。
4. **浸泡料** 黄酒4千克，白酒2千克，味精0.5千克，食用盐0.5千克，白砂糖0.5千克，双乙酸钠0.3千克，D-异抗坏血酸钠0.3千克，乙基麦芽酚0.1千克，脱氢乙酸钠0.05千克，乳酸链球菌素0.05千克。

（二）工艺流程

原料选择→原料肉解冻→清洗整理→腌制→焯沸→煮制→浸泡（醉制）→沥卤称重→真空包装→杀菌冷却→沥干→检验→外包装→成品入库

（三）加工技术

1. **原料选择** 选用经兽医检验合格的猪蹄膀为原料，选择产品质量稳定的供应商，向供应商索取每批原料的检疫证明、有效的生产许可证和检验合格证。

2. 原料肉解冻　原料猪蹄膀在常温条件下解冻，解冻后在 22℃下存放不超过 2 小时。

3. 清洗整理　用流动自来水刮洗表皮上的小毛，去骨、血伤等杂质。

4. 腌制　按配方要求，用天平和电子秤准确称重（香辛料用文火煮 30 分钟左右）。辅料和食品添加剂分别加入到原料中，搅拌均匀，在 0～4℃腌制间腌制 24 小时左右，中途翻动 2 次，使咸味均匀。

5. 焯沸　锅内放入 150 千克清水，大火烧沸，投入猪蹄膀，预煮 5 分钟左右，取出后再次刮洗干净。

6. 煮制　清水 120 千克大火烧沸，放入香辛料包和生姜、大葱料包，煮 10 分钟左右，原辅料入锅，再投入清洗干净的猪蹄膀，大火煮沸后改用文火焖煮 30 分钟左右，七成熟取出。

7. 醉制　取 30～40 千克煮制清汤加入醉制料混合均匀，缸中放入预煮蹄膀，再放入混合醉制卤液，上面用重物压紧，盖口密封，约 7 天左右，中途上下翻动 2 次，醉制成熟即可出缸。

8. 称重包装　按不同规格要求切块，准确称重。

9. 真空包装　抽真空前先预热机器，调整好封口温度、真空度和封口时间，袋口用专用消毒的毛巾擦干（防止袋口有油渍）后封口，结束后逐袋检查封口是否完好，轻拿轻放摆放于杀菌专用周转筐中。

10. 杀菌　杀菌公式：15 分钟—25 分钟—15 分钟（升温—恒温—降温）/ 121℃，反压冷却。

11. 冷却　用流动自来水冷却 1 小时后取出，沥干水分。

12. 检验　检查杀菌记录表和冷却是否彻底凉透，送样到质检部门按国家有关标准进行检验。

13. 外包装　按批次检验合格后下达检验报告单，打印批号同生产日期必须严格对应，打印的位置应统一，字迹清晰、牢固。

14. 成品入库　按规格要求定量装箱，外箱注明品名、生产日期，方可进入 0～4℃冷藏成品库。

十七、泡椒猪爪

选用鲜冻猪爪为原料，经清洗、整理、煮制、浸泡等工序制成，产品具有椒香味浓、皮脆爽口、鲜香味美、回味浓郁等特点。

（一）配料

1. 煮制料 猪爪 100 千克，食用盐 3 千克，白砂糖 1 千克，味精 0.5 千克，白酒 0.5 千克，生姜 0.5 千克，大葱 0.5 千克，八角 0.1 千克，花椒 0.1 千克，白蔻仁 0.05 千克，白芷 0.05 千克。

2. 浸泡料 野山椒 10 千克，食用盐 6 千克，白醋 6 千克，白砂糖 2 千克，味精 1 千克，乳酸 1 千克，复合磷酸盐 0.3 千克，D-异抗坏血酸钠 0.1 千克，脱氢乙酸钠 0.05 千克，乳酸链球菌素 0.05 千克，双乙酸钠 0.03 千克。

（二）工艺流程

原辅料验收→原辅料贮存→原料肉解冻→清洗整理→焯沸→煮制→冷却→浸泡→沥卤称重→真空包装→杀菌冷却→沥干→检验→外包装→成品入库

（三）加工技术

1. 原辅料验收 选择产品质量稳定的供应商，向供应商索取每批原料的检疫证明、有效的生产许可证和检验合格证，对原料猪爪、白砂糖、食用盐、白酒、味精等原辅料进行验收。

2. 原辅料的贮存 原料猪爪在 −18℃ 贮存条件下贮存，辅助材料在干燥、避光、常温条件下贮存。

3. 原料肉解冻 原料猪爪在常温条件下解冻，解冻后在 22℃ 下存放不超过 2 小时。

4. 清洗整理 猪爪从中间剖开，平放在工作台上，火焰燎毛，去除爪尖部位的黑斑、血伤、小毛等杂质，在清水中用刀刮洗干净后沥干水分。

5. 焯沸 在 100℃ 沸水中，浸烫 5 分钟左右，取出用清水再次刮洗干净。

6. 煮制 清水 120 千克大火烧沸，放入香辛料包和生姜、大葱料包，煮 10 分钟左右，原辅料入锅，再投入清洗干净的猪蹄膀，大火煮沸后改用文火焖煮 30 分钟左右，七成熟取出。

7. 冷却 放在冷开水中浸泡，温度降到常温下即可。

8. 浸泡 取 100 千克冷开水，放入浸泡料搅拌均匀后投入猪爪，在 0～4℃ 冷藏库中浸泡 24 小时取出沥卤。

9. 称重 按规定要求准确称重。

10. 真空包装 抽真空前先预热机器，调整好封口温度、真空度和封口时间，袋口用专用消毒的毛巾擦干（防止袋口有油渍）后封口，结束后逐袋检查封口是否完好，轻拿轻放摆放于杀菌专用周转筐中。

11. 杀菌冷却 采用微波杀菌，打开微波电源盒按钮，设备自行运转，物料平放在进料平台上，不能重叠，同时调整好温度和加热时间，中心温度为 85～90℃，再用巴氏杀菌，85℃、水浴 40 分钟，流动自来水冷却 30～60 分钟，最后取出沥干水分、凉干。

12. 检验 检查杀菌记录表和冷却是否彻底凉透，送样到质检部门按国家有关标准进行检验。

13. 外包装 按批次检验合格后下达检验报告单，打印批号同生产日期必须严格对应，打印的位置应统一，字迹清晰、牢固。

14. 成品入库 按规格要求定量装箱，外箱注明品名、生产日期，方可进入 0～4℃冷藏成品库。

十八、糟醉皮筋

选用鲜冻猪肉皮为原料，经清洗整理、焯沸、煮制等工序制成，产品具有糟香爽口、鲜香味美、色泽透明、口感有韧性等特点。

（一）配方

1. 煮制料 猪皮 100 千克，食用盐 2 千克，白酒 1 千克，生姜 1 千克，大葱 0.5 千克，八角 0.1 千克，花椒 0.1 千克，小茴香 0.05 千克，白芷 0.05 千克。

2. 浸泡料 凉开水 80 千克，香糟卤 20 千克，黄酒 5 千克，食用盐 3 千克，白砂糖 1 千克，味精 0.5 千克，双乙酸钠 0.3 千克，D-异抗坏血酸钠 0.15 千克，乙基麦芽酚 0.1 千克，乳酸链球菌素 0.05 千克，山梨酸钾 0.007 5 千克。

（二）工艺流程

原辅料验收→原辅料贮存→原料解冻→清洗整理→焯沸→整理分切→煮制→浸泡→沥卤称重→真空包装→杀菌冷却→沥干→检验→外包装→成品入库

（三）加工技术

1. 原辅料验收 选择产品质量稳定的供应商，向供应商索取每批原料的

检疫证明、有效的生产许可证和检验合格证，对原料肉、白砂糖、食用盐、白酒、味精等原辅料进行验收。

2. 原辅料的贮存 原料在−18℃贮存条件下贮存，辅助材料在干燥、避光、常温条件下贮存。

3. 原料解冻 原料在常温条件下解冻，解冻后在22℃下存放不超过2小时。

4. 清洗整理 用流动自来水刮洗表皮上的小毛，去骨、血伤等杂质。

5. 焯沸 锅内放入150千克清水，大火烧沸，投入猪皮，预煮5分钟左右，取出用清水再次刮洗干净。

6. 整理分切 用流动水清洗第二次刮洗去小毛，分切成长8厘米、宽4厘米的长条状。

7. 煮制 清水120千克大火烧沸，放入香辛料包和生姜、大葱料包，煮10分钟左右，原辅料入锅，投入清洗干净的猪皮大火煮沸，改用文火焖煮20分钟左右，八成熟取出。

8. 浸泡 取80千克冷开水，放入浸泡料搅拌均匀后投入原料，在0～4℃冷藏库中浸泡24小时取出沥卤。

9. 称重包装 按不同规格要求进行切块，准确称重。

10. 真空包装 抽真空前先预热机器，调整好封口温度、真空度和封口时间，袋口用专用消毒的毛巾擦干（防止袋口有油渍）后封口，结束后逐袋检查封口是否完好，轻拿轻放摆放于杀菌专用周转筐中。

11. 杀菌冷却 采用微波杀菌，打开微波电源盒按钮，设备自行运转，物料平放在进料平台上，不能重叠，同时调整好温度和加热时间，中心温度为85～90℃，再用巴氏杀菌，85℃、水浴40分钟，流动自来水冷却30～60分钟，最后取出沥干水分、凉干。

12. 检验 检查杀菌记录表和冷却是否彻底凉透，送样到质检部门按国家有关标准进行检验。

13. 外包装 按批次检验合格后下达检验报告单，打印批号同生产日期必须严格对应，打印的位置应统一，字迹清晰、牢固。

14. 成品入库 按规格要求定量装箱，外箱注明品名、生产日期，方可进入成品库。

第七章

内 脏 的 利 用 　　>>>>>

第一节　猪胃的利用

一、胃蛋白酶的提取

(一) 工艺流程

胃黏膜→消化→活化→脱脂→去胃膜素→沉淀胃酶→脱水→干燥→胃酶粉

(二) 操作方法

1. 预热　在反应锅中，加入相当于 40％ 胃黏膜的水，4.2％ 的工业盐酸，预热至 45～50℃ 搅拌，使盐酸均匀分散。

2. 消化　将新鲜或解冻的胃黏膜和 0.1％～0.2％ 苯甲酸钠倒入反应锅中，以 110 转/分转速不断搅拌，并迅速升温，在 5～10 分钟内使内温升至 45℃，胃黏膜在 15 分钟内基本消化完毕，20 分钟内差不多全部消化完毕，几乎看不到未消化块，此时测定 pH 为 2.3～2.4。

3. 活化　20 分钟后，搅拌转速减慢，为 50 转/分，以利于胃酶活化。保持内温 46～48℃ 活化 4 小时，其中每隔 30 分钟测一次内温。

4. 脱脂　活化完毕立即降温至 30℃，加入 20％ 乙醚进行搅拌脱脂，静置分层一夜。

5. 去胃膜素　第二天放出胃酶液，置沉淀器中。在激烈搅拌中缓慢地加入冷丙酮，待胃酶液颜色变白、黏稠度减低、开始起丝时，搅拌放慢，加丙酮速度加快，使相对密度达 0.94～0.96，此时有少量絮状胃膜素上浮，放置 15～20 分钟，捞取之另行处理。

6. 沉淀胃酶、脱水、干燥　母液继续加冷丙酮，使相对密度达 0.86～0.87，静置 2 小时，得黏稠胃酶沉淀。沉淀加少量冷丙酮脱水 2 次，用磨浆机或其他研磨方法制成丙酮粉，脱水一次，用布氏漏斗抽干，分摊于搪瓷盘内，厚度不超过 1 厘米，60℃ 以上热风干燥，经常翻动，干燥 1.5 小时，取出冷却，密封储藏备用。

（三）注意事项

1. 胃蛋白酶原主要存在于胃黏膜基底部。因此，采取原料时，所取部位和剥取黏膜直径大小与产量有关。一般以剥取直径 10 厘米、深 2.3 毫米的胃基底部黏膜最宜，每只猪平均剥取黏膜约 100 克。

2. 冷冻胃黏膜用水淋解冻会使部分黏膜流失，影响收率，用自然解冻法可提高产量。

3. 激活提取过程中，刚开始升温要快速达到 45℃，消化 20 分钟，活化 4 小时就能使其消化、活化完全。

4. 每千克胃黏膜使用 0.042 千克工业盐酸一次加入水中，对酶原影响很小，以后生产过程中不再用盐酸调 pH，既避免 pH 上下波动，影响活化，又避免局部酸度过高，损坏酶活力。

5. 直接制成丙酮胃酶粉，干燥快，胃酶效价得到很大保护。胃酶粉碎最好使用粉碎机，因球磨时间长，摩擦生热，致使部分活力受到破坏。

6. 该工艺中酶原要保护好，生产室温不超过 25℃，生产中使用 10℃ 以下的丙酮并尽量缩短接触时间，否则会造成胃蛋白酶单位效价高低相差悬殊。

（四）性状

药用胃蛋白酶为粗酶制剂，外观为淡黄色粉末，有肉类特殊气味及微酸味，吸湿性强，易溶于水，水溶液呈酸性反应，难溶于乙醇、氯仿、乙醚等有机溶剂中。

（五）用途

主要作助消化剂，常用于治疗缺乏胃蛋白酶或消化机能减退引起的消化不良、食欲不振等。

（六）检验方法

按国家有关标准规定要求检验。

二、胃蛋白酶、胃膜素联产工艺

（一）工艺流程

胃黏膜→消化→脱脂→减压浓缩→胃膜素的分离→胃蛋白酶的分离

（二）操作方法

1. 消化 胃黏膜 200 千克，加水 120 千克和工业盐酸 7 升左右，使 pH 为 2.5～3.0，保持温度为 45～50℃，消化约 3 小时。

2. 脱脂、分层 消化液冷至 30℃ 以下，加氯仿 16 千克，充分搅匀，室温静置 48 小时以上。

3. 减压浓缩 将上清液吸入减压浓缩罐中，于 35℃ 以下浓缩至原体积的约 1/3（25℃ 时相对密度为 1.15 左右），得浓缩液，预冷至 5℃ 以下。下层残渣回收氯仿。

4. 胃膜素的分离 冷至 5℃ 以下的浓缩液，在搅拌下缓缓加入预冷至 5℃ 以下的丙酮，至相对密度约为 0.97，即有白色长丝状的胃膜素沉淀析出。静置 20 小时左右（5℃ 以下），捞取胃膜素，以适量 60% 的冷丙酮洗涤 2 次，继用 70% 冷丙酮浸洗 1 次，真空干燥，即得胃膜素。洗涤液中含胃蛋白酶，可加入下批浓缩液中分离胃膜素，也可以加入分出胃膜素的母液中。

5. 胃蛋白酶的分离 在分离胃膜素后的母液中，边搅拌边继续加入冷丙酮，至相对密度约为 0.91，即有淡黄色的胃蛋白酶沉出。静置过夜后，吸除上清液。沉淀于 60～70℃ 真空干燥，即为胃蛋白酶原粉。

（三）注意事项

1. 胃蛋白酶在猪胃不同部位的分布，其活力最大的区域为胃基底表面下深度 2.3 毫米处，幽门区的活力较低。因此，在剥取胃黏膜时，应剥取胃基底部直径 10 厘米左右的黏膜，不宜剥得过大。如目的以提取胃膜素为主，则可采取全胃黏膜，以增加原料供应。

2. 影响收率的主要因素之一，是丙酮对蛋白质的变性作用，所以分段沉淀时浓缩液与丙酮都要预冷至 5℃ 以下，并在 5℃ 以下静置分离。用丙酮沉淀胃蛋白酶时，酶活力与沉淀时的 pH 关系甚大，实验发现胃蛋白酶能稍溶于丙酮中，当溶液 pH 为 1.08 时，丙酮中沉淀出的胃蛋白酶的活力几乎完全丧失，也不能溶于 0.9% 氯化钠溶液中。pH2.5 时，即使与丙酮接触 48 小时，活力也不变。pH 3.6～4.7 的情况与 pH 2.5 基本相同。pH 5.4 的溶液与丙酮接触 15 小时以上，活力开始下降，越接近中性，酶活力下降越快。

3. 加入丙酮的操作，直接关联两个产品的分离程度。一般开始时因黏度较高，丙酮要缓慢加入，要加快搅拌，避免局部丙酮浓度过高，使部分胃蛋白酶与胃膜素过早同时析出。待胃膜素即将沉淀析出时，加入丙酮的速度可适当加快，而搅拌改慢，以免胃膜素散碎而不易收集。

三、结晶胃蛋白酶的制备

普通药用胃蛋白酶原粉溶于 20％酒精中，加硫酸调至 pH3.0，移至冰箱，5℃放置 20 小时后过滤，加硫酸镁至饱和进行盐析。盐析物再于 pH 3.8～4.0 酒精中溶解。过滤，滤液用硫酸调 pH 至 1.8～2.0，即析出针状胃蛋白酶。沉淀再次溶于 20％ pH4.0 的酒精中，过滤，滤液用硫酸调 pH 至 1.8，在 20℃放置，可得板状或针状结晶。

第二节 猪肠的利用

一、肠衣的加工

（一）方法

1. 取肠去油 猪原肠应采用经兽医检验健康无病的生猪。屠宰时取出内脏后，将小肠的一头割断，在未冷却前，及时扯肠。随即以一手抓住小肠，另一手捏住油边慢慢地往下扯，使油与小肠分开。要求不破不断，全肠完整。机器操作的程序相同。

2. 排除肠内容物 扯完油后的小肠尚有一定温度，不能堆积，必须立即用手将污物捋净。捋粪时用劲不能太猛，以免拉断。如肠内容物比较干结、坚实时，应注意轻捋，切忌割断。机器排除内容物要注意滚筒的间隔适度。不论手捋还是机器排肠内容物，都要保持全肠完整。

3. 灌水冲洗 捋净内容物后，即用清水灌洗干净，以免内容物遗留造成粪蚀，影响肠衣品质。整个原肠加工中，重点是及时刮制，保持原肠卫生、新鲜、完整。机器加工可以连续不断。

4. 浸洗 将原肠的一端灌入清水，将水赶至中间，然后将肠打成结，穿在木棍上，木棍搁在水桶口上，原肠浸没在清水桶中浸洗，浸洗时应不时用木棍或手掏动，但只能上下直掏，不能旋动，更不能让肠子与缸底、缸边碰擦，否则肠子容易打结不易解开及被擦破。浸洗的目的是使组织松软以便刮制。浸洗时间应根据气候及肠质等具体情况掌握，不能过长，防止发酵，要及时浸洗，及时刮制。天气严寒、原肠结冻时，不能强刮，可放置温暖处或浸入冷水中，待冰冻溶化后刮制，且忌用热水化冻，以免引起肠子变质。

5. 刮肠　要求无破伤，少节头。原肠从中间向两头或从小头向大头刮制。刮时持刀应平稳均匀，用力不得过重或过轻，遇有难刮之处不应强刮，应反复轻刮，以免将肠壁刮破刮伤，必要时可用刀背在难刮之处轻敲，使该部分组织变软后再刮，以免肠壁受伤。所用刮肠台，板面必须平滑，坚硬、无节疤，以免刮出破洞或刮制不净。刮刀有竹制、铁制、胶制，长约 10 厘米，宽约 6.7 厘米，刀刃不宜锋利，但应平齐。机器刮肠要求滚筒和刮刀间隔适度，肠子应理顺后逐根平放在滚筒上，然后慢速轻刮，一次刮不净，可以再刮一次。如发现肠子缠滚，应立即停机清理，不可强拉或刀割，刮时防止肠子破伤。

6. 灌水检查　灌水不仅能检查肠衣刮制质量，而且还可洗去余污杂质，对保持肠衣品质极为重要。将已刮好的半成品逐根灌水，发现遗留物随即刮去。肠头要割齐破损部分和大弯头，以及不透明之处要割齐。凡遇破洞处，应准确开刀去除，以免浪费，色泽不佳者剔出。

7. 量尺配码　按肠衣半成品规格，以"接头量码法"配量尺码，必须准确。

8. 腌肠　把接头解开，用盐擦腌，重新结扣，再将整把腌匀，防止并条，并逐把选置筛内约一昼夜，将生卤逐渐沥干。扎把的方法，是双手持肠来回折叠（把长 0.5 米左右），叠完后在中间提起捆扎。这种"来回把"为成品加工提供了很大方便。

9. 下缸　肠衣下缸前最好先于缸底铺少许精盐，然后将已腌渍肠把逐把拧紧，层层排紧于缸内，缸中间留有空隙，肠衣上盖上清洁白布，并压上不褪色、无异味的清洁木板或石头等重物，并灌入 24 波美度以上浓度的澄清盐卤，应超出肠把约 6.7 厘米左右，务使肠把浸没于熟盐卤中，以免变质。下缸时，发现缺盐、并条的半成品，应剔出加盐重腌。

10. 储藏　库存半成品应经常检查，必要时应翻缸换卤，防止变质。半成品不宜久存，应及时调运。包装容器必须坚固，一般以木桶或胶布袋为宜。

二、盐渍猪肠衣的加工

(一) 工艺流程

半成品验收→浸洗→灌水分路→配量尺码→腌肠、绕把

(二) 操作方法

1. 半成品验收　工厂应对调入的每批半成品进行编号，清点把数，抽样

检验平均长度及口径比重，并填写具体表格一式四份，分别交财会、生产车间、寄交调入单位和存查各一份。积累资料做定期的统计分析，找出调入地区所产肠衣色泽、大、小口径，比重的变化规律，作为今后选料和改进产品质量的参考。

2. 浸洗　将半成品浸于储满清水之池或木桶中洗涤多次，必须洗除肠壁的不洁物质。应少浸多洗，浸洗时间可根据气候条件、肠壁好坏适当掌握。

3. 灌水分路　这个工序是整个肠衣成品加工过程中的一个重要环节，要通过灌水分路把口径的大小分得准确，同时注意检查质量，达到符合出口规格标准要求。灌水分路的工人要经过技术培训，能比较熟练地掌握出口标准的技术。

4. 测量口径

（1）测量方法　肠衣灌水后两手紧握两端，双手距离约 0.3 米，依其肠衣自然弯变对准卡尺测量（出口检验亦用此方法）。必须勤浸水，多点位卡尺测量。对下路不同情况的肠衣要准确分路：①硬皮肠衣，在卡尺内满而不碰卡者为本路分，满卡而不能动者应大于本卡 1 毫米。②松皮肠衣，拢水上卡不再扩大者，应为本路分；拢水继续扩大者，视肠衣口径确定路分。③洒水肠衣，虽然洒水而肠衣不扩大者应为本路分（同时必须注意是否反皮，反皮者必须转后正确上卡）。

（2）规格

①三分路（口径）　24 毫米/26 毫米、26 毫米/28 毫米、28 毫米/30 毫米、30 毫米/32 毫米、32 毫米/34 毫米、34 毫米/36 毫米、36 以上，36 毫米/38 毫米、38 以上毫米。

②四分路（口径）　26 毫米/29 毫米、29 毫米/32 毫米、32 毫米/35 毫米、35 毫米/38 毫米、38 以上毫米，36 毫米/39 毫米、39 毫米/42 毫米。

③五分路（口径）　36 毫米/40 毫米。

路分组成：一路以 25 毫米、二路以 27 毫米、三路以 29 毫米、四路以 31 毫米、五路以 33 毫米、六路以 35 毫米者为中心成分。例如三分路猪肠衣，以三路为例 28～30 毫米所占成分比重，中心分数为 29 毫米（单分）占 50%～70%，28 毫米（小双分）占 10%～25%（不得多于 25%），30 毫米（大双分）占 10%～25%（不得少于 10%）；四分路 36～39 毫米，37、38 为中心分数；五分路 40～44 毫米，41、42 为中心分数。中心分数和两边分数（同三分路）依此类推。

（3）灌水分路的品质要求 肠衣上遗留物即黏膜肌层与黏膜层必须完全刮净，凡失去拉力和韧力，或形状不正常，有显著筋络等，次色、黑条、靛点等不良品质与颜色者必须剔除。粪蚀、粪兜或遇有刮伤易挤破者，部分或整节剔除。软洞不论大小和身骨软弱者不能带，直径在 1 毫米以下的沙眼不限。2 毫米左右的硬洞在 4 米长以内的肠衣内可带 1 个，4 米以上者可带 2 个，但两洞距离需在 0.5 米以上。弯形横平 20 毫米左右者可带半个或 1 个、10 毫米左右可带 2 个、5 毫米左右者可带 3 个，但胃把（即幽门）决不可带。破头一定要割齐。有轻微点滴干皮不在一起，挤不破而不失去韧性者可以带，但大块显著或集在一起者不能带。盐蚀不论轻重，一律不能带。

5. 色泽 淡粉红色、白色、乳白色、浅黄白色。

6. 配量尺码 配量尺码应随时剔出次色，力求色泽一致。量码以前，将长短分开，量到长头时，不能随便开刀，要多上短的，节约原料，死扣解开。大把长度 91.5 米，上、下幅差各 1 米即 90.5～92.5 米为合格，否则不合格。小把长度 12.5 米，上、下幅差各 0.1 米即 12.4～12.6 米为合格，否则不合格。大把每把不超过 16 节，每节不短于 2 米。小把每把不超过 3 节，每节不短于 1 米。

7. 盐渍缠把 成把肠衣，先将所有节头松开，上盐均匀适量，然后置于筛内，一层层迭置于架上，将水分沥出。筛面及周围必须用白布围盖起来。在夏季如发现肠衣黏滑或起红霉需及时整理。缠把时随时检查肠衣色泽，每把力求一致，如发现有次色肠衣，应剔除。结扣必须解开，大把叠成来回腰扎把。双幅缠把时肠衣之间含盐应均匀，不得沾在一起，把子务须缠紧，缠成后汤头不得露出，并把时横直必须缠绕 3 道左右。

8. 装桶 装桶人员必须穿洁净的工作服和帽，洗手后操作。装桶时的成品肠衣，必须下缸 1 周以上，沥净盐卤，每桶 150 把，统一平摆装桶，边装边抽样 2 把供检验用。装桶松紧要适度，色泽力求一致：每装一层肠衣撒一层精盐，两层灌卤 1 次，以每桶用盐 5 千克、盐卤 7.5～10 千克左右为宜。装完桶后的肠衣表面准确地放一张路分卡片，用桶布盖平，封盖垫蒲草，边塞边扭紧，蒲草不要外露，平行打紧桶箍，紧密贴在木桶身上，不能漏卤。封盖后，空头不超过 2 厘米，扫净桶盖上的污染物，桶塞要打紧。

9. 贮存 一般应在 5～20℃，不成桶者下缸用 24℃ 以上的洁净盐卤浸渍。

10. 质量检查 技术人员对每道工序的品质、规格卫生情况，进行检查。

第三节　猪胰的利用

一、鲜胰浆的制备

鲜胰浆是由新鲜猪胰脏经绞碎、激活而制备的一种酶浆。利用鲜胰浆作为蛋白质水解消化酶，制作方便，效果较佳，生产中经常用到。本书中就有多处工艺中使用这种酶浆。为便于生产者自备自用，现将其制备方法介绍于下。

（一）制备方法

1. 制备　收集新鲜猪胰，除去脂肪及结缔组织，用绞肉机绞碎成胰浆。

2. 激活　在胰浆中加入胰浆量 10％左右的酒精，搅匀，放置 24 小时备用。这里酒精起了自溶、激活、防腐的作用。

3. 贮存　新鲜胰浆一般都现备现用，不可久留。如需稍留待用，必须存放于 5℃以下处，避光保存。

（二）胰浆的使用

若用胰浆对蛋白质进行水解时，需要使胰浆中各种酶类处于活性最大状态，一般较适宜的温度是 40～50℃，较适宜的酸度是 pH7～9。但是，因为在具体的使用中，还涉及其他很多因素。因此，温度和酸度也还是有一定的调整。

二、胰酶的提取

（一）工艺流程

胰脏→绞碎→提取激活→沉淀→脱水→脱脂、干燥→抽检、配料

（二）操作工艺

1. 绞碎　将新鲜或冷冻胰脏修割去脂肪、结缔组织，用绞肉机绞碎。

2. 提取激活　加入 1.5 倍量的 25％乙醇（25％的乙醇液应在 24 小时前配好），于 0～10℃搅拌、提取，活化 24 小时后进行吊滤、压滤，收集滤液。渣加入等量的 25％乙醇搅拌提取 12 小时后，吊滤、压滤、收集滤液与第一次的滤液合并。

3. 沉淀　在已激活的滤液中，边搅拌边加入 90％工业乙醇（10～20℃）并使溶液中乙醇总浓度达到 70％，在 0～20℃合并。静置 24 小时。虹吸上清液（回收乙醇）。下面沉淀物（胰酶）用布袋吊滤，压滤即为粗品胰酶。

4. 脱水　将粗制胰酶放入密闭的容器中，加入适量工业丙酮，振摇数次，收集丙酮液。沉淀物压滤至干。

5. 脱脂、干燥　加适量的乙醚进行脱脂后，在 30～40℃进行热气流干燥，然后研成 60～80 目细粉，即得胰酶原粉。

6. 抽检、配料　检验酶活力后，加入乳糖、葡萄糖或蔗糖稀释成 1∶25 倍酶活力单位的胰酶成品。成品为淡黄色粉末，有微肉臭。水溶液加热煮沸或遇强酸、强碱会引起变性。在水中不完全溶解，在乙醇和乙醚中不溶解。

（三）产品检验

1. 活力测定　猪胰酶是从猪胰脏中得到的各种酶的混合物，主要是胰淀粉酶、胰蛋白酶、胰脂肪酶。以每克胰酶能使酪蛋白转化为脲的量作为酶活力的表示单位。每克胰酶转化为 160 克酪蛋白为准，则称为活力为 1∶160 倍。实际上是测定胰酶中胰蛋白酶的活力。即酶活力测定法。

具体做法是：取胰酶 1 克置小乳钵中，加入硼酸盐缓冲液 1 毫升。它是以 1.24 份硼酸加 50 份水配成 20 毫升硼酸溶液，再加 1 摩尔氢氧化钠溶液 2 毫升摇匀而得。在乳钵中研磨后，放到 500 毫升量瓶中，加适量蒸馏水至刻度，并摇匀。将配好的溶液分别在 7 支试管中装上 5 毫升、4 毫升、3.2 毫升、2.5 毫升、2 毫升、1.5 毫升和 1 毫升，都用蒸馏水稀释至 5 毫升。在 7 支试管中分别加酪蛋白溶液 5 毫升。这种酪蛋白溶液是用 0.2 克酪蛋白，加到 20 毫升蒸馏水中，再加 0.1 摩尔/升氢氧化钠溶液 5 毫升，在水浴上加热至溶解，冷却后加硼酸溶液（1.24 份硼酸配 50 份蒸馏水而成）5 毫升与适量蒸馏水配成 100 毫升而成。然后将 7 支试管摇匀后，放在 41℃的水浴上，保持 30 分钟。取出试管，各加醋酸缓冲液（取等量的稀醋酸与醋酸钠试液混合而得）0.5 毫升。以含胰酶溶液量最小而溶液完全澄清的管为终点，再按下式计算即得：

胰酶 1 克转化酪蛋白的克数＝50/终点管中含胰酶溶液的毫克数。

2. 脂肪检查　取 1 克胰酶，加入磨口锥形瓶中，加乙醚 10 毫升，密塞振动，静置 2 小时。将上层的乙醚液用乙醚湿润的小滤纸滤过。残渣再用乙醚 5 毫升，洗在滤纸上，待乙醚液沥尽，合并滤液，静置使乙醚自然挥发。残渣在 105℃的温度下，干燥 2 小时，精密称定，残留脂肪不得超过 30

毫克。

（四）贮存

贮存时将成品胰酶包装后放在阴凉处保存。一般有效期为 2 年。

（五）注意事项

1. 收购的胰脏应在短时间内送入冷库冷冻保存。新鲜胰脏投料生产，应尽快绞成胰浆进行活化。

2. 胰蛋白酶原自身活化在 pH6～8 时，反应速度最快。一般可加入适量盐酸，使 pH4～5 时进行提取，收率较高。

3. 工艺操作中所指的乙醇浓度，是指体积比浓度，采用计算法配制。通常可用酒精比重计测量比重（波美度）来检查、校正。

三、多酶片制剂的制备

本品为层压糖衣片，除去糖衣层后，显黄白色，每片含胰酶 0.12 克、胃蛋白酶 0.04 克、淀粉酶 0.12 克。

（一）主要原料与用量 （每 10 万片用量）

胰酶 12.00 千克，糖粉 2.00 千克，淀粉酶 12.00 千克，胃蛋白酶 4.00 千克。

（二）制备方法

1. 干压包衣机压制法

（1）制粒 首先取胰酶与糖粉混合，加 25％虫胶乙醇溶液适量，制成软材，迅速通过 20 目尼龙筛 2 次，湿粒在 50℃以下通风干燥，干粒再通过 20 目筛，加入硬脂酸镁拌匀，密闭贮存备用。其次取淀粉酶加 30％乙醇湿润制成软材，迅速通过 20 目筛 2 次，在 50℃干燥，干粒再通过 20 目筛，加入胃蛋白酶与适量硬脂酸镁拌和，密闭贮存备用。

（2）压片 先用干压包衣机将片心颗粒压成片心，此片心里的虫胶乙醇溶液除作黏合剂外，它还具有阻滞剂的作用，使胰酶在胃中不溶解，而进入肠道后才逐渐释放药物。再将胃蛋白酶与淀粉酶的混合颗粒压在片心外层，成双层压片。

（3）包衣 为了避免在包衣过程中吸水而降低效价，又不影响药片在胃中的崩解，故在双层压片外先包粉衣 2～3 层，虫胶（25％乙醇溶液）滑石粉两层，然后按一般包制糖衣法操作，温度应不超过 45℃。

2. 片心包肠溶衣法

（1）制片心与包肠溶衣 胰酶、糖粉用 30％乙醇适量作润湿剂湿法制成颗粒，干燥后加入硬脂镁适量，压制成片，按肠溶衣制法包肠溶衣。

（2）挂外层片与包糖衣 在包衣锅中，将淀粉酶与胃蛋白酶加辅料后撒粉包于片心外层，然后包 2～3 层粉衣，虫胶（25％乙醇溶液）滑石粉层两层，再按一般操作包制糖衣。

3. 检查方法

（1）崩解时限应为 2 小时内。

（2）其他应符合国家有关标准规定。

4. 含量测定

（1）淀粉酶 其淀粉转化力的效价不得低于 1：25。

（2）胃蛋白酶 每克胃蛋白酶能凝固消化的卵蛋白 3.0 克。

（3）胰酶 每克胰酶至少能使 25 克酪蛋白转化为蛋白胨。

5. 作用与用途 本品为胃、肠中主要酶的混合物，能促进碳水化合物、蛋白质及脂肪的消化作用，故常用于治疗消化不良、食欲不振等。

四、胰岛素的提取

（一）主要原料药品

1. 原料 新鲜或冰冻健康无病猪的胰脏。

2. 酸性酒精液 95％酒精加入适量草酸备用。草酸可用实验试剂。

3. 氨水 实验试剂。

4. 浓硫酸 实验试剂，98％市售商品。

5. 精盐 又叫氯化钠，实验试剂。

6. 丙酮 实验试剂。

7. 枸橼酸 又叫柠檬酸，无水的和普通的均可，食用品或实验试剂，配成 20％的溶液备用。

8. 氯化锌 实验试剂或化学纯，固体配成 20％的溶液备用。乙醚化学纯。

9. 水 蒸馏水或去离子水。

（二）工艺流程

新鲜或冰冻的猪胰脏→绞碎→提取→沉降酸性杂蛋白→浓缩→沉淀→
洗涤→干燥→溶解→回收→溶解→结晶→洗涤→干燥→检验

（三）操作工艺

1. 绞碎　将新鲜或冰冻的猪胰除去结缔组织及脂肪等杂质，用绞肉机绞
成胰浆。

2. 提取　将胰浆置于一定的容器中，加入胰浆量的 1.5～2.0 倍量的酸性
酒精溶液，使溶液的 pH 为 2.5～3，溶液中乙醇含量为 70% 左右，控制温度
为 13～15℃，搅拌提取 3 小时。压滤，使浸液尽量排出。残渣再用同样的方
法提取一次。

3. 沉降酸性杂蛋白　合并两次提取液，放入碱化罐中，在 10～15℃下加
氨水，使溶液 pH 达 8.2～8.4，搅拌 3～5 分钟，立即压滤。在澄清滤溶中迅
速加入浓硫酸使 pH 调至 2.5～3.0（以上操作应尽快完成）。在 0℃左右放置
过夜，使酸性杂蛋白沉降。

4. 浓缩　将静置沉淀好的溶液，用虹吸法吸取上层清液，转入真空浓缩
锅中，低温（30℃）真空浓缩到原体积 1/7～1/9。将浓缩液在 10 分钟内迅速
加温至 50℃，又立即用冰冷却至 0℃，放置 3 小时。

5. 沉淀　将静置后的浓缩液，分出上层脂肪（可回收胰岛素），得澄清的
浓缩液。调 pH 达 2.5，在 20～25℃下搅拌，并按每 100 毫升溶液加 25 克的
比例加精盐。将全部溶液转入冷处放置 3～4 小时，让其自然沉淀。

6. 洗涤　用绢布滤集沉淀物，并用无水丙酮洗涤数次，以除去残留脂肪
和水。

7. 干燥　将洗涤后的沉淀物转入真空干燥器，30℃以下真空干燥。即得
粗品胰岛素。

8. 溶解　取粗品胰岛素加入其重量的 7～10 倍的 pH2.2 的硫酸水溶液进
行溶解。

9. 回收　加上述溶液体积 30% 的冷丙酮，用 5 摩尔/升的氨水调 pH 至
4.2，再补加所用氨水体积量 30% 的冷丙酮。在 5℃以下放置过夜。次日抽滤，
沉淀中残留有胰岛素，可留作回收，收取滤液用 5 摩尔/升的氨水调 pH 为
6.2～6.4，按滤液体积的 3.6% 加 20% 氯化锌溶液。如 pH 偏酸要调至 pH 为
6.0，在冰箱中放置过夜。次日抽滤，收集滤饼。滤液中残留有胰岛素，可留

作再进行回收。

10. 溶解　将上述收集的滤饼称重，按每克干物质约用 50 毫升 20% 枸橼酸溶解。

11. 结晶　在上述溶液中，按粗品每克干物质计加入固体氯化锌 0.08 克、丙酮 16 毫升，搅拌均匀，补加水至 100 毫升，用 5 摩尔/升氨水调 pH 为 6.0～6.2，放入冰箱中 2 天以上让其自然析出结晶。过滤后，收取晶体。滤出液按同样条件，放在冰箱中 2～3 天，再有部分结晶析出，过滤收集晶体。

12. 洗涤　将所得晶体，分别用适量丙酮洗涤 2 次，乙醚洗涤 1 次。

13. 干燥　将洗涤后的晶体，置于放有五氧化二磷试剂的真空干燥器中干燥，即得精制品。

14. 检验　取干燥后的晶体，测定生物效价等指标。密封包装即为成品。

(四) 生产说明及注意事项

1. 整个生产工艺过程中，温度要求比较严格。特别低温要求，如果在环境温度高于要求时，一定要有冰箱和冰水之类设备及物质来保证所需温度。如需提高温度，一般都用水浴加热来保证。

2. 在操作工艺 9 中，有的滤出残渣及滤出滤液中含有一定量的胰岛素，可采取适宜的方法和工艺回收利用，或并入下一批次生产胰岛素的中间物料。

3. 整个操作工艺中，有很多操作都要求迅速完成，目的是使胰岛素在不稳定的环境如不适宜的温度、酸度等环境中停留的时间缩到最短，以提高产品生物效价和收率。

4. 按本工艺生产的胰岛素成品，一般可售给收购此类药物原料的制药单位，制成能直接用于临床的注射液等药剂。

五、利用提取胰岛素残渣制备胰蛋白酶和胰凝乳蛋白酶

(一) 工艺流程

猪胰残渣→提取→盐析→激活→再次盐析→透析除盐→柱层析→胰凝乳蛋白酶的提取→胰蛋白酶的提取→胰蛋白酶结晶干粉→包装和贮存

(二) 操作工艺

1. 提取　收集、提取胰岛素后的猪胰残渣，按重量加入 10 倍量的自来水，调 pH2.5～3.0，在 20℃左右，间歇搅拌 18～20 小时。用甩干机分离去

残渣，收集呈乳白色的提取液。

2. **盐析**　取提取液，按重量加入 0.5 倍的工业硫酸铵粉末（使达到 0.75 饱和度），于室温静置过夜。次日，虹吸或倾出上清液，沉淀抽滤或以 3 600 转/分离心 10 分钟，分离得半干盐析物。收率约为胰渣重的 7%～8%。

3. **激活**　在半干盐析物中分次加入 10 倍体积的冷蒸馏水，缓缓搅拌，使蛋白质大部分溶解。按半干盐析物重量的 1/4 作为硫酸铵的含量。在溶液中按硫酸铵 1.6 倍量缓缓地加入研细的氯化钙粉末，以抵消原来溶液中所含硫酸铵的量。同时，还需按溶液体积每升加 22 克左右研细的氯化钙粉末。然后，用 5 摩尔/升的氢氧化钠溶液调节溶液到 pH 为 8，加入少许结晶胰蛋白酶，在冷处激活。在激活过程中，需要在不同间隔时间内取样测定酶活力，当酶活力基本上趋于恒定时，即可终止激活，一般需 18～24 小时（如果因条件不能测定酶活力，可按激活 24 小时为终点）。激活完成后，立即抽滤除去硫酸钙沉淀，并迅速用 5 摩尔/升的硫酸将滤液调至 pH 为 2.5。若有不溶物应过滤除去。

4. **再次盐析**　量滤液体积，在不断搅拌下，慢慢加入工业硫酸铵粉末（每升滤液约加 5.2 千克，使达到 0.75 饱和度），静置过夜。次日，虹吸或倾出上清液，抽滤或离心收集沉淀，得半干盐析物。收率约为胰渣的 3.6%。

5. **透析除盐**　将上面制得的盐析物溶于适量预冷的 0.001 摩尔/升盐酸中，用 2 摩尔/升盐酸调 pH 为 3，在冷处以 0.001 摩尔/升盐酸透析去盐（用 5%乙酸钡溶液检查透析外液没有硫酸根离子为止，待激活后去盐酶液）。

6. **柱层析**　将透析去盐后的酶液再用柠檬酸缓冲液透析平衡（若有少量沉淀物须经离心或过滤除去），所得清液注入已经用相同缓冲液平衡好的羧甲基纤维素柱，并继续用此缓冲溶液缓缓洗柱，先洗去黄色液（主要为无活性物质和色素），直到洗出液呈无色且无明显蛋白质时，即可开始进行洗脱。

7. **胰凝乳蛋白酶的获得**　当用柠檬酸钠缓冲溶液洗柱至洗出液无色后，即可用柠檬酸钠缓冲溶液进行缓慢洗脱，所得洗脱液主要是较高纯度的胰凝乳蛋白酶。可用分析纯硫酸铵粉末调节至每升溶液中含硫酸铵 291 克（即使达 0.5 饱和度）盐析过夜。次日收集沉淀，并溶于适量的 0.001 摩尔/升盐酸，冷处透析去盐。冰冻干燥（如果没有冰冻干燥设备，可在 5℃以下真空干燥），即得胰凝乳蛋白酶粉。收得率按胰渣计约为 0.01%。

8. **胰蛋白酶的获得**　经洗脱胰凝乳蛋白酶后的羧甲基纤维素由柱中转入于适当容器中，加入适量的柠檬酸缓冲液，室温搅拌、洗脱约 1 小时，得较纯的胰蛋白酶洗脱液。加入分析纯硫酸铵粉末至 0.75 饱和度（0℃，476 克/升），盐析过夜。次日抽滤，收集胰蛋白酶沉淀。

9. 胰蛋白酶结晶 按所得胰蛋白酶半干盐析物的重量，加入约 1.5 倍体积预冷的硼酸缓冲液溶解。滤去少量不溶物。用 2 摩尔/升氢氧化钠溶液调节 pH 至 8，置冰箱内，待溶液呈稠胶状时，再用少量预冷的硼酸缓冲液使胶絮状沉淀分散。在冰箱中继续放置，即可得到大量的晶体。继续放置 1～2 天，待结晶完全后抽滤收集。置于冷室以五氧化二磷干燥至恒重，即得洁白的胰蛋白酶结晶干粉，收得率按胰渣计约为 0.24％。

10. 包装和贮存 胰蛋白酶和胰凝乳蛋白酶都应在避光、阴凉处密封保存。

第四节 猪胆的利用

一、胆红素的生产

（一）配方

胆红素（含量按 30％计算）0.7％，胆固醇 2％，牛、羊胆酸（含量按 80％计算）12.5％，猪胆酸 15％，硫酸镁 5％，硫酸亚铁 5％，磷酸三钙 5％，淀粉加至 100％。

（二）胆红素的生产工艺

胆红素是从猪胆汁中提取出的胆色素，色泽从亮橙到深棕色，呈粉末状，易氧化为胆绿素，无特殊气味，易溶于氯仿而不溶于水、乙醚，在酒精中溶解度小，其碱盐类则溶于水，从氯仿中结晶的纯品为橙色单斜片状。其生产工艺如下：

（1）配制石灰水 取优质石灰，先加入少量清水，使石灰溶解成粉末状，然后再加入大量的水搅拌制成乳白色的饱和石灰水溶液（用量：0.5 千克生石灰，加水 12.5～15 千克，搅匀），相对密度为 1.02，静置 1.5 小时以上就可使用，沉淀之石灰浆可再用 2 次。

（2）胆色素钙盐的制备 将已过滤好的新鲜猪胆汁，按 1：3.5 的比例加入饱和石灰水溶液中，边加边搅拌，用反应锅蒸汽加热（无夹层锅，可直接通蒸汽加热）直至煮沸（温度上升至 95℃），静置 3～5 分钟，停止加热，关掉蒸汽，钙盐集结浮于表面，撇出钙盐，底层沉淀钙盐合并置布口袋压滤干后（钙盐含水量应为 50％左右），即为胆色素钙盐。大约每 100 千克胆汁，可提取胆色素钙盐 8～10 千克，颜色橙黄。如当时不用，必须放在冷库或阴凉处避光保存，勿使颜色变绿。

（3）胆色素钙盐酸化　称取钙盐，加入 80％的水，将钙盐捣碎成泥浆状，过 30、40 目筛，在溶液中加入 0.03％抗氧剂（亚硫酸氢钠 100 千克加入 30 克胆汁，在不断搅拌下加入盐酸约 4 升左右）进行酸化至 pH1.5 左右，酸化时一开始加酸稍快些，接近中性时钙盐起泡沫，这时加酸就可慢一点，静置 4 小时左右，用双层纱布过滤，放出酸水，称重。

（4）酒精沉淀　酸化之滤干物先用少量 95％乙醇搅成均质稀浆，后每 0.5 千克补加 8 倍量的 95％酒精，搅拌，再加入 0.03 克亚硫酸氢钠，调 pH 至 2～3，在 30℃室温进行沉淀 12 小时以上（如冬天可将酒精预热至 20℃以上，再加入沉淀）。

（5）水洗粗品胆红素　上层酒精虹吸回收，下层沉淀加入 2～3 倍量温水（35～40℃），再加入 0.03％抗氧剂，搅拌置水浴中加热至 30℃洗涤，约 2 小时则粗品胆红素浮于液面，虹吸下层废水，用四层纱布过滤。

（6）氯仿提取　将粗品胆红素加入 4 倍量的氯仿，充分搅拌，使粗品胆红素溶于氯仿中，加入 0.03％抗氧剂放置 4 小时以上（如冬天可水浴加温至 40℃），然后将浮在液面上的橙色物撇入分液漏斗中，振动让其分层沉淀，将下层含胆红素之抽提液分出，并入原抽提液中一道用绸布过滤，并在滤液中加 0.03％抗氧剂，待回收浓缩氯仿，分液漏斗中上层橙色物再酸化到 pH1.0，加 1～2 倍量氯仿抽提，同时加入 0.01％抗氧剂，放 1 小时后，仍置分液漏斗中，分出抽提液，并入原提取液中，一起回收浓缩。沉淀物可并入下次处理（常州工艺：1 千克钙盐加 3 千克氯仿，加热微沸，保温 2 小时，冷至室温后置分液漏斗分层，用绸布包棉花过滤，放出下层氯仿，上层渣收集回收胆红素。南京工艺：粗品胆红素加 4 倍量氯仿于 35℃提取 3 小时，共反复提取 3～4 次，不加温）。

（7）回收浓缩　将氯仿提取液装入大烧瓶中，加入 0.03％抗氧化剂，进行浓缩回收氯仿，待烧瓶出现红色结晶析出时再加入 1～2 毫升 95％乙醇，使胆红素析出，继续进行浓缩，将溶液内残存的氯仿全部蒸发掉，使回收的液体有很浓的乙醇味为止。

（8）胆红素抽滤洗涤　趁热用布氏漏斗双层滤纸抽滤至干。先用 95％的热酒精洗一次，直至洗液无色为止，再用少量乙醚冲洗，直至抽干为止，干品即精制胆红素。

（9）胆红素干燥和保存　存放于五氧化二磷避光干燥器内。

（10）注意事项　一是整个操作过程切勿使用铁器、铁棒，二是随时注意避光操作，三是使用玻璃仪器要有保护罩。

二、胆红素的提取及精制

（一）原材料

1. 原料 胆汁：新鲜或冷冻的都可以，要求无杂质。

2. 药品

（1）抗氧剂 焦亚硫酸钠（又名重亚硫酸钠）或亚硫酸氢钠。要求是一级工业品或实验试剂。

（2）酒精 又叫乙醇，浓度为 95%，工业品。

（3）氯仿 又叫三氯甲烷，实验试剂或一级工业品。

（4）盐酸 实验试剂或含铁量少的工业品。

（5）乙醚 实验试剂。

（二）工艺流程

猪胆汁→红素钙盐的制取→酸化→醇洗除杂→精制→送检、包装和贮存。

（三）操作工艺

1. 生产准备

（1）收集猪胆汁，将胆囊剪破，收集胆汁，用 20 目筛网滤去油脂及杂物。

（2）配制石灰水前 10 小时，将 1 份生石灰置于盛有 20 份干净清水中，让其反应，并充分搅动。静置澄清，取上面的澄清石灰水备用。

2. 胆红素钙盐的制取

（1）往夹层反应锅的夹层内注入清水。

（2）将一定量的胆汁倒入夹层反应锅内，再按胆汁量的 4～5 倍加入澄清石灰水并搅匀。

（3）加热使反应锅内液体温度缓缓上升。当温度上升到 60℃ 左右时，捞净锅内液面上的泡沫弃去。

（4）当温度上升到反应锅夹层内的清水微沸时，改为文火加热，以维持微沸 20 分钟左右，使反应进行完全。随后停止加热，并捞取上浮胆钙盐滤干。

（5）捞取钙盐后，放去夹层锅中夹层内的热水，并注入冷水，使锅内液体温度下降，锅内剩余钙盐下沉，待 20 分钟后虹吸出锅内上层清液。然后将底层胆钙盐用双层细布过滤，或细密滤布抽滤。合并胆钙盐，用 60～80℃ 的热水洗滤一次。

3. 酸化

（1）将水洗后的胆红素钙盐放在研钵中研碎，或直接在烧杯中搅碎。加入胆红素钙盐量的 0.5～1 倍量的清水，搅成糊状过 80 目尼龙筛网，并用少量清水冲洗筛网，除去筛上杂物弃去。

（2）在过筛后的胆钙盐中，加入 1% 的焦亚硫酸钠，也就是按 100 份钙盐加 1 份焦亚硫酸钠。加少量水溶解焦亚硫酸钠，然后用滴管滴入。再滴加稀盐酸（即 1 份盐酸加 1 份蒸馏水配成），酸化至 pH 为 1（用 pH 试纸测定）。注意抗氧剂和稀盐酸最好间续多次滴入，同时要边滴边搅动，滴加速度也要放慢些。

（3）稀盐酸滴加完后，静置半小时，用细布过滤吊干，收集滤渣，弃去滤液。

4. 醇洗除杂

（1）将过滤后的滤渣，倒入烧杯中，加少量酒精调成糊状。

（2）在烧杯中加入 0.5% 的焦亚硫酸钠，用水溶解，一次加入，再加等于 10 倍滤渣量的酒精，搅匀。滴加稀盐酸（按 1 份盐酸配 1 份蒸馏水）时，要边滴边搅拌，调溶液 pH 至 2，静置 10～15 分钟后，虹吸出上层变成墨绿色的酒精，倒入废酒精缸内，以备提纯回收之用。

（3）在上述吸出酒精后的烧杯中，加入等于 10 倍酸化后滤渣量的酒精洗 1～2 次，至浸出酒精颜色变得较浅为止。每次浸泡时间为 8 小时左右，每次加等量的焦亚硫酸钠（按滤渣的 0.5% 取抗氧剂配少量水溶解而成）。浸出酒精吸出后合并，以备回收。

（4）将经过酒精浸洗后的橘黄至橙黄色的沉淀物，倒入抽滤器中（细密滤纸）抽滤。用 50℃ 左右蒸馏水洗滤 2～3 次，并抽干，即得胆红素粗品，粗品含胆红素 30% 左右。收得率为 0.08%～0.12%。

5. 精制

（1）氯仿回流抽提　氯仿回流抽提是利用胆红素会溶解在氯仿里的性质，用氯仿把混在粗品里的胆红素溶解出来。具体做法就是将水洗滤干后的胆红素粗品倒在圆底烧瓶中，并在圆底烧瓶中加入 4 倍粗品量的氯仿，打开水搭锅的电源开关加温，使温度控制在 65℃，回流 2～3 小时。然后虹吸出圆底烧瓶里的氯仿，盛在棕色瓶子里。再在圆底烧瓶中加入新鲜氯仿，按前面的方法抽提 3～4 次。当抽提出的氯仿溶液颜色变浅、抽提残渣完全变黑时，说明胆红素已基本抽提干净，可不再抽提了。合并各次氯仿抽提液，弃去抽提残渣。

（2）氯仿抽提液蒸馏　用漏斗将氯仿抽提液注入蒸馏烧瓶中，打开水浴锅电源开关加温，并控制水浴锅内的温度在 65℃，当蒸馏烧瓶中出现红色固体时，用漏斗向蒸馏烧瓶内注入现有液体量的 2/3 酒精，继续蒸馏至蒸馏器内剩余液体为加入酒精量时，停止蒸馏。

（3）将蒸馏烧瓶内液体倒出，用滤纸过滤。滤渣即为精品胆红素。滤出的酒精可回收。

（4）在过滤器中，用醇醚混合液（1 份乙醇与 1 份乙醚混合）将胆红素精品洗滤一次。

（5）干燥　将洗涤后滤干的精品胆红素放入真空干燥箱或真空干燥器内，在常温下真空干燥一昼夜即可。这样，一般可得到含胆红素为 70%～90% 的产品，收得率为 0.03%～0.05%。

6. 送检、包装和贮存

（1）取样测定该批次产品胆红素的含量及其他指标。

（2）将干燥、经检验的胆红素装入棕色瓶子里，在出售前密封贮于避光干燥处。

（四）胆红素生产中注意事项

胆红素的生产技术性比较强，操作要求较严，为了能顺利地生产出合格的产品，获得较高的收得率，务必注意如下几个问题。

1. 胆汁要新鲜　胆汁的新鲜程度是决定胆红素收得率和质量至关重要的因素，新鲜胆汁生产的胆钙盐含胆红素可达 0.7%～0.8%，而留藏过久的一般只能达 0.1%～0.3%。因为胆汁放置时间越长，温度越高，胆红素氧化变质损失越大。经验证明，即使将新鲜猪胆迅速冷冻到 0℃ 以下数月，其收得率还是要比新鲜胆汁低。所以，猪的胆汁一般不宜久贮。如果胆汁不足成批生产，可先制成胆钙盐冷藏起来，以便集中生产。胆红素在钙盐中比在胆汁中稳定，但也不是绝对保险的，一般 15℃ 左右放置 1 星期，其收得率及产品含量都比新鲜原料生产有明显下降。可见，钙盐也只能冷藏，但冷藏时间也尽量不要拖得太长。

2. 胆红素极易氧化变质　胆红素在光与铁的作用下氧化更快。因此，在整个生产过程中，从原料到半成品，都应尽力避光，切忌与铁接触。

3. 使用的石灰水必须新配、饱和、澄清　新配饱和的石灰水中钙离子多，能使胆红素结合物充分转化为胆红素钙盐。澄清的石灰水，产生的钙盐少，但其中含胆红素的总量高，因为不澄清的石灰水带来的杂质多。

4. 在溶剂使用和回收时应注意下面两个问题

（1）在回收酒精和氯仿的过程中，不能将两者混在一起。否则，在制取粗品的过程中，用含有氯仿的酒精除去胆酸的同时，其中的氯仿也将部分胆红素溶解带走了，而在精制过程中，用不纯氯仿抽提胆红素时，也会将部分胆酸带入胆红素中，使精品中胆红素含量相对降低。

（2）在精制的最后阶段，即蒸馏的过程中，未等氯仿驱净即进行过滤，造成部分胆红素被残留氯仿带入滤液中，使成品量减少。这时要准确地判断氯仿是否驱净。其方法是：按原来正常蒸馏控制温度不变继续蒸馏，待蒸馏瓶中液面平静，且冷凝管中没有液滴下流了，就可认为氯仿已基本驱净，可停止蒸馏。

5. 氯仿是一种有毒的挥发有机品　氯仿对中枢神经有麻醉作用，长时间接触能影响人的肝功能。因此，生产场地要注意通风，以防氯仿浓度过高，影响生产人员健康。

第五节　猪心的利用

一、细胞色素C的生产

细胞色素 C 为细胞呼吸激活剂，适用于因组织缺氧引起的一系列疾患，如脑血管障碍、脑软化症、脑血栓、肺心病、心肌梗塞、肺癌、肺气肿、矽肺、心代谢不全、不可逆性休克、一氧化碳中毒、对抗癌药物引起的白细胞降低、肝疾患等多种疾病都有极其重要的治疗和辅助治疗作用。

（一）原料药品

1. 原料　猪心：新鲜或冰冻。病猪畜及被污染的猪心不能用。

2. 药品

（1）人造沸石　白色颗粒、不溶于水，溶于酸。选用 60～80 目为宜。

（2）0.2%氯化钠溶液　用实验试剂配。

（3）25%硫酸铵溶液　用实验试剂配。

（4）20%三氯乙酸　三氯乙酸又叫三氯醋酸。本药品用化学纯。

（5）2%氯水　实验试剂配制。

（6）1.5%醋酸　按化学纯试剂配制。

（二）工艺流程

猪心→绞碎→提取→吸附→洗涤→洗脱→盐析除杂→沉淀→透析→精制

（三）操作工艺

1. 绞碎 取新鲜或冰冻猪心，除去脂肪和结缔组织，用水洗净，切成小块，用绞肉机绞碎成心肌泥。

2. 提取 取心肌泥于搪瓷罐内，加入2倍量的水，并用10%硫酸调pH至4.0，在室温下搅拌、提取2小时。然后用2%氨水调pH至6.0。用尼龙纱布压滤（如没有压滤设备，可用滤袋吊滤），收集滤液。将滤渣按上述条件重复提取1小时，合并两次提取液。

3. 吸附 用2%氨水将提取液调pH至7.2，静置30～40分钟，虹吸出上层澄清液，再将下层带沉淀的悬浮液过滤或离心分离。

4. 洗涤 吸附后，取出红色人造沸石，在桶内先后用自来水、蒸馏水搅拌、洗涤至清。再用心肌泥量7%的0.2%精盐水洗涤人造沸石3次。最后用纯水洗涤至清。

5. 洗脱 将洗涤后的红色人造沸石，按吸附时方法装柱。用25%硫酸铵溶液进行洗脱，流速为2毫升/分，收集红色洗脱液。当洗脱液的红色开始消失时，即洗脱完毕。一般收集洗脱液量约为心肌泥的20%。人造沸石经再生后仍可使用。

6. 盐析除杂 收集洗脱液，按重量在搅拌下大约加入20%的固体硫酸铵，静置1～2小时，过滤或离心除去杂蛋白，可得红色澄清液。

7. 沉淀 收集过滤后的红色澄清液，在搅拌下加入2.5%溶液体积的20%三氯乙酸溶液，于3000转/分离心分离15分钟，离心液应无红色，最后收集沉淀。

8. 透析 在沉淀中加入少量蒸馏水溶解，装入透析袋内，用循环纯水透析。透析时要不时晃动透析袋或搅拌袋内液体，使透析加快。至透析水无硫酸根离子为止，即得到细胞色素C粗品溶液。

9. 精制 通常采用离子交换柱层析法进一步提纯细胞色素C，利用弱酸性阳离子交换树脂，选择性吸收细胞色素C，用磷酸氢二钠-氯化钠溶液洗脱，便可得高纯度的细胞色素C。

（1）树脂柱准备 树脂用量按每1000克猪心2克计。

（2）吸附 将粗品溶液加入下口瓶，以2毫升/分的流速通过树脂柱。

（3）洗涤　吸附完毕后，将树脂柱上层颜色较浅的部分（为劣质细胞色素 C 及杂蛋白）弃去（树脂再生回收）。然后小心将柱内吸附细胞色素 C 的树脂分层取出。在搪瓷容器中用纯水搅拌、洗涤多次至清。

（4）洗脱　将洗涤后的深红色树脂重新装柱（柱宜选细长的，方法同前），用 1.5％醋酸铵以 1 毫升/分的流速洗脱，至洗出液红色基本消失，收集红色洗脱液。

（5）透析　将洗脱液装入透析袋内，在 4℃下用循环纯水透析去盐至透析水无氯离子。

（6）过滤　将透析液过滤，收集滤液。并加入数滴氯仿。

（7）检验、包装　瓶装密封。冰箱保存或 −5℃冰冻保存。

（四）生产说明及注意事项

1. 通常生产到粗品溶液就符合一般制药厂家收购要求。因此，大多数小企业及专业户，都是生产到这一粗品为止。不过，到这里同样要注意加入数滴氯仿以防腐，并用瓶装密封贮于冰箱内或 −5℃冰冻保存。

2. 在精制过程中，第一次柱层析后所收集的细胞色素 C 溶液较稀，可按柱层析吸附的同样操作方法，用一小柱浓缩。当细胞色素 C 吸附完毕后，先用 1％氨水以 4～5 毫升/分的流速迅速洗脱，当细胞色素 C 已扩散开并出现在柱底端时，即以 0.2～0.3 毫升/分的流速洗脱，这样细胞色素 C 可被浓缩成小体积洗脱下来，然后进行透析。按前面介绍的方法保存备用。

3. 上述方法生产的细胞色素 C 粗品和精品都是溶液。如需要固体成品，可用冷冻干燥法干燥。

（五）人造沸石及离子交换树脂的处理

1. 人造沸石的处理和再生

（1）处理　称取一定量的人造沸石，加水搅拌，用倾泻法除去 15 秒钟内不下沉的过细颗粒，然后用去离子水漂洗干净。

（2）再生　使用过的沸石，先用自来水洗去硫酸铵，再用 0.2～0.3 摩尔/升氢氧化钠和 1 摩尔/升氯化钠混合液洗涤至沸石呈白色，最后用纯水反复洗至 pH7～8，即可重新使用。

2. 树脂的处理和再生

（1）处理　本节中使用的是弱酸性阳离子交换树脂，使用前先将树脂转变成铵阳离子型。取一定量树脂，用水浸泡，洗涤至清。倾去上清液，加入树脂量 3 倍的 2 摩尔/升盐酸，加热到 60℃，搅拌约 1 小时，倾去盐酸溶液。用去离子水洗涤。再加树脂量 2 倍的 2 摩尔/升氨水，加热到 60℃，搅拌处理，倾去氨液，用水洗净。如此重复处理 3 次。最后在 2 摩尔/升氨水存在下，分批在瓷研钵中轻轻研磨。倾去 15 秒钟内不沉降的颗粒，除去过细颗粒，最终颗粒大小应为 100～150 目。再反复用去离子水洗至上清液完全澄清，置瓷盘内室温风干、备用。

（2）再生　用过的树脂，先用去离子水洗去盐分。再用 2 摩尔/升氨水洗至无色，再次水洗，再加 2 摩尔/升盐酸在 50～60℃搅拌 20 分钟，倾去上层液，水洗至中性。再用 2 摩尔/升氨水浸泡处理，用去离子水洗至 pH9.0～9.5，置瓷盘内室温风干、备用。

二、复合辅酶 A 的制备

在生产细胞色素 C 过程中剩下的废液，还可用来提取复合辅酶 A。

（一）工艺流程

细胞色素 C 的废液→活性炭吸附→洗脱→浓缩→沉淀→透析→无菌分装→冻干

（二）操作方法

1. 活性炭吸附　将沸石吸附细胞色素 C 后的流出液（见细胞色素 C 操作工艺）用稀硝酸调至 pH4.4，然后流入活性炭柱，吸附完毕，用蒸馏水洗，再用 40％乙醇洗涤至洗出液加 10 倍丙酮不呈白色浑浊为止。

2. 洗脱　活性炭柱用含 3.2％氨的 40％乙醇洗脱，当流出液略呈微黄色，即开始收集，至 pH10.0 左右停止收集。

3. 浓缩　将洗脱液减压浓缩至原体积 1/10 左右（外温不超过 60℃），用硝酸酸化至 pH2.5～3.0，放置冷库过夜，离心，上清液继续浓缩至原体积的 1/20 左右。

4. 沉淀　将浓缩液用硝酸调至 pH2.5～3.0，在剧烈搅拌下加入 20 倍酸化丙酮沉淀，放置冷库过夜，离心得沉淀，用冷丙酮洗涤 2 次，低温干燥，测定效价。

5. 透析　将丙酮干粉溶于 1.5 倍新鲜冷蒸馏水中，装入透析袋，于无热源蒸馏水中低温透析 48 小时。

6. 无菌分装和冻干 准确测定透析外液辅酶 A 效价，加蒸馏水稀释至 120 单位/毫升，加甘露醇（15 毫克/支）和 L-半胱氨酸盐（0.5 毫升/支）用 1 摩尔/升氢氧化钾调至 pH5.5～6.0，无菌过滤，灌装（0.5 毫升/支）冻干，封口。

（三）注意事项

废液中杂蛋白较多，故用硝酸酸化后迅速加热至 95℃，立即冷却去除杂蛋白，便于活性炭柱吸附。如细胞色素 C 提取液在上沸石柱前已过滤，则可不必加热，以尽量减少辅酶 A 的失活。

复合辅酶 A 中的成分，除含有辅酶 A 外，还有辅酶Ⅰ、谷胱甘肽、ATP 等。这些辅酶的同时存在可以提高辅酶 A 的疗效。在保证临床用药安全、可靠的前提下，制成复合辅酶 A 剂，是一条较为简便的工艺路线。

（四）检验方法

按国家有关标准规定进行检验。

第八章

猪血和猪骨的利用 >>>>>

第一节 猪血的利用

一、猪血浆的分离及其食品上的应用

猪血浆含有蛋白质及各种盐类，是一种营养丰富的全价蛋白资源，是食品的优质添加剂和营养补强剂。从猪血中分离血浆的设备投资少，工艺技术简单。

（一）主要分离设备及原料

1. 设备 牛奶分离机，转速应在 6 000 转/分以上。装猪血血浆的桶、罐等。

2. 原料 猪血：新鲜无病疫猪血，无杂质污染。杂质既会降低血浆质量，又会影响分离效果。因此，采血时必须严格把关，防止混入血中组织块、脂肪块、皮、毛等污染物。

（二）血浆分离

将新鲜猪血加入到牛奶分离机内，启动分离机，使转速达到 6 000 转/分。注意以下几点：

1. 使分离机转速不低于 6 000 转/分。不然分离效果不好。

2. 控制好适宜温度。温度过低，血液密度较大，分离不全，甚至造成溶血。最好控制温度为 18～26℃。

3. 尽量不使用杂质污染严重的血液，因为杂质会严重影响分离效果。采血时混入血中的杂物会严重降低分离效果，甚至伤口污染也有影响。

4. 注入分离机血液流量关系到分离的速度和质量。在单位时间内，流入分离机的血液越少，则血液在机内停留时间越长，分离会越完全。

（三）血浆在食品上的应用

猪血浆含有多种氨基酸及微量元素，是食品中的良好添加剂。如加入到香

肠中，能起乳化作用，使产品保水性强，弹性好；添加到面包中去，可使面包增色，产品保型性好，不易老化。

此外，用猪血浆添加到西式糕点、中式糕点、饼干、挂面、大豆蛋白肉等食品或菜肴中都能产生较好的效果。用猪血浆添加于食品中，营养丰富，价格便宜，原料来源丰富。可见，在我国实现食品工业现代化中，猪血浆是值得开发、推广的一种优质食品原料。

二、猪血粉的生产方法

用猪血制作的血粉是一种黑褐色细粒状产品，含水率一般在 5%～8%。其粗蛋白质含量高于鱼粉、肉粉，并且血粉中含有多种必需氨基酸，特别是色氨酸、赖氨酸含量很高，甚至超过鱼粉。血粉是配合饲料中极好的动物性蛋白质和必需氨基酸来源。

（一）工艺流程

新鲜猪血→采集→煮血→压榨脱水→干燥→粉碎→检验→包装

（二）操作工艺

1. **猪血的采集** 用经消毒的容器收集新鲜的猪血。收集时按全血量 1% 左右加入生石灰（经粉碎的粉末），并在血凝之前进行搅拌，使生石灰均匀地分布到血液中去。这样得到的混合血液类似橡胶状的黏稠物。不会黏附容器，一般能安全保存 1 天，不至于腐败发臭。

2. **煮血** 将收集的猪血置于煮血器内（比较理想的是夹层煮血器），边加热边搅拌，直到形成松脆的猪血碎块。

3. **压榨脱水** 煮透的猪血团块称为熟血。将熟血捞取沥净水，再用压榨机进行压榨脱水，使熟血含水量降低在 50% 以下。压榨机可用螺旋压榨机，液压压榨机，也可用饼干压制机代替。

4. **干燥** 熟血经压榨脱水后，用干燥机干燥。也可用循环热空气炉来干燥，炉温不应超过 60℃。在日照较强的地区也可将脱水后的熟血铺在晒场上晒干。

5. **粉碎** 熟血经干燥后呈团块状，易碎。将干血块在球磨机或锤式粉碎机中粉碎成粒状即为血粉。

6. **检验** 血粉因用途不同，标准也不一样。要根据不同的用途要求，按有关标准逐项检查。但不管作何用途，含水量都不能超过 8%，不然很难存贮。

7. 包装　一般用密封容器或塑料袋密封包装，保存于通风阴凉干燥处。

（三）生产血粉应注意的问题

1. 采血时要防止血液被洗涤剂、杀虫药等污染及病疫牲畜的血液混入，以免保证不了卫生标准，生产出不合格血粉。

2. 新鲜血液是微生物活动的有利场所，最易腐败发臭。因此，采血、盛血容器要经常严格消毒，最好是蒸汽消毒。

3. 血粉不易久贮，容易转潮、结团、发霉、腐败。未加石灰（采血时）的血粉只能贮存 1 个月左右，加石灰的一般可贮存 1 年。为了防止血粉变质，延长贮存期，可将血粉在粉碎后进行加热法处理或熏蒸法处理。

加热法是将血粉放入烘房，在 100℃下热处理 30 分钟，冷却后密封包装。

熏蒸法是将血粉置于熏蒸室，用甲基溴化物或其他熏蒸剂熏蒸 30 分钟，熏后严密包装。

三、猪全血制水解蛋白粉

水解蛋白粉是一种高级蛋白食品的强化物。水解蛋白粉中蛋白质含量在 70% 以上，并含有 17 种氨基酸。其中人体必需的赖氨酸含量较高。赖氨酸有显著的促进青少年生长发育的作用。把水解蛋白粉和谷物类搭配制成营养食品，可改变食品中蛋白质的成分，不但能增加副食品的花色品种，而且能提高这类食品中氨基酸的吸收和利用率，是老弱婴幼及青少年的营养佳品。下面介绍利用鲜胰酶水解猪全血制取富含氨基酸的水解蛋白粉的生产技术。

（一）原料及辅料

1. 猪全血　新鲜，剔除病疫猪血及被污染血液。
2. 猪胰浆　新鲜。
3. 饱和石灰水　新配，澄清，杂质含量不影响产品符合食用标准。
4. 氯仿　实验试剂。
5. 磷酸　工业品，加 3 倍体积水稀释备用。杂质含量不影响产品符合食用标准。

6. 活性炭　工业用。

（二）工艺流程

新鲜猪血→采血→煮血→沥干→绞碎→酶解→中和→离心分离→脱色→浓缩→干燥→粉碎→送检→包装

（三）操作工艺

1. 采血　用经严格消毒（如蒸汽消毒）的容器收集新鲜猪血。

2. 煮血　把收集的鲜猪血置于煮血器中，加热煮沸半小时，注意边加热边搅拌。

3. 沥干　经加热煮沸后的鲜猪血，变性为熟血块，捞取熟血块沥干或用离心机甩干。

4. 绞碎　将经甩干的血块用绞肉机绞碎成血泥。

5. 酶解

（1）配料　血泥 100 千克，自来水 250 千克，饱和石灰水（调 pH 用）、新鲜猪胰浆 10 千克，氯仿 0.4 千克。

（2）操作要点　①将血泥加入到酶解罐中，加自来水搅匀，加饱和石灰水调 pH 为 7.5～8.0。②将氯仿加入到另一盛有 10 千克水的容器中，激烈搅拌成乳浊液。加入到酶解罐中，并搅拌。③将胰浆加入酶解罐并搅拌，同时用饱和石灰水调整混合液的 pH，使稳定在 7.5～8.0。控制温度在 45～50℃。大约酶解 18 小时左右。

6. 中和　待酶解完成后，用稀磷酸中和酶解液，调 pH 为 6.5～7.0。

7. 离心分离　酶解后的中和液过滤比较困难。一般用离心机将酶解液分离，收集离心液。

8. 脱色　将离心分离液转入到反应罐内，加热并保持 80℃。按液体体积的 3% 加入活性炭，搅拌均匀，保温脱色半小时。

9. 浓缩　将脱色液滤去活性炭，把滤液放入浓缩锅，浓缩至黏稠膏状。最好是用真空浓缩锅。

10. 干燥　将浓缩后的黏稠膏状物，倒入搪瓷盘中。置于真空干燥箱内，在 60℃以下真空干燥，即得水解蛋白干块。

11. 粉碎　将干燥后的蛋白干块用粉碎机粉碎成粉，过筛，得水解蛋白粉。

12. 送检、包装　一般塑料袋或玻璃容器密封包装。

（四）生产中注意事项及说明

1. 酶解过程中，酶解液的 pH 时有下降，特别是前几个小时内。因此，要经常监测（一般用 pH 试纸），并用 40% 烧碱溶液调整 pH 在要求的范围内。

2. 胰酶浆必须新鲜，其中蛋白酶已经激活过。

3. 水解物的过滤，一般是一个难题，因为血泥酶解后尚存在部分未水解完全的血红蛋白及纤维蛋白，且加入胰浆量又大，胰脏虽经绞碎，但仍带有脂肪类难溶物。因此，采用离心机进行分离比过滤好。

4. 脱色是国内外在畜血利用问题上的最大难题。一般有丙酮法及双氧水法，都因成本较高，或效果不佳而没有被广泛采用。本工艺中的酶解法脱色是目前较理想的工艺。

四、利用鲜猪血生产化妆品用水解蛋白

（一）原辅料

1. 原料　鲜猪血、猪胰浆。

2. 辅料

（1）甲苯　工业品。

（2）饱和石灰水　将熟石灰适量加入水中，搅至浑浊待澄清，取上清液备用。在使用 10 小时前配制。

（3）磷酸　工业品。

（4）活性炭　工业用或药用均可。

（5）烧碱溶液　工业品，配成 10% 溶液备用。

（二）工艺流程

新鲜猪血→收集与预处理→绞碎→水煮→酶解→产品

（三）操作工艺

1. 猪血收集与预处理　健康猪被宰杀时，立即收集猪血，并不断迅速搅拌，使血纤维蛋白凝聚分离。接着用筛子滤出，用自来水反复冲洗，同时不断用脚或机器踩压，漂洗至血纤维无明显血色，呈白色为止。

2. 绞碎　将血纤维蛋白用绞肉机绞碎成血泥。

3. 水煮　将一定量的血泥加入到反应罐中，加血泥 5 倍量的水煮沸 30 分

钟，温度稍降低后，吸去上层液体。再加前次同量的水，并以 10％的烧碱溶液调节 pH 为 9.0，煮沸 30 分钟。待温度稍降低后，吸去上层液体，再加前次同量的水，煮沸 30 分钟。然后封罐降温。

4. **酶解** 待反应罐内温度降低至 55℃时，加入适量甲苯，在搅拌下，缓缓加入猪胰浆，其量为血泥量的 15％～20％，并用饱和石灰水调整 pH，使之稳定在 7.2～7.5。水解到 5 小时后，即停止搅拌。整个水解过程稳定温度在 50℃左右，共水解 20 小时。

五、血红素的提取

血红素是制备抗癌药物——血卟啉衍生物的主要原料。它本身也是一种重要的药物，被临床用于治疗铅中毒等。

（一）原辅料

1. **原辅料** 猪血：新鲜无污染。
2. **辅料**
（1）冰醋酸 实验试剂。
（2）50％醋酸 实验试剂。可用冰醋酸或 50％以上的醋酸配制。
（3）酒精 95％实验试剂。
（4）乙醚 实验试剂。

（二）操作工艺

1. **酸析** 往搪瓷桶中加 4 倍鲜猪血量的冰醋酸，加热到 90℃时，开动电动搅拌器，从加料孔缓缓加入新鲜猪血，并控制温度稳定在 90℃。加完血料后，停止搅拌，保温 30 分钟。再从池里取出搪瓷桶，在室温下放置 10 小时左右，让沉淀物静置析出。
2. **洗涤** 当桶底析出亮晶晶的沉淀后，虹吸去上层清液（可留作提取氨基酸用），将沉淀物放在垫有滤布的箩筐里过滤。然后用鲜猪血量 10％～12％的 50％醋酸、蒸馏水及鲜猪血量 5％～6％的酒精（95％）、乙醚顺次洗涤。注意每次洗涤必须在上次洗液滤去后进行。同时，用玻璃棒或木棒将滤饼挑松，尽可能将滤渣充分洗涤。洗净、滤干后即得粗品血红素。以鲜血计一般收得率可达 0.4％。
3. **干燥** 将得到的粗品血红素置于真空干燥器中，低温真空干燥。密封包装即可。血红素粗品也可不再精制，就直接交售给制药厂、生化制药厂作为原料药，也可进一步精制得到血红素晶体。一般小企业及专业户将粗品出售者为多。

第二节　猪骨的利用

骨头的主要成分有胶原蛋白及磷、钙等矿物质。干燥的骨头中有机质与无机质的含量比为 1：2，含量最多的元素是磷和钙。骨中丰富的胶原蛋白，可以用来提取骨胶、明胶、蛋白胨及鸟氨酸、脯氨酸、精氨酸、甘氨酸、亮氨酸等氨基酸，骨中丰富的磷、钙质可用来制备磷酸氢钙片、维丁钙片。四肢骨等还可用来制造骨宁注射液、健肝片等药物。

软骨可制硫酸软骨素。

蹄甲可制药物妇血宁，也可提取组氨酸、精氨酸、冬氨安等氨基酸。

一、鲜猪骨提取营养调味品

利用新鲜猪骨提取的营养调味品，味道鲜，营养丰富，是最佳快餐汤菜和方便面的理想汤料。也可做火腿、果子酱和香肠等食品的配料。我国人民很早就懂得将畜禽骨用水煮出汤汁，加入其他作料，配成汤羹，作调味品用。稍后，人们又发现把骨头粉碎后再煮出汤汁，味道更美，营养更丰富。

（一）工艺

1. 高压蒸汽提取法

（1）粉碎。收集新鲜猪骨，粉碎成小片状。

（2）在高压釜中，放入经粉碎的骨头。其量一般不能超过高压釜容积的 1/3。

（3）通入蒸汽，使压力升高到 5.9×10^5 帕，并保持 2 小时。注意到高压后要调整并保持压力平衡，以免骨头变脆而造成浑汤。

（4）排除高压后，撇去漂在提取液面上的脂肪，一般可得骨重的 10%。

（5）捞取骨渣。可供生产骨粉等用。

（6）过滤或用离心机分离，除去提取液中的肉末渣滓。

（7）将提取液转入到真空浓缩器中，浓缩至所需浓度即可。浓缩温度一般应低于 70℃。

2. 水浸高压提取法

(1) 粉碎。

(2) 将粉碎的骨头放入高压釜中，过高压釜容积的 30%。

(3) 向高压釜中加入清水，以略浸透碎骨为宜。

(4) 通入蒸汽，使压力升高至 3.9×10^5 帕，并保持压力达 1.5～2 小时。

(5) 按高压蒸汽提取法（4）～（7）的操作工艺进行即可。

3. 热水提取法

(1) 将新鲜猪骨粉碎成小片。

(2) 将碎骨置入反应器中。一般碎骨量不能超过反应器容积的 1/5。

(3) 向反应器内加碎骨量 2 倍量的水。

(4) 通入蒸汽进行加热。

(5) 撇去浮在提取液表面的凝固血块等杂物。

(6) 将容器盖严，不断加热，保持水温在 90℃ 以上。浸提 20～40 小时，并加以搅拌。

(7) 采用高压蒸汽提取法（4）～（7）的操作工艺进行即得产品。

（二）生产说明及注意的问题

1. 以上三种方法生产的提取液，以热水提取法的产品味道最佳。高压蒸汽法如掌握得不好，可能得到质次的产品，甚至味道变苦。但成本以高压蒸汽提取法最低，水浸高压提取法次之，最高的是热水提取法。

一般高压蒸汽法，投骨 3 吨可得 1.3 吨，固体含量 20% 的骨头提取液；热水提取法，投骨 3 吨可得 5 吨固体含量为 5% 的提取液。

2. 如小规模小批量的生产，或比较大型的餐馆自产自销骨头提取液，一般宜采取热水提取法，且可由蒸汽加热改为直接火煮沸 5～10 小时，并加以搅拌。

3. 收集的原料必须新鲜，同时不得混入病畜骨头。否则，将影响提取液风味，甚至不符合食品卫生标准。

4. 应用三种方法生产时，提取液在离心分离和浓缩过程中的温度都不宜低于 70℃，因为未浓缩的提取液很易受酶的降解和细菌的侵染。

5. 取用高压蒸汽法和水浸高压法提取时，应小心控制好压力，因压力高会使提取液颜色变深，且味道变苦。

二、骨粉的生产方法

骨粉的生产因其原料处理和加工方法不同，目前主要分为两类。一类是将畜禽骨经水煮脱去部分油脂后，烘干，粉碎而成。这种骨粉叫粗制骨粉。它的蛋白质含量高，但不易消化，且有特殊气味，饲料中添加过多，会降低畜禽的适口性。同时，由于蛋白质易吸湿而引起腐败，使这种骨粉不易久贮。另一类是经提取骨脂、骨胶或蛋白胨后的骨渣加工而成的，叫蒸制骨粉。这种骨粉色泽洁白，易于消化，没有特殊的气味，能久贮不坏。

下面分别介绍粗制骨粉和蒸制骨粉的生产工艺及操作方法。

（一）粗制骨粉的生产

粗制骨粉生产简单，设备可就地取材。因此，至今还为一些小企业及专业户所采用。

1. 选料　剔除发霉、腐败、变质的臭骨，得病、中毒的病猪骨及毒骨。
2. 砸骨　将选好的猪骨砸成小块，以便放入锅中蒸煮和粉碎机中粉碎。
3. 蒸煮　将碎骨放入铁锅中，加水至浸没碎骨，并加适量的食醋，其量的多少，因碎骨的种类和大小而异。以蒸煮后易于粉碎为宜。然后用慢火蒸煮至骨头全部酥软，骨内油脂被全部蒸煮出来为止。这样可以去掉畜禽忌讳的哈喇味。
4. 干燥　将经蒸煮、去脂的骨头晒干或入干燥室烘干。
5. 粉碎　将经干燥好的碎骨用粉碎机粉碎，过筛即得骨，包装即为成品。

（二）蒸制骨粉的生产

蒸制骨粉的生产一般是与骨脂、骨胶及蛋白胨的生产联合进行。它综合利用了生产骨脂、骨胶及蛋白胨的下脚废骨渣。因此，成本低，经济效益高。

1. 收集原料　制取骨脂、骨胶或蛋白胨后的滤出骨渣，不论粗细均可。
2. 干燥　将收集的骨渣送入干燥室，120～140℃下烘10～12小时。
3. 粉碎　将干燥后的骨渣用粉碎机粉碎成细粉状并过筛。

（三）开发骨糊产品

1. 猪骨是一种营养价值很高的食品添加剂

新鲜猪骨含有许多维持人体生命所必不可少的营养成分，其中钙、磷、铁、锌、铜及B族维生素含量较齐全而且丰富，如胶原质钙、多糖类、各种氨基酸、造血物质。其中钙是儿童生长发育不可缺少的重要元素，其需要量是成人的15～20倍。胶原质钙在人体骨质部呈纤维状，使骨髓具有弹性。多糖类作为骨骼中无机成分的黏合剂，能强化骨骼，并能成为关节腔和神经膜的润滑剂。因此，鲜骨可作为一种营养添加剂，广泛应用于食品的生产。

　　加工成的骨糊味道鲜美，可用于制作肉丸、肉饼、香肠、包子、饺子、肉馅等，甚至可以制成食品添加剂用于强化食品中。

　　2. 骨糊加工的超微细专用生产线　我国科技工作者根据国外加工骨糊的产品，研制开发了我国国产的骨头加工专用超微细粉碎生产线设备，能将鲜骨、肉皮超微细粉碎，得到综合营养远远高于肉类的骨糊、肉皮泥。这是一种绿色食品的新资源。骨糊、肉皮泥不仅可以用于肉制品及其他食品的添加，而且开辟了一条被国内、外营养专家认为是目前世界上极有效的补钙捷径，它提供的完美营养和新鲜滋味，深受行家首肯。我国甘肃天水市军工6913厂研制开发生产的这一超微细加工设备，目前有三条生产线可供用户选择，即成套畜骨、禽骨、肉皮粉碎生产线。

　　3. 开发骨糊产品的效益与前景

　　（1）我国骨头产品的开发远远落后于肉食产销，目前处于起步阶段。骨糊的开发尚未引起足够的重视。

　　（2）开发骨糊产品可由小到大，生产企业要向相关企业宣传骨糊、试用骨糊，最后形成批量生产。企业要以自己的骨糊新产品去开辟国内、外新市场。

第九章

皮和毛的利用

>>>>>

第一节 蹄筋的加工

我国猪资源丰富，蹄筋的加工技术简单，不需多少专门设备，很适合乡镇小企业、专业户就地收购加工。蹄筋的加工方法如下：

1. 抽筋　猪肉开边后，用清水洗去猪蹄上的血及污垢。再用尖刀在筋头左右两侧割破皮层，用手抓住筋头，割断蹄尖与蹄筋的联系，随后抽出蹄筋切去肉头，放入水中。

2. 浸泡　鲜蹄筋应在石灰水中浸泡 5 小时以上，反复搓洗，直至完全洗去血迹。生石灰和水的比例为 4∶9.6，水温 30～40℃。其目的是脱脂增加色泽，使蹄筋表面油皮软化。

3. 修整刮去油皮　用刀切去鲜蹄筋上肉头，同时刮去叉筋间和背面的油膜，并修剪整齐。

4. 再次浸泡　将刮制修整后的蹄筋再放入冷石灰水中（生石灰与水的比例为 4∶9.6），并用力在水中搓洗，直到将油皮、油脂全部清除为止。若在水中加入少许明矾，浸泡蹄筋 1 小时，捞起晾干则效果更好。

5. 硫黄熏色　把漂洗后的蹄筋用竹筛摊匀放入熏房（或灶上）中，燃烧少量硫黄，让二氧化硫气体熏制蹄筋 3～4 小时，取出后用清水洗净蹄筋。熏色后的蹄筋既白净又不易腐败。但要注意二氧化硫气体的排出，因它对人体有害。

6. 日晒或烘干　在日晒或烘烤时，温度应由低到高，逐渐上升。注意随时翻动，以免因受热不匀，使蹄筋弯曲。晒烤最高温度不超过 45℃。

7. 检验　烘干后的蹄筋，按收购要求和标准进行检验，分等。

8. 包装　检验合格的产品按等级捆扎，密闭包装。

第二节　猪皮的利用

一、碎猪皮熬鳔胶

猪皮鳔胶是一种黏结胶，北方木器加工大多是用它来黏结的。这种胶市场上需求量很大，生产工艺简单，家庭可以生产。生产原料是猪皮边角废料。其生产方法可分四步：

第一步，浸泡。首先将猪皮边角料表面上的油脂用刀子刮去。把皮料放进石灰水中浸泡，皮料与石灰的比例是 10∶1。一天后，搅拌一次，使皮料浸泡均匀，浸泡时间随温度不同而有差异，一般是皮子上的毛能退下即可。

第二步，除垢。将浸泡好的皮料，用玉米脱粒机去毛。去毛时，要不断加入清水冲洗，将残毛熄洗干净。将无毛的皮料放入清水中，慢慢加入盐酸，至呈中性（可用 pH 试纸检查）时停止加盐酸。然后将皮料在脱粒机上再处理一次去掉小石灰渣。在这套工序进行过程中，也要不断加清水，将皮料清洗干净。否则影响胶的外观质量。

第三步，笼蒸。锅内添足水，放上一块竹帘底板，再放一个比竹帘底板直径略大些的圆桶，高约 2 米。将皮料放在桶内的竹底板上。在桶内均匀地插入五六根竹管或铁管，管的一端插到底板上，管壁上要钻有一些洞眼，用以疏通热气，使皮料能同时蒸熟。皮料要装得高出管子一些。盖上笼帽蒸 3 个小时左右，用手捏皮料能烂就蒸好了。

第四步，成型。把蒸好的皮料趁热迅速放入钢磨中，磨碎。用 60 目的筛网过筛，将皮浆放在 20 厘米宽、40 厘米长的盘中。待放凉凝胶后，即可切成条，挂起来晾干，即为成品。

二、明胶的生产方法

明胶在《本草逢原》中是指用黄牛皮经熬制成的胶。目前明胶不但采用牛皮，而更多的是采用猪皮等为原料经熬制得到的产品。它的用途极为广泛，除了作黏结剂外，还广泛地用于感光材料及食品、纺织、电镀、医药等工业部门。尤其在医药方面，是胶囊、胶丸、微囊、明胶代用血浆、明胶海绵的主要原料。此外，栓剂、片剂、延效剂等辅料也常用明胶。因此，明胶既是重要的工业原料，又是良好的药物辅料，也是重要的药品。

(一) 原辅料

1. 原辅料 猪皮：鲜皮及没有腐败的干皮，整块及边角料均可。

2. 辅料

(1) 生石灰 工业品，应杂质少。

(2) 硫化钠 工业品。

(3) 盐酸 工业品，含量大于30%，配成1∶1盐酸备用。

(4) 双氧水 实验试剂，30%。

(5) 尼泊金 食用级。

(二) 工艺流程

皮→原料整理→石灰水预浸→水力除脂→石灰水浸渍→洗涤→中和→熬胶→过滤→浓缩→漂白→凝胶→切胶→干燥→粉碎→检验→包装

(三) 操作工艺

1. 原料整理 将不同品种原料进行分类整理，如湿皮和干皮等应分开，拣出不合格的皮另行处理。带毛皮可用5%的石灰乳或0.5%～1%的硫化钠浸泡，以煺净猪毛。鲜猪皮的脂肪应用刀子刮去，干皮要在清水中浸泡至软。

2. 石灰水预浸 整理好的皮在1%左右的石灰水中浸渍1～2天，然后切成3厘米×3厘米的小块。

3. 水力除脂 将切好的碎皮块和水连续地加入水力除脂机内，利用水的冲击作用和高速铁锤的机械撞击力，消除脂肪和污物。

4. 石灰水浸渍 将去脂后的皮块放入浸渍池（水泥池或木桶）中，用2%～4%的石灰水浸渍。湿皮与石灰水的比例为1∶3～4，pH 为12.0～12.5，温度最好在15℃，时间为15～90天。气温高时石灰水浓度可低些，浸渍时间可短些。气温低时石灰水浓度可增大，浸渍时间可适当长些。一般以浸渍到皮胀丰满，白净、无毛，柔软为止。此工序称发皮，是明胶生产的关键工序之一。

5. 洗涤 皮块经浸渍后捞取，在不断搅拌下用自来水充分洗涤。开始5小时内，每半小时换水一次，以后每小时换水一次。水不应少于皮块的5倍。直至洗到洗涤液 pH 为9.0～9.5为止。一般需12～16小时。

6. 中和 洗涤后，用酸中和皮料上剩余的石灰。先加水浸没皮块，在不断搅拌下将1∶1的盐酸缓缓加入水中，使 pH 为2.5～3.5。开始每半小时加酸调整一次，3 小时后则每小时加酸调整一次，8 小时后可不再加酸使其平衡。共需 12～16 小时。中和后，排除废酸水，再用水洗，在充分搅拌下，换水次数应不少于 8 次，一般在 8～12 小时内完成。

7. 熬胶　在熬胶锅内放入 30℃热水，将原料皮块倒入锅内，注意不使结团，同时慢慢升温至 50～60℃，最后使水浸没全部原料即可。6～8 小时后，将胶液放出。再向锅内加入热水，温度较前次提高 5～10℃，继续熬胶。依此类推，进行多次，温度也相应地逐步升高。最后一次可以煮沸，并不断搅拌，以免锅底胶液烧焦。

8. 过滤　将所得稀胶液在 60℃左右以适量过滤棉、活性炭或硅藻土等作助滤剂，用板框压力机过滤（土法可用食品厂用的铜制笟筛过滤），得澄清胶液。胶液再用离心机离心。分离，进一步撇去油脂等杂质（土法可在 40～50℃保温静置，撇净浮在上面的油脂）。

9. 浓缩　将稀胶液减压浓缩，开始温度可控制在 65～70℃，后期应低些，可控制 60～65℃。根据胶液质量和干燥设备条件掌握浓缩的程度，用冷热风空调干燥工艺时，对明胶液可浓缩到 6.7～10.6 波美度（50℃），含胶量 23%～33%。

10. 漂白　经浓缩的胶液，趁热加入一定量的过氧化氢、亚硫酸或尼泊金等防腐剂。过氧化氢和亚硫酸既能防腐，又有较好的漂白作用。

11. 凝胶　加入漂白防腐剂后搅匀，将胶液注入金属盘中冷却，至完全凝胶化生成胶冻为止。

12. 切胶　将胶冻切成适当大小的薄片或小块。

13. 干燥　切后的胶块，以冷热风干燥至胶冻含水量为 10%～12% 为止。

14. 粉碎　将干燥的胶块，粉碎成一定大小的颗粒，按等级要求过筛。

15. 检验　按各级质量标准，主要检验黏度、水分、灰分、透明度等指标。

16. 包装　可内用塑料袋，外用麻袋包装，置阴凉干燥处保存。

（五）生产说明及注意事项

1. 皮胶、骨胶和明胶都是动物胶。明胶实际上就是质量比较高的皮胶或骨胶。上面介绍的制取明胶工艺中，第一、二锅胶质量较好，可作食用或药用明胶，第三锅质量次之，一般只能作为工业明胶，最后熬取的胶，质量最差，属于皮胶。

2. 石灰水预浸的目的是使皮初步溶胀，容易切断，并除去污物。用石灰水浸渍的过程，称为浸灰。浸灰是整个明胶生产工艺中的关键工序之一，它能引起胶原分子的变化，决定着明胶的结构和性质，与产品质量关系密切。经石灰水浸渍，胶原纤维吸水膨胀、疏松、张开、内部结合力减弱、熬胶时容易进一步水解。皮内存在的对制胶无用而有害的许多物质溶于石灰水而被除去，皮内部分脂肪变为钙皂也被除去。

石灰水浸渍的缺点是周期太长。注射用明胶的生产可用氢氧化钠溶液代替石灰水或用酸法生产。胶原纤维在 pH 为 2.2 或 12.0 时，溶胀程度最大。

3. 碎皮经石灰水浸渍后，要用水充分洗涤，以清除所吸收的石灰（工艺上通常叫退灰），将蛋白质等溶解出来。因为一部分氢氧化钙以有机钙盐的形式与胶原结合，不易用水洗的方法来清除，所以必须采用酸来中和。

4. 制胶原料与水一起受热水解而转变成明胶的过程，称为熬胶。它是明胶生产的又一重要工序。熬胶的温度、时间和酸度根据原料的种类及处理情况不同而有差异。如果原料处理得好，熬胶就可以在较低的温度和较短的时间内完成。熬出的胶液面上往往浮有一层油脂，可保温静置一段时间，撇出油脂，经处理后可作为食用油或其他工业用油。

5. 胶冻的干燥过程可分为两个阶段。第一阶段水分蒸发快，风量应大一些，温度可低一些，以免变为液体。第二阶段胶冻表面已结膜，水分蒸发慢，风量可小些，而温度则应高些。

三、新阿胶的熬制

阿胶原出于我国山东"东平郡"，因用阿井之水制胶而得名。阿胶具有滋阴润燥、补血止血的功能。被临床用于治贫血、心悸、燥咳、咯血，崩漏、先兆流产、产后血虚、肌痿无力等病症，也被我国人民作为冬令补品。

但现在的阿胶一般都是以驴皮为原料熬制。原料来源有限，严重影响阿胶的生产，供求矛盾日益突出，无法满足医药上的应用及人民群众冬令进补的需要。因此，寻找驴皮的代用原料，已急不可待。以猪皮为主要原料制成的新阿胶则是缓解阿胶供求矛盾的理想代用品。

（一）原辅料

1. 原辅料　猪皮：健康猪的新猪皮。

2. 辅料　①豆油：符合食用标准，花生油等植物油也可。②冰糖。③黄酒。④明矾：符合药用标准。

（二）工艺流程

新鲜猪皮→泡洗→整理→熬胶→过滤→澄清→浓缩→收胶→切块晾干→检验→包装

（三）操作工艺

1. 泡洗　将新鲜猪皮放入清水池中，浸泡数天，漂洗干净。

2. 整理　将漂洗干净的猪皮用刀铲除附着的肉、脂肪及毛，切成小块。放入沸水锅中烫煮，并不时翻动，至皮块皱缩卷曲，捞出供熬胶用。

3. 熬胶　将整理好的猪皮小块，置于熬胶锅中，加沸水淹没，用文火加热保持微沸 1～2 天，倾出胶液。再加沸水，继续熬胶，如此共熬 3～4 次，以皮肉胶汁充分熬出为止。

4. 过滤　按等级合并收集各次熬出胶汁，先用细筛，再用玻璃棉，过滤除去沉淀及杂质。

5. 澄清　收集滤液，加入适量明矾，充分搅匀，静置沉淀，吸出上层溶液，过滤除去沉淀，合并滤液和吸出液。如还不很澄清，再加适量明矾，重新处理一次。

6. 浓缩　将澄清胶汁放入熬胶锅中，以文火加热浓缩，要注意不断搅拌，以防止底层焦化，至浓缩到胶液不透纸（可取 1 滴于普通纸上试测）为止。

7. 收胶　待胶汁浓缩至不透纸时，按处方（猪皮 1 100 克、豆油 12.5 克、冰糖 15 克、黄酒 4 克）分别加入冰糖、黄酒及豆油，并不断搅匀，使不显油花。继续文火浓缩至"挂旗"（即用搅拌挑起胶液会黏附在搅棒上呈片状，而不落下，好像一面旗帜一样），停止浓缩，趁热倾入凝胶盘内，让其自然冷凝成胶。

8. 切块晾干　取出凝胶，切成小片，晾干或低温干燥。

9. 检验　各项指标应符合药用标准。

10. 包装　将胶片用微湿毛巾拭其表面，使增加光泽。再用朱砂或金箔印上品名，装盒。

（四）生产说明及注意事项

1. 熬胶前的猪皮处理　猪皮要注意洗净，除去肉、脂、毛、血等不洁之物，生产规模较大的可用蛋白酶酶解除毛。浸泡时间随季节的不同而不一样，一般夏季 3 天左右，冬季 6 天左右，春、秋季节视气温确定。浸泡时每天换水一次。

2. 熬胶 最好使用夹层锅熬胶。如直接用火加热，应在锅内放一块多孔假底或竹帘子，以免皮料靠近锅底而被高温烧焦。加水量以刚浸没原料为准，但要随时补充被蒸发掉的水分。加热切不可过猛，只需用文火维持微沸即可。

3. 浓缩 如能用减压浓缩最理想。直接用火加热、常压浓缩时，火力不宜过猛，且要注意不断搅拌。以免锅底胶汁焦化。胶汁浓度越大越易焦化，所以浓缩到越后越要减弱火力，并加强搅拌。当浓缩到近"挂旗"时，火力更要减弱。加入植物油后，要强力搅拌，使之分散均匀，以免成品胶块中出现小油泡。

4. 凝胶与切胶 凝胶盘要洗净、揩干，涂上少量麻油，这样取出胶块容易。手工切胶时，刀口要平，要一刀成块，防止出现重复刀痕。

5. 干燥 胶片的干燥一般应置于有防尘设备的晾胶室内的胶床上，也可用竹帘分层置于干燥室内，使之在微风阴凉的条件下干燥。一般2～5天翻动一次，这样可使胶片两面水分散发均匀，成品不至于发生弯曲现象。数日后，待胶面干燥到一定程度，便装入木箱内，密闭闷封，使胶片内部水分向外扩散。工艺上称为闷胶。约2～3天后，将胶片取出，并用干净布拭去表面水分，再放入竹帘上晾干。数日后，再将胶片置于木箱中闷闭2～3天。如此反复操作2～3次，即可达到干燥的目的。也可用纸包好放入盛有干燥剂的干燥箱中干燥，这样可缩短干燥时间。也可用烘房设备通风干燥，不过温度不宜太高。

四、猪皮膨化食品的制作

用新鲜猪皮机械膨化后，做成各种风味的菜肴，营养价值和经济效益都很好。猪皮膨化食品是近年来利用猪皮开发的美味品。

1. 选料 选用肉联厂去毛后的新鲜光猪皮，无伤痕，无病疫，零碎或完整的均可。

2. 处理方法 将选好的新鲜猪皮放在清水中浸泡30分钟后刷洗，用刀刮去鲜皮上的污物，剔去皮下脂肪和伤疤、病痕。然后切成1.5～2厘米长、0.5厘米宽的小块，放在烘房中不易漏的铁筛上，每小时翻动一次，用容器接住滴下的油，在45～60℃的温度下，经24小时干燥后，呈棕色或褐色卷缩的小块，用手指按下它不出现压痕为止即可取出，然后进行膨化加工。

3. 膨化 开机预热，待机膛内壁受热均匀后，将经过处理的干燥猪皮块1～1.5千克投入机膛内，加适量膨化剂，扣紧封闭压力开关，迅速加热升温。

当机内温度达到 150～180℃，每分钟转速达到 80～100 转时，压力逐渐增大，大约经 5～7 分钟，压力达到 $9.8×10^5$ 帕时，马上停止加热，旋转打开压力开关，立即发生喷爆，将膨化的猪皮喷入容器内，即成猪皮膨化食品。

新鲜猪皮经膨化后，体积增大十几倍，质地松脆，味道香酥，毛根消失，呈乳白色或乳黄色，发出诱人的香味。用这种膨化肉皮，经红烧、凉拌、烩或配菜，可以做成上乘的美味佳肴。

做菜前先要软化。方法是将膨化肉皮用温水浸泡 1～2 分钟，使它吸收大量水分，出现蜂窝状时即完成了软化。

五、人造鱼肚的制备

鱼肚是我国的传统食品，营养丰富，味道鲜美。由于产量低，价格贵，所以不能成为大众食品。北京市食品研究所利用膨化原理将猪皮制成人造鱼肚，经品尝与化验，不仅味感良好，而且营养丰富。传统的人造鱼肚制法是采用油炸，但因脂肪含量较高，炸后不宜贮存，容易变味。

新工艺采用膨化法，先将猪皮用机械和化学方法提出脂肪，再烘干或晾干，使含水量在 12％左右。将经上述处理的猪皮放在一专用膨化锅内，用明火均匀加热，使其内部压力上升到 $2×10^5$～$3.9×10^5$ 帕时，猪皮内的水分蒸发成水蒸气不能排出，使得猪皮内部组织变成了细小网状结构。此时打开阀门，造成突然降压，内部蒸汽由于失去了外界压力作用，猪皮突然膨胀即膨化为海绵状结构，即成人造鱼肚。膨化后的人造鱼肚的体积约相当于原肉皮的 3～4 倍。采用膨化法制成的人造鱼肚，由于已将脂肪去掉，故含脂肪少，可以长期存放，并省去了油炸过程中消耗的食油，还可以提取部分动物脂肪。另外，在膨化设备上可装显示仪器，从而便于掌握，技术性要求不高，易于推广。

人造鱼肚用时提前复水 3～5 小时，稍加清洗后配以蔬菜等，即可烹调为各种菜肴，如红烧鱼肚、白扒鱼肚、全家福等等。若放进适量的食用盐和调味品进行膨化，便可制成方便品直接食用，松脆爽口，可供家庭或旅行食用。

第三节　猪毛的利用

一、猪鬃的采取和手工加工

猪鬃是猪颈部和背部的刚毛。质地刚韧，富有弹性，是工业和军需用刷的主要原料，还能制造生物药品和灭火剂等。

（一）活猪取鬃

过去，猪鬃一般是宰猪以后，从死猪身上取得。现在根据各地实践，可以从活猪身上取鬃。每年4～7月，生猪在圈内到处摩擦，换毛脱鬃。据此，可以趁生猪吃食或静卧时，用手轻轻抚摸猪的身子，待它慢慢安静下来后，用手拈住猪鬃试拔。如轻轻一动易拔出，这就说明毛根已松动，可以拔鬃。

具体做法：用普通木梳在猪身上由后往前倒梳，这样可以把猪鬃梳下来，也可用拇指、食指和中指拈住猪鬃向上拔。三天拔一次，拔完为止。

（二）猪鬃的手工加工

猪鬃的手工加工分为三个阶段：

第一个阶段：由原料加工成毛铺或混猪鬃。首先要剔毛，将猪鬃按毛色分类，剔出其中的腹毛、尾毛、霉毛、草杂及灰尘等物。然后加水湿润，发酵一昼夜，使附在毛根上的肉皮彻底软化。将发酵后的猪毛从水中取出，用木板刨松皮屑，使其与黏着的猪毛完全分离。将已松散的猪毛用水洗后，再用铁梳将绒毛、碎皮屑等物彻底去除，并用清水洗涤数次。将洗净的猪毛放在竹筛里，在温度较低的烘炉上烘干，或放在太阳底下晒干。干后即成毛铺。可进一步加工为成品，也可不用捆把就将散放的毛铺送有关收购单位出售。

第二个阶段：由毛铺制成半成品。将毛铺不分倒顺长短，用麻绳捆在小木板上。将板上的鬃毛放在蒸锅内蒸。使弯毛蒸直，除去腥秽，增加光泽，同时以达到消毒、杀菌的目的。经蒸伸后的毛铺，从木板上解下来，烘干即为半成品。

第三个阶段：由半成品制成品。

梳剔分散：先用绳子束住鬃毛批子（烘干并除去木板后的半成品鬃），再用梳子梳剔，先长后短、分别放置。鬃毛批子梳剔后，将梳出的鬃毛按尺码长短分散。

揉整捆把：为理顺头尾，可用揉搓的方法，倒毛可挤出，然后头尾理顺。理顺后的鬃毛要按各种尺码分别以黄麻线扎其根部，捆成结实的把子，直径一般为5～6厘米。

合理搭配：各级猪鬃要按规定标准合理搭配，如80分的货本尺码为80%，应另搭配比本尺码低等级的20%。搭配时，要将猪鬃把拆开，然后按量搓入，再用梳子梳匀后，重新进行捆把。

　　认真检验：检验时先进行初验，查看有无脱落的皮屑，并将梢尖剪齐。复验要查看毛束中有无霉毛、花毛、黄毛、油毛等。如发现要用钳子抽出。最后再检查绳束是否捆紧或再翻梳去灰，并及时除去不足尺码的鬃毛，还要进行磨根，就是将猪鬃根部用木板拍齐，把凸出的白毛剪去，或用酒精灯烧掉，再用光滑石块磨平。

　　成品包装：经过上述处理、检验合格的成品，即可进行包装。分把的猪鬃要用包装纸包好，包梢头时要拢紧，不得卷梢弯曲。用于包装的木箱应干燥，内衬一层油纸，备铺一层白纸，以防潮湿。装箱时每小把要排列整齐，不要挤破包装纸，每层撒以樟脑粉（每箱约 300~400 克）以防虫患。

二、利用猪毛制取胱氨酸

　　胱氨酸具有多种用途，它既是一种生化试剂，又是一种药物。临床上用来治疗肝炎、脱发等疾症。胱氨酸是用猪毛为原料通过水解变为各种氨基酸混液，然后从混合氨基酸中分离出。制取胱氨酸的方法有酸解法、碱解法和酶解法，应用最广的是酸解法。这里介绍以猪毛为原料，酸解法水解制取胱氨酸。

（一）要设备及原辅料

1. 原辅料　猪毛。

2. 辅料

　　（1）盐酸　工业品和化学纯。含量>30%。稀释成所需浓度备用。

　　（2）氢氧化钠　又叫烧碱。工业品。用氢氧化钠配成 30%溶液备用，或直接购入液碱。

　　（3）活性炭　药用。

　　（4）氨水　化学纯，含量>12%，稀释成所需浓度备用。

（二）工艺流程

　　猪毛→预处理→水解→中和→过滤→粗制→精制→检验→包装

（三）操作工艺

1. 猪毛预处理　收集猪毛，用自来水洗净，用少量去污粉洗净，以除去污垢、油脂等。最后，用清水冲洗，晾干，备用。

2. 水解　以计量罐取 720 千克 10 摩尔/升盐酸，加到水解罐内，加热至

70～80℃，迅速投入晾干、备用的猪毛 400 千克，加热到 100℃，并在 11.5 小时内升温到 110～117℃，水解 6.5～7 小时（从 100℃ 起计时），用玻璃布过滤。收集深棕色滤液，弃去滤渣。

3. 中和 滤液在搅拌下加入 30%～40% 的工业烧碱液，当 pH 达 3.0 以后，减速加入，小心调到 pH 为 4.8～5.0 为止，放置冷处让其自然沉淀。

4. 过滤 待中和液静置沉淀 36 小时后，用细布滤取沉淀，再经离心机甩干。即得胱氨酸粗品 I，母液中含谷氨酸、精氨酸、赖氨酸、亮氨酸等。

5. 粗制

（1）溶解 称取胱氨酸粗品 I 150 千克，加入 2 摩尔/升盐酸约 90 千克，水 360 千克，加热至 65～70℃。搅拌溶解半小时。

（2）脱色 待胱氨酸粗品 I 溶解后，再加入活性炭 12 千克，升温至 80～90℃，保温脱色半小时。过滤，收集滤液。

（3）中和 将滤液加热使温度在 80～85℃，边搅拌边加入 30% 氢氧化钠，小心调至 pH 为 4.8～5.0 即停止。放置冷却。使自然结晶沉淀。

（4）过滤 待中和液结晶沉淀完全后，虹吸出上层清液（可回收其中的胱氨酸和酪氨酸），底部沉淀过滤，再离心甩干，得胱氨酸的粗品 II。

6. 精制

（1）溶解 称取胱氨酸的粗品 II 20 千克。加 1 摩尔/升盐酸（化学纯）、100 升，加热至 70℃，使胱氨酸粗品溶解。

（2）脱色 在胱氨酸溶液中加入活性炭 0.6～1 千克，升温至 85℃，保温搅拌半小时。然后用布氏漏斗抽滤，再经 3 号垂熔漏斗过滤，滤液应澄清。

（3）中和 按滤液体积加 1.5 倍蒸馏水，加热到 75～80℃，搅拌下用 12% 氨水（化学纯）中和到 pH 3.5～4.0。此时，胱氨酸结晶析出。

（4）过滤 滤取结晶出来的胱氨酸晶体。结晶母液中也含有胱氨酸，可转入下一生产周期中回收。胱氨酸晶体用蒸馏水洗至无氯离子。

（5）干燥 将洗净的胱氨酸晶体，置于真空干燥器中真空干燥，或置于 50～60℃ 的烘箱中干燥即可。

7. 检验 主要测定纯度等指标。

（四）生产说明及注意事项

1. 影响猪毛水解的因素 产品收得率的高低，取决于蛋白质水解的程度。当酸的浓度较高时，水解速度就快，反之水解速度就慢。其中水解的时间也很重要，时间短、水解不彻底，而水解时间过长，则水解后的氨基酸被破坏。正确判断水解终点，控制水解时间是十分重要的。另外，温度太低会使水解时间延长，温度较高虽有利于缩短水解时间，但对胱氨酸的破坏也会随之加剧。因此，一般以控制110℃左右为宜。

2. 提高收得率问题　水解蛋白质回收胱氨酸的收得率为4%～8%，各地相差很大。主要原因是水解终点控制不同。另外，由于设备上的缺点，往往造成流失。因此，抓好水解、中和、过滤等环节是提高胱氨酸收得率的关键所在。

3. 综合利用　毛发中的蛋白质是由各种氨基酸组成的，水解后得到的是各种氨基酸的混合液。除可获得胱氨酸外，还有含量较丰富的精氨酸、赖氨酸、亮氨酸、谷氨酸、天门冬氨酸等，可综合利用，分离出更多的氨基酸。

4. 用氨水代替液碱　中和过程中除使用氢氧化钠溶液外，也可用氨水代替氢氧化钠溶液。这样最后的废液含氨基酸和氯化铵，可作肥料使用，既减少了废水对环境的污染，又提高了综合利用的效益。

三、猪毛绒的加工制造

（一）工艺流程

猪毛绒→晒干→分离→脱脂→氧化脱色→染色→各种纺织品

（二）操作方法

鬃毛加工过程将残余的毛块用水清洗，去其泥灰杂质，晒干后拣去毛皮，用风力分毛机分弹3～4遍，以使粗的毛挺及其杂质、泥灰与毛绒分离。分离后的毛挺可以制刷，而毛绒则再送清尘机进行加工，进一步去其杂质污物，然后进行脱脂、氧化脱色、染色、纺织制品。

脱脂：以相当于猪毛绒25倍的温水（水温40～50℃）加入4%的碳酸钠和5%的软皂，进行搅拌，使其溶成乳白色；再将猪毛绒下缸，洗涤3～4小时，取出以30℃左右的温水清洗猪毛绒，涤尽其化学药性。

氧化脱色：在脱脂的猪毛绒中，加入25倍水，再加入12%的硫酸、10%的水玻璃及20%的过氧化钠，使黑色猪绒脱色变成黄色，并达到软化的目的。其具体操作步骤是：以相当于脱脂毛绒重量15倍的水，加入硫酸，再加入10倍的沸水，使水温保持于45～50℃，再将水玻璃与过氧化钠放入（加过氧化钠时应慢慢洒下，不得过急一齐倒下，以免产生气体而失灵），待过氧化钠加入后，水温升高至80℃之时，测定其pH。如为微酸性时，应加入适量氨水，再测定其 pH 为 8～9，即可将猪毛绒放下，密盖缸口，每隔 15 分钟翻缸 1 次，连续翻缸 3 次，经 45 分钟其黑色猪绒即呈现驼绒色，取出用清水冲洗化学药性，而后染色。

染色：以脱色之猪毛绒进行染色时，若所染的是纯毛则是用酸性原料涂染，如已加植物纤维混纺的，则应以酸性及植物性的颜料混合下锅涂染。此外，还可以采用分染法，即用酸性颜料涂染纯毛，以植物性的颜料涂染植物纤维，染色后再混合、梳匀。

（三）猪毛绒制品的制造

1. 制线　以整理后的猪绒，掺以 25％的棉花或 40％的羊毛，梳理均匀，纺成毛纺，四股合成一组，根据消费者的爱好，染以各种颜色，成为混纺绒线。

2. 制毯　以整理过的驼绒色猪毛绒，掺以 50％的羊毛，梳理均匀，纺成三支粗的纱，用 42％纱三股并线，作为经线，就可组成驼绒色柔软的毛毯。

第十章

其他副产品的利用 >>>>>

第一节　猪脑的利用

猪脑历来被作为食用，但因其肉质较差，瘦肉少，蛋白质含量低，而胆固醇含量又高。因此，猪脑受不到人们的青睐。

一、从猪脑中提取胆固醇

胆固醇又叫胆甾醇，是高等动物体内的主要甾醇，存在于一切组织中，尤其在脑、脊髓、脾、胆和肝中含量较高。胆固醇也是胆结石的主要成分之一。

（一）工艺流程

猪脑→绞碎→烘干→酒精提取→蒸馏→结晶→提取和脱色→粗品回收→溶解→结晶→干燥→检验→包装

（二）操作工艺

1. 绞碎　将去毛洗净的猪脑（除净髓膜的中脊髓也可），用绞肉机绞碎。

2. 烘干　将绞碎的脑泥以厚度约2毫米涂于玻璃板上，在40～50℃烘箱内烘干。

3. 酒精提取　将干燥后的脑泥碎片放入回流器，加入脑泥5倍量95%酒精，80～83℃回流提取2小时。趁热过滤，滤渣再用3倍量95%酒精回流提取2次。

4. 蒸馏　合并各次酒精提取液，加入到蒸馏器，80℃蒸馏回收酒精至残量约为2/5时，停止蒸馏。

5. 结晶　将浓缩残液放入到另一容器，放置冷处使之结晶。

6. 提取和脱色　抽滤收集晶体（滤液中酒精可回收），转入回流器中，加入晶体3倍量丙酮，57～60℃回流2小时，再加晶体量2%～3%

的活性炭，继续回流脱色 1 小时。趁热过滤，残渣以同样方法再抽提一次。

7. 粗品回收　合并提取液，放冷后，滤取析出部分胆固醇晶体。又将滤液在 60℃浓缩蒸馏，直到浓缩物中出现大量固体物质时，停止蒸馏，将浓缩残液转入另一容器放冷，待晶体析出。收集合并晶体，即得粗制胆固醇。

8. 溶解　粗制胆固醇加入到回流器中，再加 5 倍量 95％酒精 83～85℃回流溶解。

9. 结晶　将回流液放置在 0～5℃冷却结晶，并用 95％的酒精洗涤 1～2 次（滤液、洗液中酒精可回收）。

10. 干燥　将洗涤后的晶体，放置常温下挥发酒精，然后 50℃烘干即得精制胆固醇。收得率一般为 2％～4％。

11. 检验、包装　密封包装，置于避光阴凉处保存。

二、脑素原粉的提取

脑素原粉是用作生产药物脑素软膏的主要原料药。它是存在于动物脑组织内的一种活性多肽，可以从动物脑中提取。我国猪资源丰富，使用猪大脑提取脑素的较多。

（一）工艺流程

猪脑→绞碎→提取→过滤→浓缩→酒精提取→盐析→除盐→干燥→检验→包装

（二）操作工艺

1. 绞碎　将新鲜或冰冻猪脑，去毛，去污物后洗净，用绞肉机绞碎成泥状。

2. 提取　取绞碎猪脑，置于反应罐内，加 2 倍量的水，用 1∶1 盐酸调 pH 为 4.0，加热微沸 10 分钟。

3. 过滤　将微沸后的混液，速冷后过滤，收集滤液。

4. 浓缩　将滤液放入浓缩锅，浓缩到适当体积。

5. 酒精提取　在浓缩液中加入一定量的酒精，再浓缩到一定程度（酒精可回收），这样处理 2 次后过滤，收集滤液。

6. 盐析 在滤液中加入硫酸铵粉末，搅拌后放冷处静置过夜，进行盐析。

7. 除盐 将盐析物用冰醋酸-乙醚除去硫酸铵，得除盐沉淀物。

8. 干燥 将除盐沉淀物置于真空干燥器中，低温真空干燥即得脑素原粉。

9. 检验、包装 密封包装，阴凉处保存。

（三）生产说明及注意事项

1. 按上述工艺生产的脑素原粉，还是较粗制的产品，但已能适应生产药物的需要。因此，一般以生产到这一产品为止。

2. 脑素原粉的检验，一般都与收购厂家联系，按收购的要求和标准进行生产和检验。

3. 脑素原粉可用于生产脑素软膏等药物，但必须符合它的具体要求。

4. 提取液的过滤，一般不大容易。可先用滤孔较大的滤布滤一遍，再用细布袋吊滤。也可用离心分离机分离。

三、从猪脑垂体后叶制取催产素

催产素存在于脑垂体后叶中。它能使子宫平滑肌收缩，是一种被广泛应用的子宫收缩药。临床上用于引产、催产及治疗各种原因的子宫出血。

（一）原辅料

1. 原料 猪脑垂体后叶：新鲜，剔去病疫猪脑垂体后叶。

2. 辅料 ①醋酸：化学纯。浓度＞36%，稀释成所需浓度备用。②氯叔丁醇：符合注射药用标准。③皂土：工业药用。配成10%浆液备用。④浮石。

（二）操作工艺

猪脑垂体后叶→研粉→提取→上柱→除杂质→吸附→洗脱→检验→制剂

1. 原料收集 从新鲜猪脑上取下脑垂体后叶，用清水洗去污秽。

2. 提取 取1份干燥粉置于乳钵中，分别加水20份、15份、15份、10份研磨4次。每次约研半小时，过滤，收集合并各次提取液。

3. 上柱 取经过处理好的人造浮石（其量为干燥粉的20~25倍）加入0.25%醋酸，混合后倾入已准备好的高60厘米、直径10厘米的玻璃吸附管中，打开下口止水夹，至酸降至浮石面时，加入提取液，调节流速为280~

300 毫升/分。当提取液降至浮石面时，加入蒸馏水，将留在柱内的提取液洗出。加压素被浮石吸附。洗出液中主要是催产素。

4. 除杂质 将洗出液加浓醋酸，调 pH 至 3.8，转入铝锅或不锈钢锅中迅速煮沸，并保持 3～5 分钟，取下，迅速放入冰水中冷却至 30℃ 以下，过滤，弃去滤渣。

5. 吸附 在滤液中加入 10% 皂土浆（按每克后叶干粉加 7 毫升 10% 皂土浆），搅拌吸附 30 分钟后，离心分离（分离液再加适量 10% 皂土浆吸附），收集皂土吸附物。

6. 洗脱 在皂土中加入 10% 醋酸（其量为皂土 25 倍量），搅匀后迅速加热至 95℃，并搅拌 10 分钟，迅速冷却至 37℃ 以下。过滤。滤液按同样方法继续处理 3 次。收集合并 4 次洗脱液，并调节 pH 为 3.5。

7. 检验 应符合有关药物标准。

8. 制剂 在洗脱液中加入 0.5%3-氯叔丁醇，再经 4 号垂熔漏斗过滤，加蒸馏水稀释至所需规格，灌封后经 100℃ 流通蒸汽灭菌 20 分钟即可。

第二节 其他副产品的利用

一、废肠皮制备肠皮线

在肠衣生产过程中，刮下来的肠皮，大部分工厂均作废物处理，充作肥料，实际上这种肠皮还可用来制肠皮线，其拉力很强，可做弓弦，并可编成手提包及供制羽毛线拍的网线等。肠皮线制备方法：先将刮下的废肠皮用水清洗，去其所黏污物，并刮去肠皮残剩的脂肪，用过氧化钠去污脱色。每 75 千克水，加入 50 克过氧化钠，可浸洗 50 千克废肠皮。浸泡时间为 50 分钟，待肠皮呈乳白色，立即取出以清水漂洗，使变成白色。用纺纱的方法制成线，做细线可用一根肠皮组成一根线。做粗线可用两根或三根组成一根线。拉直晒干，即成肠皮线。

二、奶头胶的制备

猪奶头可以用来制胶，其出胶率约在 18% 以上，具体方法是将奶头和石灰水浸渍，使奶头中的色素、脂肪、蛋白质等溶化。石灰水的用量约为原料的 5%。浸置时间须 15～20 天，待奶头中的纤维组织变白，即将奶头取出、洗清石灰水，须反复换水漂洗数次。用稀盐酸中和，酸液浓度以 1% 为宜，浸泡 4～6 小时，以后奶头呈膨胀透明状态。然后将盐酸洗尽，投入锅中，加入热水，须漫浸奶头 3 厘米，以 70℃ 的温度熬 6 小时，将胶汁滤出，渣滓再放进复熬，使奶头内胶汁全部熬出为止，再将胶汁进行浓缩，浓缩是要隔水进行的，浓缩后再将浓缩汁以低温烘干，即成片胶片或胶块。

第十一章

猪肉加工质量安全与控制 　>>>>>

第一节　猪肉质量安全控制及措施

　　猪肉产品安全危害从性质上大致可以分为生物性危害、化学性危害和物理性危害三大类。影响猪肉产品安全的因素来源于畜牧业生产过程，也可能来源于生猪屠宰过程、猪肉产品的加工及流通过另外，猪肉产品安全还受到包装材料、环境因素以及天然有毒物质的危害。

一、生物性危害

（一）细菌风险因素

　　细菌风险因素是指猪肉产品中细菌及其毒素所产生的生物性危害。细菌微生物是人类食品链中最常见的病原。食品中的细菌主要来自于人类生存的环境，通过空气、水等媒介污染食品生产的各个环节。

　　猪肉产品中的细菌可以分为两类，一类是腐败细菌，主要有葡萄球菌属、微球菌属、肠杆菌、弧菌属科、假单胞菌属、嗜盐杆菌属、芽孢杆菌属、产碱杆菌属和乳杆菌属等，这些腐败细菌在自然界分布很广，极易污染猪肉产品，导致猪肉产品发生腐败变质，产生有害物质或出现特异性的颜色、气味等。另一类是致病菌，主要有沙门氏菌、致病性大肠杆菌、金黄色葡萄球菌、布鲁氏菌、弯曲菌、分支杆菌、肉毒梭菌、产气荚膜梭菌、气单胞菌等，这些致病菌可通过猪肉产品引起人类发生传染病或导致食物中毒，严重影响人们的生活。

（二）真菌风险因素

　　真菌风险因素是指猪肉产品中真菌及其毒素所产生的生物性危害。真菌也常被称为霉菌，某些霉菌的产毒菌株污染食品后，会产生霉菌毒素，当人们食用被霉菌及其毒素污染的食品后，健康会受到直接危害。常见的真菌毒素有黄曲霉毒素、青霉素、棒曲霉素等。

（三）病毒风险因素

一般而言，食品中常见的病毒有甲肝病毒、诺瓦克样病毒以及其他与肠炎有关的病毒。具体到猪肉产品来讲，突出的是动物疫病病毒，如高致病性流感病毒、狂犬病毒等人畜共患病病毒。

（四）寄生虫风险因素

寄生虫是指专门从其寄主体内获取营养的有机体。能够引起猪肉产品质量不安全的寄生虫很多，常见的有囊虫、旋毛虫、弓形虫等。昆虫也是生物性风险的重要因素之一，主要包括蝇、蛆、螨、甲虫等。食用这些带有寄生虫的产品可造成食源性寄生虫病，食源性寄生虫病严重危害人群的健康和生命安全。

生物性因素还包括转基因技术所带来的猪肉产品安全问题。其中包括对人类健康的致敏性问题，即转基因时不能将有致敏性基因转入转基因食品中。另外，基因是否能从转基因食品中转入体细胞或肠道中的细菌体内以及异性杂交问题，都有待做进一步的研究。

二、化学性危害

造成猪肉产品质量安全的化学性污染物，主要包括在饲养过程中所引起的兽药残留、饲料添加剂残留、农药残留、"三废"污染以及加工流通过程中的食品添加剂残留、包装物污染等。

（一）兽药残留

兽药是用于预防、治疗、诊断动物疾病或者有目的地调节动物生理机能的物质（含药物饲料添加剂），主要包括血清制品、疫苗、诊断制品、微生态制品、中药材、中成药、化学药品、抗生素、生化药品、放射性药品及外用杀虫剂、消毒剂等。

兽药残留是指用药后蓄积或存留于畜禽机体或产品中的原型药物或其代谢产物，包括与兽药有关的杂质残留。

兽药残留成分主要有抗生素、合成抗菌药、抗寄生虫药和促生长剂。兽药残留会引起人体内肠道菌群失衡，产生毒性反应、过敏反应等，对人体健康安全产生很大的影响。

(二) 饲料添加剂残留

饲料添加剂残留包括激素残留、β-兴奋剂残留等。激素残留对人体生殖系统和生殖功能造成严重影响，还会诱发癌症，对人的肝脏有一定的损害作用。β-兴奋剂是指能够促进瘦肉生长，抑制动物脂肪生产的物质，统称瘦肉精。目前约有 16 种，常见的有盐酸克仑特罗、莱克多巴胺和沙丁胺醇。人食用了 β-兴奋剂残留高的动物食品后，会出现心跳加快、头晕、呼吸困难、头痛等中毒症状。我国已就禁止食品动物使用 β-兴奋剂。

(三) 农药残留

农药残留是农药使用后一个时期内没有被分解而残留于生物体、收获物、土壤、水体、大气中的微量农药原体、有毒代谢物、降解物和杂质的总称。

一般来讲，农药通过食物链直接或间接地影响猪肉产品的质量安全性，如通过饲草、饲料、作物秸秆中的农药残留，或通过被农药污染的水源而导致猪肉产品污染。食用含有大量高毒、剧毒农药残留的猪肉食品会导致人、畜急性中毒事故。长期食用农药残留微量超标的猪肉产品，虽然不会导致急性中毒，但可能引起人和动物的慢性中毒，因蓄积中毒而导致疾病的发生，甚至影响到下一代。

(四) 重金属污染

影响猪肉产品质量安全的重金属主要包括镉、汞、铅、砷、锌等。研究表明，重金属污染以镉最为严重，其次是汞、铅、砷、锌等。重金属污染猪肉产品的途径主要是含量超标的土壤、水体和空气。

(五) 有机污染

有机污染主要包括多环芳烃、杂环胺、二噁英、苯并芘及其他一些有机物。

苯并芘是一类强致癌性化合物，在猪肉产品中含量高一是由于环境污染所致，更为主要的是来自于加工过程中的烤制和熏制，当温度达到 400~500℃时，极易有苯并芘的产生。因此，猪肉的加工温度不宜超过 350℃。

其他的有机污染物包括甲醛、氯丙醇、丙烯酰胺等。

（六）食品添加剂残留

食品添加剂是指为改善食品色、香和味，以及为防腐、保鲜和加工工艺的需要而加入食品中的人工合成或天然的物质。

食品添加剂的危害主要为添加非法添加物和超标准使用食品添加剂。

三、物理性危害

猪肉产品的物理性风险因素是指可以导致猪肉产品质量不安全的物理性污染物。有的物理性污染物可能并不直接危害消费者的健康，但是严重影响猪肉产品应用的感官性状和营养价值，使猪肉产品质量得不到保证。根据猪肉产品物理性污染物的性质，可分为两类，即污染猪肉产品的异物和放射性物质。

猪肉产品中的物理性污染异物来源复杂，种类繁多。一是猪肉产品在生产、加工、贮藏、运输以及销售过程中，无意之中导致的物理性异物污染如沙子、血污、毛发、玻璃碎片、木料、石子、金属异物等，以及其他意外污染物如抹布、线头等。二是掺杂掺假所引起的猪肉产品异物污染，指故意向猪肉产品中加入异物，如注水肉中的水。

放射性核素产生污染的途径有三种，即核试验的沉降物产生的污染、核电站和核工业废弃物排放产生的污染、意外事故泄漏导致的局部污染，由此释放到环境中的放射性核素，通过水、土壤及农作物、饲草、饲料等，直接或间接地污染猪肉产品。

第二节　猪肉质量安全控制措施

一、栅栏技术

栅栏技术是指在食品设计、加工和贮藏过程中，利用食品内部能阻止微生物生长繁殖因素之间的相互作用，控制食品安全性的技术措施。栅栏技术由德国食品专家 L. Leistner 提出，是一套系统、科学地控制食品贮藏保鲜期的技术，现在在食品防腐保鲜方面已经得到了广泛应用。

（一）栅栏因子

最常用的栅栏因子都是通过加工工艺或添加剂方式设置的，总计已超过

40 个，这些因子均可用来保证食品微生物稳定性以及改善产品的质量。大致分为：内在栅栏因子，包括水分活度、pH、氧化还原电位和食品中的抗菌成分；外在栅栏因子，包括处理温度、包装、烟熏、辐射、竞争性菌群、食品防腐剂和抗氧化剂等。

现将猪肉制品中几种主要的栅栏因子简介如下：

1. 热加工　高温热处理是最安全、最可靠的保藏猪肉制品的方法之一。加热处理就是利用高温杀死微生物。从猪肉制品保藏的角度来看，热加工指的是两个温度范畴，即杀菌和灭菌。

（1）杀菌　杀菌是指将猪肉制品的中心温度加热到 $65\sim75℃$ 的热处理操作。在此温度下，猪肉制品内几乎全部酶类和微生物均被灭活或杀死，但细菌的芽孢仍然存活。因此，杀菌处理应与产后的冷藏相结合，同时要避免猪肉制品的二次污染。

（2）灭菌　灭菌是指猪肉制品的中心温度超过 $100℃$ 的热处理操作。其目的在于杀死细菌的芽孢，以确保产品在流通温度下可以有较长的保质期。但经灭菌处理后的猪肉制品中，仍存有一些耐高温的芽孢，只是量少并且处于抑制状态。在偶然的情况下，经一定时间，仍然有可能出现芽孢增殖导致猪肉制品腐败、变质的情况。因此，应对灭菌之后的保存条件予以重视。灭菌的时间和温度应视猪肉制品的种类及其微生物的抗热性和污染程度而定。

2. 低温保藏　低温保藏是控制肉类制品腐败变质的有效措施之一。低温可以抑制微生物的生长繁殖，降低酶的活性和猪肉制品内化学反应的速度，延长猪肉制品的保藏期。但温度过低，会破坏一些猪肉制品的组织或引起其他损伤，而且耗能较多。因此，在选择低温保藏温度时，应从猪肉制品的种类和经济两方面来考虑。

3. 水分活度　水分活度是猪肉制品中的所含水分的蒸汽压与相同温度下纯水的蒸汽压之比。当环境中的水分活度较低时，微生物需要消耗更多的能量才能从基质中吸取水分。基质中的水分活度降低至一定程度，微生物就不能生长。一般地，除嗜盐性细菌（其生长最低水分活度为 0.75）、某些球菌（如金黄色葡萄球菌，水分活度为 0.86）以外，大部分细菌生长的最低水分活度均大于 0.94 且最适水分活度均在 0.995 以上；酵母菌为中性菌，最低生长水分活度在 0.88~0.94；霉菌生长的最低水分活度为 0.74~0.94，水分活度在 0.64 以下的环境中任何霉菌都不能生长。

（二）栅栏效应

研究表明，猪肉制品中各栅栏因子之间具有协同作用（即魔方原理）当猪肉制品中有两个或两个以上的栅栏因子共同作用时，其作用效果强于这些因子单独作用的叠加。这主要是因为不同栅栏因子进攻微生物细胞的不同部位，如细胞壁、DNA、酶系统等，改变细胞内的 pH、水分活度、氧化还原电位，使微生物体内的动态平衡被破坏（即多靶保藏效应）。但是对于某一个单独的栅栏因子来说，其作用强度的轻微增加即可对猪肉制品的货架稳定性产生显著的影响（即天平原理）。

（三）栅栏技术应用

栅栏技术最早应用于肉制品的加工，在意大利传统的蒙特拉香肠、德国的布里道香肠加工中，就是采用降低水分活度来保证其可贮藏性的，其水分活度为 0.95。荷兰的格德斯香肠是通过添加葡萄糖醛酸内酯使 pH 降至 5.4～5.6，再真空包装来实现其可贮性的。在中式猪肉制品中，传统的中国腊肠是一种在常温下可较长时间存放的发酵型生猪肉制品，也是通过迅速降低水分活度为主要栅栏因子来保证产品质量的，其水分活度为 0.75 左右，pH 约为 5.9。同理，在猪肉制品中，可通过对各个栅栏因子的调控及它们之间的协同作用来实现其保质期的延长。

二、GMP

（一）GMP 的概念

食品生产卫生规范，又称良好操作规范（good manufacture practice，简称 GMP）。GMP 是为保证食品安全和食品质量而制定的贯彻食品生产全过程的一系列方法、监控措施和技术要求。GMP 要求食品企业应具有合理的生产过程、良好的生产设备、正确的生产知识、完善的质量控制和严格的管理体系，并用以控制生产的全过程。GMP 是食品生产企业实现生产合理化、科学化、现代化的首要条件。

GMP 能有效地提高食品行业的整体素质，确保食品的卫生质量，保障消费者的利益。实施 GMP 能提高食品在全球贸易的竞争力，也有利于政府和行业对食品企业的监管，GMP 中确定的操作规范和要求可作为评价、考核食品企业的科学标准。

（二）GMP 对食品安全和质量的控制

GMP 要求食品生产工厂在食品的生产、包装及贮藏和运输的过程中，相关人员配置、厂房、卫生设施、设备等的设置良好，而且生产过程合理、具备完善的质量管理和严格的检测系统，确保食品安全卫生、品质稳定、产品质量符合标准。

1. 人员的要求　质量管理对生产企业至关重要，不仅要有经验丰富、素质过硬的管理队伍，而且要有一定数量学有专长、技术超强的高、中级专业技术人员。食品企业生产和质量管理部门的负责人应能按规范中的要求组织生产或进行质量管理，能对食品生产和质量管理中出现的实际问题做出正确的判断和处理。从业人员上岗前必须进行卫生法规教育和技术培训，技术和管理人员应接受高层次的专业培训。

2. 企业的设计与设施要求

（1）厂房环境　工厂不得建造在易受污染的区域，不宜建设在污染源的下游河段，要选择地势干燥、交通方便、水源充足的地区。厂区周围、厂房之间、厂房与外缘公路之间应设绿化带。厂房道路应采用混凝土、沥青等硬质材料铺设，防止积水及尘土飞扬。

（2）厂房设施　要求工厂布局合理，地面平整，屋顶或天花板表面光洁、耐腐蚀，便于洗刷、消毒，车间内的墙壁应采用无毒、非吸收性、易清洗的浅色材料粉刷，以利于清洗消毒，制造、包装及储存场所要有良好的通风装置，配置足够的卫生设施，排水设施畅通，有充足的照明设施等。

（3）设备、工具　凡接触食品物料的设备、工具、管理，必须选用无毒、无味、抗腐蚀、不变形、易清洗消毒的材料制作。设备和工具设计要合理，以减少食品碎屑、污垢及有机物的囤积。生产设备应排列有序，使生产顺利进行，避免交叉污染。用于测定、控制或记录的仪器，要定期维修。

3. 质量管理　食品企业必须建立相应的质量管理机构，专门负责生产全过程的质量监督管理。要求食品企业管理时，贯彻预防为主的原则，实行全过程的质量管理，消除产生不合格产品的种种隐患，做到"防患于未然"，逐步形成一个包括市场调研、产品研制和生产、质量检验等过程的质量保证体系，确保食品安全。

（1）制定和执行"品质管理标准"，建立完善的登记和内部核查制度"品质管理标准"由管理部门制定，经生产部门认可后实施。按照内部检查制度，定期校正生产中使用的计量器（如温度计、压力计、称量器等）。对获得的品质管理记录资料要进行必要的统计处理，以便及时发现管理中存在的问题和漏洞。

（2）严把原材料质量关，防止劣质原材料进入生产　按照品质管理标准的要求制定详细的原材料质量指标、检验项目、抽样及检验方法等，并严格执行，同时要做好原始记录。每批原料及包装材料须经检验合格后，方可进厂使用。准许使用的原材料，应遵循先进先出的原则。食品添加剂应设专柜贮放，由专人负责管理，注意领料正确，对使用的种类、批准文号、进货量及使用量建立专册记录。生产用水必须符合一定的卫生要求，并定期进行质量检测等。

（3）重视生产过程的质量管理　根据生产企业的特点，制定生产过程中的检验指标和检验标准、抽样及检验方法，并保证在各生产环节严格执行。各种计量设备要校正无误。配制原料要有良好的外观性状，无异味，并严格按照配方准确量用。生产用水要进行必要的卫生处理。对半成品的各项指标也要进行准确检验，以便及时发现存在的问题。生产过程要严格控制时间、温度、压力、酸碱度、流速等理化指标，防止食品受微生物的污染而腐败变质。

（4）成品的质量管理　在品质管理标准手册中，应明确规定成品的质量标准、检验项目及检验方法。每批成品应预留一定数量样品进行保存，必要时做成品稳定性实验。每批成品均需进行质量检验，不得含有毒或有害人体健康的物质，并应符合现行法规产品卫生标准，不合格者要妥善处理。

4. 成品的贮存与运输　成品贮存方式和环境应避免阳光直射、雨淋、撞击，以防止食品的成分、质量及纯度等受到影响。仓库应有防鼠、防虫等设施，定期整理、清扫、消毒。仓库出货应遵循先进先出的原则。检验不合格的成品不得出库。

运输工具应符合卫生要求，要根据产品特点配备相应的保护设备，如防雨、防尘、冷藏、保温等设备。

装运作业应轻拿轻放，防止强烈振荡、撞击，防止损伤成品外形，并不得与有毒、有害物品混装、混运。做好仓储和运输记录，包括成品存量及出货批号、时间、地点、对象、数量等。

5. 其他要求　食品标识应符合 GB7718《食品标签通用标准》的规定。做好成品售后质量跟踪检查工作，发现有质量问题者，应及时回收，并对顾客反馈意见进行妥善处理。

三、SSOP

SSOP（sanitation standard operating produce）即卫生标准操作程序，是食品企业为了满足食品安全的要求，在卫生环境和加工要求等方面所需实施的具体程序。SSOP 和 GMP 是进行 HACCP 认证的基础。

（一）SSOP 的基本内容

1. 与食品或食品表面接触的水的安全或生产用冰的安全。
2. 食品接触表面（包括设备、手套和外衣等）的卫生情况和清洁度。
3. 防止发生交叉污染。
4. 洗手间、消毒设施和厕所设施的卫生保持情况。
5. 防止食品被污染物污染。
6. 化学物质的标记、储存和使用。
7. 员工的健康和个人卫生。
8. 虫害的防治。

（二）具体实施要求

1. 水和冰的安全性

（1）食品加工者必须提供在适宜的温度下足够的饮用水（符合国家饮用水标准）。对于自备水井，通常要认可水井周围环境、深度，井口必须斜离水井以促进适宜的排水。对贮水设备（水塔、储水池、蓄水罐等）要定期进行清洗和消毒。

（2）对于公共供水系统必须提供供水网络图，并清楚标明出水口编号和管道区分标记。合理地设计供水、废水和污水管道，防止饮用水与污水的交叉污染及虹吸倒流造成的交叉污染。

2. 食品接触表面的清洁

保持食品接触表面清洁是为了防止污染食品。与食品接触的表面一般包括：直接接触（加工设备、工器具和台案、工作服等）和间接接触（未经清洗消毒的冷库、卫生间的门把手、垃圾箱等）两种。

（1）食品接触表面在加工前和加工后都应彻底清洁，并在必要时消毒。

（2）检验者需要判断是否达到了适度的清洁。因此，需要检查和监测难清洗的区域和产品残渣可能出现的区域。

（3）设备的设计和安装应易于清洁，设计和安装应无粗糙焊缝、破裂和凹陷，表里如一。

（4）工作服应集中清洗和消毒，应有专用的洗衣房，洗衣设备、能力要与实际相适应，不同区域的工作服要分开。

3. 交叉污染的防止

（1）人员要求　适宜地对手进行清洗和消毒能防止污染。清洗手的目的是去除有机物质和暂存细菌，所以消毒能有效地减少和消除细菌。

（2）隔离　防止交叉污染的一种方式是工厂的合理选址和车间的合理设计布局。同时，注意人流、物流、水流和气流的走向，要从高清洁区到低清洁区，要求人走门、物走传递口。

（3）人员操作　人员操作也能导致产品污染，要格外注意。

4. 手清洁、消毒和卫生间设施的维护　手的清洗和消毒的目的是防止交叉污染。一般的清洗方法和步骤为：清水洗手，擦洗洗手皂液，用水冲净洗手液，将手浸入消毒液中进行消毒，用清水冲洗，干手。

卫生间的门要能自动关闭，且不能开向加工区。卫生间的便桶周围要密封，否则人员可能在鞋上沾上粪便污物并带进加工区域。

5. 防止外来污染物污染　食品加工企业经常要使用一些化学物质，如润滑剂、燃料，生产过程中还会产生一些下脚料。下脚料在生产中要加以控制，防止污染食品及包装。良好的卫生条件是保证食品、食品包装材料和食品接触面不被生物的、化学的和物理的污染物污染。

6. 有毒化合物的处理、贮存和使用　食品加工需要特定的有毒物质时，使用时必须小心谨慎，按照产品说明书使用，做到正确标记、贮存安全。

7. 雇员的健康状况　食品加工者（包括检验人员）是直接接触食品的人，其身体健康及卫生状况直接影响食品卫生质量。管理好患病、有外伤或其他身体不适的员工，防止成为食品的微生物污染源。

8. 害虫的灭除和控制　通过害虫传播的食源性疾病的数量巨大，故虫害的防治对食品加工厂至关重要。害虫的灭除和控制包括加工厂（主要是生产区）全范围，甚至包括加工厂周围，重点是厕所、下脚料出口、垃圾箱周围、食堂、贮藏室等。食品和食品加工区域内保持卫生对控制害虫至关重要。

（三）SSOP 注意要点

1. SSOP 计划应尽可能详细，要有可操作性，其内容不限于上述八项内容。

2. 卫生监控的目的是保证满足 GMP 规定的要求。

3. 卫生监控频率可根据情况而定，但必须在监控计划中做出规定。

4. 监控发现问题时，应立即进行纠正。

5. 除虫、灭鼠应有执行记录，监督检查应有检查记录，纠正行动应有纠正记录。

6. SSOP 的纠偏一般不涉及产品。

7. 卫生监控的内容认为严重和必要时，可列入 HACCP 计划加以控制。

四、HACCP

HACCP（hazard analysis critical control point）表示危害分析与关键点控制。HACCP 用来识别食品生产过程中可能发生的环节并采取适当的控制措施防止危害的发生，确保食品在生产、加工、制造、准备和食用等过程中的安全，在危害识别、评价和控制方面是一种科学、合理和系统的方法。

在食品的生产过程中，控制潜在危害的先期觉察决定了 HACCP 的重要性。通过对主要的食品危害如微生物、化学和物理污染的控制，食品企业可以更好地向消费者提供消费方面的安全保证，降低了食品生产过程中的危害，从而提高了人民的健康水平。

（一）HACCP 的基本原理

HACCP 对食品加工、运输以至销售整个过程中的各种危害进行分析和控制，从而保证食品达到安全水平。它是一个系统的、连续性的食品卫生预防和控制方法，以 HACCP 为基础的食品安全体系，是以 HACCP 的七个原理为基础的。

原理 1：危害分析（hazard anaylsis，HA）

危害分析与预防控制措施是 HACCP 原理的基础，也是建立 HACCP 计划的第一步。企业应根据所掌握的食品中存在的危害以及控制方法，结合工艺特点，进行详细的分析。

原理 2：确定关键控制点（critical control point，CCP）

关键控制点（CCP）是能有效控制危害的加工点、步骤或程序，通过有效地控制以防止发生、消除危害，使之降低到可接受水平。CCP 或 HACCP 是由产品（或加工过程）的特异性决定的。如果出现加工过程、仪器设备、配料供方、卫生控制和其他支持性计划以及用户的改变，CCP 都可能改变。

原理3：确定与各CCP相关的关键限值（CL）

关键限值是非常重要的，而且应该合理、适宜、操作性强。

原理4：确立CCP的监控程序，应用监控结果来调整及保持生产处于受控

企业应制定监控程序并执行，以确定产品的性质或加工过程是否符合关键限值。

原理5：确定和采取纠正措施（corrective actions）

当监控表明偏离关键限值或不符合关键限值时采取的程序或行动。如有可能，纠正措施一般应是在HACCP计划中提前决定的。纠正措施一般包括两步：

第一步：纠正或消除发生偏离的原因，重新加以控制。

第二步：确定在偏离期间生产的产品，并决定如何处理。采取纠正措施时应加以记录。

原理6：验证程序（verification procedures）

用来确定HACCP体系是否按照HACCP计划运转，或者计划是否需要修改，以及再被确认生效使用的方法、程序、检测及审核手段。

原理7：记录保持程序（record-keeping procedures）

企业在实行HACCP体系的全过程中，须有大量的技术文件和日常的监测记录，这些记录应是全面的，记录应包括体系文件，HACCP体系的记录，HACCP小组的活动记录，HACCP前提条件的执行、监控、检查和纠正记录。

（二）HACCP体系特点

1. HACCP体系不是一个孤立的体系，而是建立在企业良好的食品卫生管理的基础上，如GMP、职工培训、设备维护保养、产品标识、批次管理等都是HACCP体系实施的基础。如果企业的卫生条件很差，那么便不适应实施HACCP管理体系，而需要企业首先建立良好的卫生管理规范。

2. HACCP体系是预防性的食品安全控制体系，要对所有潜在的生物的、物理的、化学的危害进行分析，确定预防措施，防止危害发生。

3. HACCP体系是根据不同食品加工过程来确定的，要反映出某一种食品从原材料到成品、从加工厂到加工设施、从加工人员到消费方式等各方面的特性，其原则是具体问题具体分析，实事求是。

4. HACCP体系强调关键控制点的控制，在对所有潜在的生物的、物理的、化学的危害进行分析的基础上来确定哪些是显著危害，找出关键控制点，在食品生产中将精力集中在解决关键问题上，而不是面面俱到。

5. HACCP 体系是一个基于科学分析建立的体系，需要强有力的技术支持，当然也可以寻找外援，吸收和利用他人的科学研究成果，但最重要的还是企业根据自身情况所作的实验和数据分析。

6. HACCP 体系并不是没有风险，只是能减少或者降低食品安全中的风险。作为食品生产企业，只有 HACCP 体系是不够的，还要与严格的检验及卫生管理共同配合来控制食品的生产安全。

7. HACCP 体系不是一种僵硬的、一成不变的、理论教条的、一劳永逸的模式，而是与实际工作密切相关的发展变化和不断完善的体系。

五、可追溯系统

可追溯系统的产生起因于 1996 年英国疯牛病引发的恐慌，另两起食品安全事件——丹麦的猪肉沙门氏菌污染事件和苏格兰大肠杆菌事件（导致21 人死亡）也使得欧盟消费者对政府食品安全监管缺乏信心，但这些食品安全危机同时也促进了可追溯系统的建立。为此，畜产品可追溯系统首先在欧盟范围内建立产生。通过食品的可追溯管理可为消费者提供所消费食品更加详尽的信息。专家预言在与动物产品相关的产业链中，实行强制性的动物产品"可追溯"化管理是未来发展的必然，它将成为推动农业贸易发展的潜在动力。

（一）定义

国际食品法典委员会（CAC）与国际标准化组织（ISO）把可追溯性的概念定义为"通过登记的识别码，对商品或行为的历史、使用或位置予以追踪的能力"。可追溯性是利用已记录的标记（这种标识对每一批产品都是唯一的，即标记和被追溯对象有一一对应关系，同时，这类标识已作为记录保存）追溯产品的历史（包括用于该产品的原材料、零部件的来历、应用情况或所处场所的能力）。

据此概念，猪肉产品可追溯管理及其系统的建立、数据收集应包涵整个食物生产链的全过程，从原材料的产地信息到产品的加工过程，直到终端用户的各个环节。猪肉产品实施可追溯管理，能够为消费者提供准确而详细的有关产品的信息。在实践中，"可追溯性"指的是对食品供应体系中食品构成与流向的信息与文件记录系统。

（二）建立可追溯系统的目的

可追溯系统是确保食品安全的有效工具。目前，许多国家的政府机构和消费者都要求建立食品供应链的可追溯系统，以法律法规的形式将可追溯系统纳入食品物流体系中。我国已将可追溯系统作为"放心肉"发展规划的重要课题，推动了我国肉类食品安全体系的建设。

（三）可追溯系统的要求

1. 可追溯系统应能够识别直接供方的进料和终产品首次分销途径。
2. 可追溯标识、记录应符合法律法规、顾客的要求。如产品包装上的批次标识、日期标识、保存标识必须符合国家的有关标准。
3. 可追溯性记录的保存期，应足以满足体系评价、潜在不安全产品的处置和撤回的需求，可追溯性记录的保存期应考虑法律、法规、顾客和保质期的要求。

（四）可追溯系统的管理

1. 明确可追溯要求 实现可追溯性可能会增加成本，但是出于合同要求、法规要求或自身质量、食品安全控制的考虑，应明确规定需追溯的产品、追溯的起点和终点、追溯的范围、标识及记录的方式。
2. 采用唯一性标识 为使产品具有可追溯性，应采用唯一性标识来识别产品的个体或批次。
3. 记录唯一性标识 通过记录可以了解到产品过程条件、人员状态等，一旦发现问题，可以迅速查明原因，采取相应措施。
4. 建立专门的控制系统 一般由食品质量安全部门负责建立和实施可追溯性管理网络，以实现对产品的可追溯性控制。

六、QS 认证

（一）QS 标志的含义

QS 是我国的食品市场准入标志，是"企业食品生产许可"的拼音"Qiyeshipin Shengchanxuke"的缩写。食品质量安全已成为影响食品工业发展的一个关键因素，严格食品和食品生产企业的市场准入，建立一套完整的食品质量安全市场准入体系是解决食品安全问题最有效的方法。

按照国家有关规定，凡在中华人民共和国境内从事以销售为最终目的的食品生产加工企业都必须申请《食品生产许可证》。获得《食品生产许可证》的企业，其产品经出厂检验合格后，在出厂销售之前，都必须在最小销售单元的食品包装上标注食品质量安全生产许可证编号，并加印或加贴食品质量安全市场准入标志，也就是 QS 标志。带有 QS 标志的产品说明此产品经过强制性的检验合格，准许进入市场销售。

（二）QS 认证对食品加工企业的具体要求

根据《加强食品质量安全监督管理工作实施意见》的有关规定，食品生产加工企业保证产品质量必备条件包括十个方面，即环境条件、生产设备条件、加工工艺及过程、原材料要求、产品标准要求、人员要求、贮运要求、检验设备要求、质量管理要求、包装标识要求。不同食品的生产加工企业，保证产品质量必备条件的具体要求不同，在相应的食品生产许可证实施细则中都做出了详细的规定。

（三）QS 认证意义

1. 获得入市资格　通过认证，是产品进入市场的有效通行证。
2. 规范食品生产　依照产品良好生产操作规程规范产品的生产过程。
3. 提高产品质量　通过质量体系的建立和有效运行，对产品实现全过程控制，减少质量波动，减少不合格品，从而有效地保证产品质量，提高产品质量的稳定性。
4. 提高管理水平　规范化管理，对每一项生产活动实施控制。
5. 降低成本　通过管理体系文件的制定，规范每一位员工的行为，科学、合理地运用资源，减少返工，降低成本，进而提高企业的效益。

参 考 文 献

岑宁，葛正广.2002.猪产品加工技术.北京：中国农业出版社.

周光宏.2002.畜产品加工学.北京：中国农业出版社.

孔宝华，马俪珍.2003.肉品科学与技术.北京：中国轻工业出版社.

李慧文，等.2003.猪肉制品589例.北京：科学技术文献出版社.

葛长荣，马美湖，等.2005.肉与肉制品工艺学.北京：中国轻工业出版社.

图书在版编目（CIP）数据

猪产品加工新技术/岑宁，葛正广编著.—2版.
—北京：中国农业出版社，2013.1
（畜禽水产品加工新技术丛书）
ISBN 978-7-109-17022-3

Ⅰ.①猪…　Ⅱ.①岑…②葛…　Ⅲ.①猪－畜产品－
加工　Ⅳ.①TS251

中国版本图书馆 CIP 数据核字（2012）第 170395 号

中国农业出版社出版
（北京市朝阳区农展馆北路 2 号）
（邮政编码 100125）
责任编辑　颜景辰

北京通州皇家印刷厂印刷　　新华书店北京发行所发行
2013 年 1 月第 2 版　　2013 年 1 月第 2 版北京第 1 次印刷

开本：720mm×960mm 1/16　　印张：21.25
字数：358 千字　　印数：1～5 000 册
定价：49.00 元
（凡本版图书出现印刷、装订错误，请向出版社发行部调换）